T0255890

Perspektiven der Mathematikdidaktik

Reihe herausgegeben von

Gabriele Kaiser, Sektion 5, Universität Hamburg, Hamburg, Deutschland

In der Reihe werden Arbeiten zu aktuellen didaktischen Ansätzen zum Lehren und Lernen von Mathematik publiziert, die diese Felder empirisch untersuchen, qualitativ oder quantitativ orientiert. Die Publikationen sollen daher auch Antworten zu drängenden Fragen der Mathematikdidaktik und zu offenen Problemfeldern wie der Wirksamkeit der Lehrerausbildung oder der Implementierung von Innovationen im Mathematikunterricht anbieten. Damit leistet die Reihe einen Beitrag zur empirischen Fundierung der Mathematikdidaktik und zu sich daraus ergebenden Forschungsperspektiven.

Reihe herausgegeben von
Prof. Dr. Gabriele Kaiser
Universität Hamburg

Weitere Bände in der Reihe http://www.springer.com/series/12189

Anna Barbara Orschulik

Entwicklung der Professionellen Unterrichtswahrnehmung

Eine Studie zur Entwicklung Studierender in universitären Praxisphasen

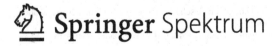 Springer Spektrum

Anna Barbara Orschulik
Mathematikdidaktik
Universität Hamburg
Hamburg, Deutschland

Dissertation „Entwicklung der Professionellen Unterrichtswahrnehmung von Studierenden in universitären Praxisphasen", Universität Hamburg, 2020

ISSN 2522-0799   ISSN 2522-0802 (electronic)
Perspektiven der Mathematikdidaktik
ISBN 978-3-658-33930-2   ISBN 978-3-658-33931-9 (eBook)
https://doi.org/10.1007/978-3-658-33931-9

Die Deutsche Nationalbibliothek verzeichnet diese Publikation in der Deutschen Nationalbibliografie; detaillierte bibliografische Daten sind im Internet über http://dnb.d-nb.de abrufbar.

© Der/die Herausgeber bzw. der/die Autor(en), exklusiv lizenziert durch Springer Fachmedien Wiesbaden GmbH, ein Teil von Springer Nature 2021
Das Werk einschließlich aller seiner Teile ist urheberrechtlich geschützt. Jede Verwertung, die nicht ausdrücklich vom Urheberrechtsgesetz zugelassen ist, bedarf der vorherigen Zustimmung des Verlags. Das gilt insbesondere für Vervielfältigungen, Bearbeitungen, Übersetzungen, Mikroverfilmungen und die Einspeicherung und Verarbeitung in elektronischen Systemen.
Die Wiedergabe von allgemein beschreibenden Bezeichnungen, Marken, Unternehmensnamen etc. in diesem Werk bedeutet nicht, dass diese frei durch jedermann benutzt werden dürfen. Die Berechtigung zur Benutzung unterliegt, auch ohne gesonderten Hinweis hierzu, den Regeln des Markenrechts. Die Rechte des jeweiligen Zeicheninhabers sind zu beachten.
Der Verlag, die Autoren und die Herausgeber gehen davon aus, dass die Angaben und Informationen in diesem Werk zum Zeitpunkt der Veröffentlichung vollständig und korrekt sind. Weder der Verlag, noch die Autoren oder die Herausgeber übernehmen, ausdrücklich oder implizit, Gewähr für den Inhalt des Werkes, etwaige Fehler oder Äußerungen. Der Verlag bleibt im Hinblick auf geografische Zuordnungen und Gebietsbezeichnungen in veröffentlichten Karten und Institutionsadressen neutral.

Planung/Lektorat: Marija Kojic
Springer Spektrum ist ein Imprint der eingetragenen Gesellschaft Springer Fachmedien Wiesbaden GmbH und ist ein Teil von Springer Nature.
Die Anschrift der Gesellschaft ist: Abraham-Lincoln-Str. 46, 65189 Wiesbaden, Germany

Danksagung

Während meiner Promotionsphase, das heißt sowohl während des Forschungsprozesses als auch während der Phase des Schreibens, wurde ich von sehr vielen Menschen auf unterschiedlichen Ebenen und auf vielfältige Weise unterstützt. Sei es der fachliche Rat, eine kritische Nachfrage, die zu weiteren Gedanken anregte, eine ausufernde Diskussion, der emotionale Aufbau, eine Umarmung oder die Ablenkung, wenn das Denken nicht mehr so richtig funktionierte: Ich bin für all dies sehr dankbar und glücklich, dass es für diese Aufgaben Menschen in meinem Leben gibt. Eine Danksagung birgt demnach jedoch die Gefahr, nicht alle Personen (angemessen) zu berücksichtigen oder ausufernd lang zu werden. Ich möchte mich daher an dieser Stelle auf nur eine Danksagung beschränken, durch die erst alles möglich wurde, und hoffe, dass mein Dank trotzdem jeden erreicht.

Stellvertretend für alle Personen, die mich in den letzten Jahren begleitet haben, möchte ich meinen Dank an meine Doktormutter Prof. Dr. Gabriele Kaiser richten. Gabriele Kaiser hat mich bereits während des Studiums (manchmal meinerseits unwissend) gefördert und mir viele Entwicklungsmöglichkeiten bereitgestellt. Jahre nach meinem Studium eröffnete sie mir mit dieser Arbeit abermals die Möglichkeit, mich weiterzubilden und zu entwickeln.

Vielen Dank!

Inhaltsverzeichnis

1 Einleitung 1

Teil I Theoretische Grundlagen der Studie

2 Professionelle Kompetenz von Lehrkräften 7
2.1 Konzeptualisierung der professionellen Kompetenz von
Lehrkräften 8
2.2 Professionelle Unterrichtswahrnehmung 13
2.2.1 Konzeptualisierungen und Erhebungsarten der
Professionellen Unterrichtswahrnehmung 14
2.2.2 Empirische Ergebnisse zu den Zusammenhängen
von Professioneller Unterrichtswahrnehmung,
Wissen und Performanz 21
2.2.3 Empirische Ergebnisse zur Förderung der
Professionellen Unterrichtswahrnehmung 27
2.2.4 Erkenntnisse aus der Expertiseforschung 35
2.2.5 In der Studie verwendete Konzeptualisierung der
Professionellen Unterrichtswahrnehmung 40

3 Die Praxisphase in der Lehrerbildung 43
3.1 Die Bedeutung von Praxisphasen in der Lehrerbildung 44
3.2 Empirische Erkenntnisse zur Kompetenzentwicklung
in Praxisphasen 45
3.3 Empirische Erkenntnisse zu Einflussfaktoren
in Praxisphasen 49

4 Präzisierung der Forschungsfrage 55

Teil II   Konzeption der universitären Lehrveranstaltung

5   Aufbau und Konzeption der universitären Lehrveranstaltung   59
  5.1   Aufbau der Praxisphase des Masterstudiums an der
      Universität Hamburg   60
  5.2   Das fachdidaktische Begleitseminar   61
     5.2.1   Die Arbeit mit Praxisdokumenten im Seminar als
         Lerngelegenheit   62
     5.2.2   Die Durchführung von Beobachtungsaufträgen
         als Lerngelegenheit   66
     5.2.3   Die Vorbereitung der Modulabschlussprüfung als
         Lerngelegenheit   69

Teil III   Methodologischer und methodischer Ansatz der Studie

6   Methodologischer Ansatz der Studie   73
  6.1   Einordnung der vorliegenden Studie   74
  6.2   Charakteristika qualitativer Studien   75
  6.3   Spezifika der qualitativen Inhaltsanalyse und
      Typenbildung   77
  6.4   Gütekriterien der qualitativen Forschung   80

7   Methodischer Ansatz der Studie   85
  7.1   Die Datenerhebung   86
     7.1.1   Beschreibung der Stichprobe   87
     7.1.2   Darstellung der videobasierten Erhebung   88
     7.1.3   Auswahl und Analyse der Videovignette   94
     7.1.4   Darstellung des leitfadengestützten Interviews   99
  7.2   Die Datenauswertung   101
     7.2.1   Inhaltliche strukturierende qualitative
         Inhaltsanalyse   102
     7.2.2   Darstellung und Erklärung der gewonnenen
         Kategoriensysteme   107
     7.2.3   Ergänzende Datenanalyse   112
     7.2.4   Typenbildende qualitative Inhaltsanalyse   116

Teil IV   Darstellung der Ergebnisse

8   Ergebnisse zur Veränderung der Professionellen
     Unterrichtswahrnehmung 137
     8.1   Ergebnisse zu den Subfacetten der Professionellen
            Unterrichtswahrnehmung 137
            8.1.1   Ergebnisse zur Subfacette Wahrnehmen 138
            8.1.2   Ergebnisse zur Subfacette Interpretieren 152
            8.1.3   Ergebnisse zur Subfacette Entscheiden 163
     8.2   Ergebnisse der typenbildenden qualitativen Inhaltsanalyse 171
            8.2.1   Darstellung der entstandenen Typologie und
                     Zuordnung der Fälle 171
            8.2.2   Beschreibung der entstandenen Typen 175
            8.2.3   Entwicklung innerhalb der Typologie 182

9   Ergebnisse zu den Einflussfaktoren bezüglich der
     Veränderung der Professionellen Unterrichtswahrnehmung 187

Teil V   Zusammenfassung und Ausblick

10   Zusammenfassung und Diskussion der Ergebnisse 199
      10.1   Zusammenfassung und Diskussion der
              Ergebnisse zur Veränderung der Professionellen
              Unterrichtswahrnehmung 199
      10.2   Zusammenfassung und Diskussion der Ergebnisse
              zu den Einflussfaktoren auf die Professionelle
              Unterrichtswahrnehmung 206

11   Ausblick und Limitationen der Studie 211

12   Implikationen für die Lehrerbildung 217

Literaturverzeichnis 221

Abbildungsverzeichnis

Abbildung 2.1 Konzeptuelles Modell der professionellen
Kompetenz von Lehrkräften (adaptiert von
Döhrmann, Kaiser & Blömeke, 2012, S. 327) 10

Abbildung 2.2 Kompetenz als Kontinuum (adaptiert von Blömeke,
Gustafsson et al., 2015, S. 7) 11

Abbildung 2.3 Forschungsmodell zu TEDS-Validierung (adaptiert
von Kaiser & König, 2020, S. 39) 12

Abbildung 2.4 Verhältnis der drei Subfacetten der Professionellen
Unterrichtswahrnehmung 42

Abbildung 3.1 Angebots-Nutzungs-Modell für die Praxisphase
(adaptiert und übersetzt von Hascher & Kittinger,
2014, S. 223) 50

Abbildung 5.1 Arbeitsauftrag zur Videoanalyse 65

Abbildung 5.2 Ausschnitt einer Bearbeitung zu einem
Beobachtungsauftrag zum Thema Umgang mit
Fehlern (adaptiert von Krosanke et al. 2019, S. 140) . . . 69

Abbildung 7.1 Darstellung der Erhebung im Prä-Post-Design 86

Abbildung 7.2 Ablauf der videobasierten Erhebung 92

Abbildung 7.3 Ablaufschema der inhaltlich strukturierenden
qualitativen Inhaltsanalyse (adaptiert von Kuckartz,
2018, S. 100) 104

Abbildung 7.4 Ablaufschema der typenbildenden qualitativen
Inhaltsanalyse (adaptiert von Kuckartz, 2018,
S. 153) 119

Abbildung 7.5 Aufgespannter Merkmalsraum zur Typenbildung 121

Abbildung 7.6   Verteilung der Studierenden innerhalb der
                Dimension „Wahrnehmen" im Prä-Post-Vergleich 122
Abbildung 7.7   Entscheidungsdiagramm zur Einordnung in der
                Dimension „Interpretieren" 125
Abbildung 7.8   Verteilung der Studierenden innerhalb der
                Merkmalsausprägungen der Dimension
                „Interpretieren" im Prä-Post-Vergleich 127
Abbildung 7.9   Verteilung der Studierenden innerhalb Dimension
                „Entscheiden" im Prä-Post-Vergleich 128
Abbildung 8.1   Anzahl wahrgenommener Ereignisse pro
                Studierende/Studierenden 139
Abbildung 8.2   Entscheidungsdiagramm der Typenzuordnung 174
Abbildung 8.3   Entwicklung innerhalb der Typologie zur
                Professionellen Unterrichtswahrnehmung 184
Abbildung 9.1   Subjektiv empfundene Gründe für die Veränderung
                der Professionellen Unterrichtswahrnehmung 189
Abbildung 9.2   Ausdifferenzierte subjektiv empfundene Gründe
                für die Veränderung der Professionellen
                Unterrichtswahrnehmung zum Änderungsgrund
                „Begleitveranstaltungen" 192

Tabellenverzeichnis

Tabelle 5.1   Schematische Darstellung des Kernpraktikums I bzw.
II (adaptiert von Zentrum für Lehrerbildung [ZLH],
2017, S. 10) 61

Tabelle 7.1   Vereinfachte Darstellung des Kategoriensystems
„Akteurinnen und Akteure" 108

Tabelle 7.2   Vereinfachte Darstellung des Kategoriensystems
„Wahrnehmungstiefe" 109

Tabelle 7.3   Vereinfachte Darstellung der Kategoriensysteme zur
„Wahrnehmungsbreite" 110

Tabelle 7.4   Vereinfachte Darstellung des Kategoriensystems
„Subjektiv empfundene Ursachen für die Veränderung
der Professionellen Unterrichtswahrnehmung" 111

Tabelle 7.5   Anzahl der geäußerten Kommentare zur
Videovignette pro Studierende/Studierenden 114

Tabelle 7.6   Verteilung der Studierenden innerhalb der Dimension
„Wahrnehmen" 122

Tabelle 7.7   Verteilung der Studierenden innerhalb der
Merkmalsausprägungen der Dimension
„Wahrnehmen" 124

Tabelle 7.8   Verteilung der Studierenden innerhalb der
Merkmalsausprägungen der Dimension
„Interpretieren" 127

Tabelle 7.9   Verteilung der Studierenden innerhalb der
Merkmalsausprägungen der Dimension „Entscheiden" ... 129

Tabelle 7.10 Zuordnung der Studierenden zu den Ausprägungen
der Dimensionen des Merkmalsraums 131

Tabelle 8.1   Ergebnisse zur Wahrnehmung der Akteurinnen und
               Akteure 142
Tabelle 8.2   Ergebnisse zur Wahrnehmung der Schülerinnen und
               Schüler 144
Tabelle 8.3   Ergebnisse zum Zusammenhang der Wahrnehmung
               von Akteurinnen und Akteuren und den Ereignissen
               der Videovignette (Unterrichtseinstieg, Ereignisse 1
               bis 5) 147
Tabelle 8.4   Ergebnisse zum Zusammenhang der Wahrnehmung
               von Akteurinnen und Akteuren und den Ereignissen
               der Videovignette (Arbeitsphase, Ereignisse 6 bis 10) 149
Tabelle 8.5   Ergebnisse zu den geäußerten Beschreibungen und
               Interpretationen 153
Tabelle 8.6   Ergebnisse zu den Interpretationsarten 156
Tabelle 8.7   Ergebnisse zum Zusammenhang der Interpretationsart
               und der Wahrnehmung der Akteurinnen und Akteure
               vor der Praxisphase 157
Tabelle 8.8   Ergebnisse zum Zusammenhang der Interpretationsart
               und der Wahrnehmung der Akteurinnen und Akteure
               nach der Praxisphase 158
Tabelle 8.9   Ergebnisse zu den eingenommenen Perspektiven bei
               Interpretationen 160
Tabelle 8.10   Ergebnisse zu den Entscheidungsarten 164
Tabelle 8.11   Ergebnisse zu den eingenommenen Perspektiven bei
               Entscheidungen 170
Tabelle 8.12   Merkmalsausprägungen der Typen zur Typologie zur
               Professionellen Unterrichtswahrnehmung 172
Tabelle 8.13   Einordnung der Fälle in die Typologie zur
               Professionellen Unterrichtswahrnehmung 175

Einleitung

1

„Lehrerinnen und Lehrer sind von entscheidender Bedeutung für den Erfolg des Bildungssystems. Sie begleiten junge Menschen in der Regel über mehr als ein Jahrzehnt in einer Entwicklungsphase, die für individuellen Bildungserfolg, Persönlichkeitsbildung, Sozialisation und beruflichen Werdegang prägend ist." (Gemeinsame *Wissenschaftkonferenz, 2013, S. 1)*

Das vorliegende Zitat aus der Präambel zur Vereinbarung über die „Qualitätsoffensive Lehrerbildung" bringt die weitreichende Bedeutung der Lehrerinnen und Lehrer für den Bildungserfolg von Kindern und Jugendlichen klar zum Ausdruck. Diese Bedeutung wird durch eine Vielzahl von Studien zum Einfluss von Lehrerkompetenzen auf die Unterrichtsqualität sowie die Leistungen von Schülerinnen und Schülern empirisch bestätigt (z. B. Baumert & Kunter, 2011b, S. 181; Blömeke, Busse, Kaiser, König & Suhl, 2016, S. 44; Hill, Rowan & Loewenberg Ball, 2005, S. 396; Jentsch et al., 2021, S. 16 ff.; Lipowsky, 2006, S. 49 ff.) und stellt die Relevanz der Lehrerausbildung für die Professionalisierung von Lehrkräften in den Fokus der Bildungsforschung (Kaiser & König, 2019, S. 597).

Die Ausbildung ist dabei unter anderem auf eine der Kernaufgaben von Lehrkräften, das Unterrichten, ausgerichtet (Kultusministerkonferenz, 2004, S. 7). Der Unterricht ist geprägt durch Mehrdimensionalität, Gleichzeitigkeit sowie Unvorhersehbarkeit, da er einer Vielzahl von Zwecken dient und eine große Anzahl von Ereignissen und Prozessen enthält (Doyle, 1977, S. 52). Sherin und Star (2011) sehen die Lehrkraft dabei sogar „bombarded with a blooming, buzzing confusion of sensory data" (S. 69). Es ist demnach naheliegend, dass ein gleichwertiges Eingehen auf alle Einflüsse nicht möglich ist. Die Lehrkraft muss diese wahrnehmen und filtern, um zu entscheiden, worauf ihre Aufmerksamkeit gelenkt werden

© Der/die Autor(en), exklusiv lizenziert durch Springer Fachmedien
Wiesbaden GmbH, ein Teil von Springer Nature 2021
A. B. Orschulik, *Entwicklung der Professionellen Unterrichtswahrnehmung,*
Perspektiven der Mathematikdidaktik,
https://doi.org/10.1007/978-3-658-33931-9_1

soll. Sherin, Russ und Colestock (2011, S. 79) weisen daher darauf hin, dass ein entscheidender Aspekt des Unterrichtens das Beobachten sowie Verstehen von relevanten Situationen im Unterricht ist und bezeichnen diesen Prozess als eine Schlüsselkomponente der Lehrerexpertise. Die Relevanz dieser Fähigkeit, im Folgenden als Professionelle Unterrichtswahrnehmung bezeichnet, wird ebenfalls durch Kaiser und König (2019, S. 610) hervorgehoben, die diese als besonders wichtig für die Qualität des Unterrichts beschreiben. Die Professionelle Unterrichtswahrnehmung stellt demnach neben den Dispositionen und der Performanz von Lehrkräften eine Kompetenz dar (Blömeke, Gustafsson & Shavelson, 2015), die im Zuge der Lehrerausbildung gefördert werden sollte.

Da die Professionelle Unterrichtswahrnehmung bereits im Studium gefördert werden kann und in engem Zusammenhang mit praktischen Erfahrungen steht (z. B. Jacobs, Lamb & Philipp, 2010, S. 181 ff.; König, Blömeke & Kaiser, 2015, S. 342 f.; Santagata & Guarino, 2011, S. 142 f.; Stürmer, Könings & Seidel, 2013, S. 475 ff.), war eine zentrale Zielsetzung des Handlungsfelds „Phasenübergreifende Kooperation" des Projekts „Professionelles Lehrerhandeln zur Förderung fachlichen Lernens unter sich verändernden gesellschaftlichen Bedingungen" (ProfaLe)[1], die Ausbildung der Professionellen Unterrichtswahrnehmung von Studierenden innerhalb der Praxisphase an der Universität Hamburg zu fördern. Die empirische Untersuchung der Entwicklung der Professionellen Unterrichtswahrnehmung im Rahmen von Praxisphasen ist jedoch bislang weitgehend unbearbeitet. Im Rahmen des vorliegenden Promotionsvorhabens wurde daher das fachdidaktische Begleitseminar zur Praxisphase an der Universität Hamburg im Fach Mathematik neu konzipiert und untersucht, ob und wie sich die Professionelle Unterrichtswahrnehmung der Studierenden in der Praxisphase verändert. Zusätzlich wurde der Frage nachgegangen, inwieweit sich Faktoren identifizieren lassen, die diese Entwicklung beeinflussen. Somit ist es neben einer qualitativen Analyse der Entwicklung Professioneller Unterrichtswahrnehmung auch das Ziel dieser Arbeit, einen Beitrag zur Beantwortung der Frage nach der Wirksamkeit von Praxisphasen zur Kompetenzentwicklung im Lehramtsstudium zu leisten.

Die Professionelle Unterrichtswahrnehmung als Kernthema der vorliegenden Arbeit ist durch eine Vielzahl an Begrifflichkeiten und Konzeptualisierungen gekennzeichnet (Jacobs, 2017, S. 274; Mason, 2016, S. 225; Scheiner, 2016, S. 227 ff.; Sherin & Star, 2011, S. 67; Stahnke, Schueler & Roesken-Winter, 2016, S. 5 ff.). In Kapitel 2 wird die Professionelle Unterrichtswahrnehmung

---

[1] Das Projekt wird im Rahmen der gemeinsamen „Qualitätsoffensive Lehrerbildung" von Bund und Ländern aus Mitteln des Bundesministeriums für Bildung und Forschung gefördert.

daher zunächst im Bereich der Kompetenz von Lehrkräften verortet und die relevante Bandbreite von Konzeptualisierungen sowie die Erhebungsmöglichkeiten dargestellt. Nach einem Überblick über die Fördermöglichkeiten dieser Kompetenz und der Präsentation ergänzender Erkenntnisse aus der Expertiseforschung wird die Konzeptualisierung der Professionellen Unterrichtswahrnehmung vorgestellt, die für diese Arbeit leitend ist. In Kapitel 3 werden aufgrund der Einbettung des Forschungsvorhabens in die Praxisphase der Lehrerausbildung an der Universität Hamburg zusätzlich empirische Erkenntnisse zur Kompetenzentwicklung innerhalb von Praxisphasen diskutiert und diesbezügliche Einflussfaktoren erörtert. Nach der Formulierung und Präzisierung der leitenden Forschungsfragen in Kapitel 4 folgt im zweiten Teil dieser Arbeit in Kapitel 5 eine genaue Darstellung der neu konzeptualisierten, die Studie begleitenden Lehrveranstaltung.

Kapitel 6 als dritter Teil der Arbeit fokussiert die Methodologie der Studie mit Blick auf die Spezifika und Gütekriterien qualitativer Forschung, bevor in Kapitel 7 die Datenerhebung mit 20 Studierenden mittels Videovignette und leitfadengestützten Interviews sowie die Datenauswertung auf Basis der inhaltlich strukturierenden und typenbildenden qualitativen Inhaltsanalyse nach Kuckartz (2018) erläutert werden. Damit verbunden findet sich in diesem Teil der Arbeit auch die Beschreibung der zugrunde liegenden Stichprobe sowie die einer ergänzenden Datenanalyse. Die auf Grundlage dieser Erhebungsverfahren und Auswertungsmethoden gewonnenen Ergebnisse sind im vierten Teil dargestellt. Hier erfolgt in Kapitel 8 zunächst eine Darstellung der Ergebnisse zur Entwicklung der Professionellen Unterrichtswahrnehmung und anschließend, in Kapitel 9, die Präsentation der Ergebnisse zu möglichen Einflussfaktoren auf die beschriebene Entwicklung.

Abschließend widmet sich der fünfte Teil der vorliegenden Arbeit der Zusammenfassung und Diskussion der Ergebnisse sowie der Reflexion über die Grenzen der Studie. Zugleich bietet Kapitel 11 einen Ausblick auf mögliche weiterführende Forschungsvorhaben. Den Schluss bildet Kapitel 12 mit einer Darstellung möglicher Implikationen für die Lehrerbildung, die aus den Erkenntnissen der vorliegenden Studie abgeleitet werden können.

Teil I
Theoretische Grundlagen der Studie

Professionelle Kompetenz von Lehrkräften

2

Da die Kompetenz von Lehrkräften starken Einfluss auf die Qualität von Unterricht und die Leistungen von Schülerinnen und Schülern hat (z. B. Baumert & Kunter, 2011b, S. 181; Blömeke et al., 2016, S. 44; Hill et al., 2005, S. 396; Jentsch et al., 2021, S. 16 ff.; Lipowsky, 2006, S. 49 ff.), muss die Entwicklung von Studierenden im Zuge ihres Studiums immer auch unter dem Blick ihrer Professionalisierung und Kompetenzentwicklung betrachtet werden. Es besteht demnach für alle Studienmodule und so auch für die Praxisphasen die Anforderung, konkret zur Professionalisierung der angehenden Lehrkräfte beizutragen und ihnen spezifische Entwicklungsmöglichkeiten bereitzustellen. Daher wird in diesem Kapitel zunächst auf die Kompetenz von Lehrkräften eingegangen und die Dichotomie zwischen den Dispositionen einer Lehrkraft sowie ihrer Performanz aufgelöst. Aus diesem relativ neuen Ansatz wird das Konstrukt der Professionellen Unterrichtswahrnehmung mit seinen drei Subfacetten – *Wahrnehmen, Interpretieren* und *Entscheiden* – abgeleitet und im Weiteren anhand verschiedener Konzeptualisierungen differenziert. Empirische Ergebnisse zu den Zusammenhängen Professioneller Unterrichtswahrnehmung und dem Wissen sowie der Performanz einer Lehrkraft, zu deren Fördermöglichkeiten sowie Erkenntnisse der Expertiseforschung unterstreichen im Anschluss die Relevanz der Professionellen Unterrichtswahrnehmung für die Ausbildung der Lehramtsstudierenden. Abschließend erfolgt in Abschnitt 2.2.5 eine Konzeptualisierung des Begriffs, die für die folgende Arbeit leitend ist.

© Der/die Autor(en), exklusiv lizenziert durch Springer Fachmedien
Wiesbaden GmbH, ein Teil von Springer Nature 2021
A. B. Orschulik, *Entwicklung der Professionellen Unterrichtswahrnehmung*,
Perspektiven der Mathematikdidaktik,
https://doi.org/10.1007/978-3-658-33931-9_2

2.1 Konzeptualisierung der professionellen Kompetenz von Lehrkräften

In Kenntnis der uneinheitlichen Definitionen und Auffassungen zum Begriff der Professionalisierung und zur Einordnung des Lehrerberufs als Profession wird im Rahmen dieser Arbeit, in Anlehnung an die Darstellung von Schwarz (2013, S. 7 ff.), dieses Berufsfeld als Profession aufgefasst. Innerhalb der professionstheoretischen Ansätze lässt sich dabei eine Vielzahl, teils stark divergenter und kontrovers diskutierter Ansätze identifizieren, die in makro- und mikrosoziologische Ansätze unterschieden werden können (Baumert & Kunter, 2006; Helsper, 2007; Schwarz, 2013, S. 10 ff.; Terhart, Bennewitz & Rothland, 2014; Tillmann, 2014). Hierbei werden den makrosoziologischen Ansätzen, die sich mit Strukturzusammenhängen und der Funktion im sozialen System beschäftigen, insbesondere der machttheoretische und der systemtheoretische Ansatz zugeordnet. Unter den mikrosoziologischen Ansätzen, die sich auf die Struktur des Handelns einer Lehrkraft als Individuum beziehen, sind hingegen beispielsweise der strukturtheoretische, der kompetenzorientierte und berufsbiografische Ansatz zu verorten (Blömeke, 2002, S. 45 ff.; Schwarz, 2013, S. 11 ff.; Terhart, 2011, S. 206 ff.)[1]. Wie Schwarz (2013, S. 34) festhält, ist den meisten dieser Ansätze gemein, „dass keine Operationalisierung der professionellen Handlungsbasis von Lehrerinnen und Lehrern dargestellt wird, […] eine detaillierte Aufschlüsselung dieser Handlungsbasis in einzelne Komponenten, die Grundlage für eine empirische Messung sein könnte" (S. 34 f.), demnach fehlt. Dieser Vorteil des kompetenzorientierten Ansatzes wird auch in der Replik von Helsper (2007, S. 576) auf die Kritik des strukturtheoretischen Ansatzes von Baumert und Kunter (2006, S. 470 ff.) eingestanden. Aus diesem Grund folgt die vorliegende Arbeit dem kompetenzorientierten Ansatz, bei dem das Wissen und die Kompetenz von Lehrkräften konkret modelliert wird (Keller-Schneider & Hericks, 2014, S. 390 f.; Tillmann, 2014, S. 312).

Innerhalb des kompetenzorientierten Ansatzes ist der Kompetenzbegriff nach Weinert (2001) maßgeblich. Er definiert Kompetenz als „[…] die bei Individuen verfügbaren oder durch sie erlernbaren kognitiven Fähigkeiten und Fertigkeiten, um bestimmte Probleme zu lösen, sowie die damit verbundenen motivationalen, volitionalen und sozialen Bereitschaften und Fähigkeiten, um die Problemlösungen in variablen Situationen erfolgreich und verantwortungsvoll nutzen zu

---

[1]Für eine ausführliche Darstellung dieser Ansätze siehe z. B. Blömeke (2002, S. 24 ff.) und Schwarz (2013, S. 10 ff.).

können" (S. 27). Seine Begriffsdefinition hat insbesondere auf das Kompetenz-verständnis groß angelegter Projekte zur Lehrerbildungsforschung (Kaiser & König, 2019, S. 599) wesentlichen Einfluss genommen. So wurde die Kompetenz von Lehrkräften zum Beispiel in der MT21-Studie („Mathematics Teaching in the 21st Century"), der TEDS-M-Studie („Teacher Education and Development Study in Mathematics") und ihren Folgestudien ebenso wie in der COACTIV-Studie („Cognitive Activation in the Classroom: The Orchestration of Learning Opportunities for the Enhancement of Insightful Learning in Mathematics") in Anlehnung an den Weinertschen Kompetenzbegriff modelliert (z. B. Baumert & Kunter, 2011a; Blömeke, Kaiser & Lehmann, 2008, 2010). Im Rahmen der Studie TEDS-M entstand so zum Beispiel ein Kompetenzmodell, das zum einen die kognitiven Komponenten, dargestellt durch die drei auf Shulman (1986, S. 9 f., 1987, S. 8) zurückgehenden Wissensdimensionen fachliches Wissen (Content Knowledge), fachdidaktisches Wissen (Pedagogical Content Knowledge) und päd-agogisches Wissen (General pedagogical knowledge), zum anderen aber auch Persönlichkeitsmerkmale und Überzeugungen abbildet (Abbildung 2.1).

Laut Rowland und Ruthven (2011) stellt sich zu dieser Konzeptualisierung allerdings die Frage, ob „mathematical knowledge in teaching is located 'in the head' of the individual teacher or is somehow a social asset, meaningful only in the context of its application" (S. 3). Depaepe, Verschaffel und Klechtermans (2013, S. 22) weisen darauf hin, dass bei der Konzeptualisierung des fachdidak-tischen Wissens (PCK) die Unterscheidung in eine kognitive sowie eine situierte Perspektive, die sich auf die Performanz von Lehrkräften bezieht, möglich ist, und dass sich diese auch auf die Kompetenzmessung auswirke. Sie plädieren daher für eine Integration beider Ansätze: „So, we believe that both perspec-tives on PCK mutually and complementary contribute to the field of teaching and teacher education" (Depaepe et al., 2013, S. 23).[2] Bezogen auf diese unter-schiedlichen Positionen sprechen Blömeke und Gustafsson et al. (2015) von einer Dichotomie zwischen „a behavioral assessment in real-life situations versus an analytical assessment of dispositions underlying such behavior" (S. 5), wobei der Mehrwert der jeweils anderen Positionen nur selten von den Vertreterinnen und Vertretern der oppositionellen Auffassungen erkannt wird. Im Umkehrschluss werden somit entweder die kognitiven und affektiv-motivationalen Voraussetzun-gen oder aber das beobachtbare Verhalten vernachlässigt. Um diese Dichotomie aufzubrechen, identifizieren Blömeke und Gustafsson et al. (2015, S. 5) Gemein-samkeiten der unterschiedlichen Ansätze und fragen, „how knowledge, skills, and affect are put together to arrive at performance" (S. 6). Ihre Frage gilt somit

---

[2]Für einen umfassenden Überblick über diese beiden Positionen siehe z. B. Kaiser et al.(2017).

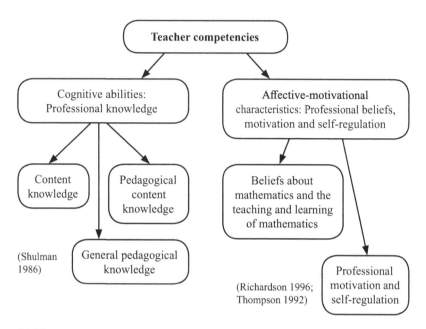

Abbildung 2.1 Konzeptuelles Modell der professionellen Kompetenz von Lehrkräften (adaptiert von Döhrmann, Kaiser & Blömeke, 2012, S. 327)

dem Zusammenhang der komplexen kognitiven Prozesse im Handlungskontext: „Which processes connect cognition and volition-affect-motivation on the one hand and performance on the other hand?" (S. 7). In der Beantwortung dieser Fragen entwickeln sie ein heuristisches Modell, das Kompetenz als horizontales Kontinuum entwirft. Wie in Abbildung 2.2 ersichtlich, werden in diesem Modell sowohl die Dispositionen von Lehrkräften aufgegriffen, wie bereits im Modell zu TEDS-M (Döhrmann et al., 2012, S. 327) oder im Rahmen der COACTIV-Studie (Baumert & Kunter, 2011a, S. 32), als auch deren Performanz berücksichtigt, die sich im beobachtbaren Verhalten der Lehrkraft äußert.

Als vermittelnden Prozess, der die Dispositionen einer Lehrkraft entlang des besagten Kontinuums in deren Performanz transformiert, führen Blömeke und Gustafsson et al. (2015, S. 7 ff.) die situationsspezifischen Fähigkeiten ein, die sie durch die Subfacetten *perception, interpretation* und *decision making* konkretisieren. Es wird demnach davon ausgegangen, dass das vorhandene Wissen nicht

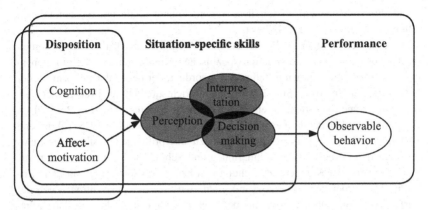

Abbildung 2.2 Kompetenz als Kontinuum (adaptiert von Blömeke, Gustafsson et al., 2015, S. 7)

unmittelbar in Performanz transformiert, sondern durch „cognitive skills more closely related to activities of teachers" (Kaiser et al., 2017, S. 171) übersetzt wird. Die Kompetenz von Lehrkräften kann somit als ein „multidimensional construct, consisting of content knowledge (CK), pedagogical content knowledge (PCK) and general pedagogical knowledge (GPK) as well as of perception, interpretation and decision-making skills" (König et al., 2015, S. 332) angesehen werden.

Zu der Beziehung der situationsspezifischen Fähigkeiten untereinander, deren Zusammenhängen oder genaueren Bedeutungszuweisungen treffen Blömeke und Gustafsson et al. (2015) in ihrem Modell keine Aussagen. Es gibt jedoch einen Hinweis darauf, dass Kompetenz auch als ein vertikales Kontinuum betrachtet werden könne, das niedrigere und höhere Leistungsniveaus abbildet. Spezifizierungen und Erweiterungen dieses Modells sind bei Santagata und Yeh (2016, S. 163) sowie bei Blömeke und Kaiser (2017, S. 785) zu finden. Letztere erweitern das Modell um die generischen Fähigkeiten, die sowohl den Dispositionen als auch den situationsspezifischen Fähigkeiten unterliegen. Außerdem stützen sie den Vorschlag von Blömeke und Gustafsson et al. (2015), das Modell nicht nur als horizontales, sondern auch als vertikales Modell zu betrachten und halten fest, dass sich die einzelnen Kompetenzfacetten während der Ausbildung auch durch praktische Erfahrungen verändern können. Ebenso unterstreichen sie die Annahme, dass die Entwicklung der verschiedenen Kompetenzfacetten miteinander in Beziehung steht und ein gewisses Grundwissen vorhanden sein muss, bevor diese Kompetenz entwickelt werden kann, sowie praktische Erfahrungen bei bereits vorhandenem Wissen diese Entwicklung ebenfalls unterstützen können (Blömeke & Kaiser, 2017, S. 786 f.).

In aktuellen Studien (z. B. Kaiser und König, Krauss et al. (2020)) werden die Dispositionen und die situationsspezifischen Fähigkeiten von Lehrkräften in einen weitaus umfassenderen Rahmen eingeordnet, der neben der Performanz der Lehrkräfte im Unterricht und damit der Unterrichtsqualität auch die Lernerfolge der Schülerinnen und Schüler einbezieht. Diese Rahmung, wie zum Beispiel im Forschungsmodell der Folgestudie zu TEDS-FU, der Studie TEDS-Validierung (Abbildung 2.3), visualisiert explizit den zu überprüfenden Einfluss der Lehrkraft auf den Lernerfolg der Schülerinnen und Schüler und stellt somit abermals die Bedeutung der Kompetenzforschung und Kompetenzförderung von Lehrkräften in den Vordergrund. Die als Bindeglied zwischen den Dispositionen und der Performanz eingeführten situationsspezifischen Fähigkeiten, die laut den dargestellten Modellen (Blömeke, Gustafsson et al., 2015, S. 7; Kaiser & König, 2020, S. 39; Krauss et al., 2020, S. 316) einen Teil der professionellen Kompetenz von Lehrkräften darstellen und als Einflussfaktor auf das Lernen der Schülerinnen und Schüler verstanden werden, bilden den Kerngegenstand des hier dargestellten Forschungsprojekts. Ein vergleichbares Modell findet sich beispielsweise auch bei den jüngsten COACTIV-Studien (Krauss et al., 2020, S. 316).

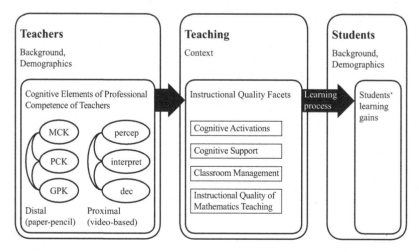

Abbildung 2.3 Forschungsmodell zu TEDS-Validierung (adaptiert von Kaiser & König, 2020, S. 39)

Gegenwärtig erkennen immer mehr Forschungsgruppen an, dass eine rein kognitive Perspektive auf das Wissen von Lehrkräften unzureichend ist und erweitern ihre Konzeptualisierungen der Kompetenz von Lehrkräften um situierte Fähigkeiten (Depaepe, Verschaffel & Star, 2020, S. 183). Neben der Darstellung der situationsspezifischen Fähigkeiten im Modell „Kompetenz als Kontinuum" existiert aktuell bereits eine Vielzahl von Forschungsarbeiten, die zwar teilweise einem anderen theoretischen Hintergrund entspringen und andere Begrifflichkeiten verwenden (Jacobs, 2017, S. 274; Mason, 2016, S. 225; Scheiner, 2016, S. 227 ff.; Sherin & Star, 2011, S. 67; Stahnke et al., 2016, S. 5 ff.), jedoch ein ähnliches Verständnis dieser Fähigkeiten teilen (Thomas, 2017, S. 509; Yang, Kaiser, König & Blömeke, 2021, S. 2). Ausgehend von der Erkenntnis, dass eine Lehrperson darauf sensibilisiert sein sollte, ihre Wahrnehmung in berufsbezogenen Situationen steuern und selektiv auf bestimmte Ereignisse richten zu können (Mason, 2002, S. xi), wird an dieser Stelle der Begriff der *Professionellen Unterrichtswahrnehmung* eingeführt. Es handelt sich dabei nicht um eine Neueinführung des Begriffs – dieser wird bereits zum Beispiel bei Seidel, Blomberg und Stürmer (2010) und Mertens und Gräsel (2018) unter einer je eigenen Konzeptualisierung genutzt – und unterliegt zunächst noch keiner ausformulierten Definition. Vielmehr soll dieser Begriff die unterschiedlichen Konzeptualisierungen zu situativen Fähigkeiten, die im weitesten Sinne die Subfacetten *Wahrnehmen, Interpretieren* und *Entscheiden* beinhalten, für den Beruf der Lehrkraft unter einen Globalbegriff zusammenfassen. Im folgenden Kapitel wird das Konzept der Professionellen Unterrichtswahrnehmung mit seinen unterschiedlichen Konzeptualisierungen, Erhebungsmöglichkeiten und den diesbezüglichen empirischen Ergebnissen genauer dargestellt.

2.2 Professionelle Unterrichtswahrnehmung

Unter dem Begriff der Professionellen Unterrichtswahrnehmung werden in dieser Arbeit zunächst unterschiedlichste Konzeptionen gefasst, die situative Fähigkeiten von Lehrkräften, wie das *Wahrnehmen, Interpretieren* und *Entscheiden*, aufnehmen. Dabei wird die Professionelle Unterrichtswahrnehmung immer als Teil der professionellen Kompetenz von Lehrkräften verstanden. Bevor eine diese Arbeit zu Grunde liegende Konzeptualisierung der Professionellen Unterrichtswahrnehmung aufgestellt wird, werden im Folgenden zunächst relevante Konzeptualisierungen und Möglichkeiten der Erhebung vorgestellt (Abschnitt 2.2.1). Die Abschnitte 2.2.2 und 2.2.3 widmen sich sodann zentralen empirischen Ergebnissen zur Professionellen Unterrichtswahrnehmung, um ihre Bedeutung für den

Lehrerberuf sowie die Möglichkeiten der gezielten Förderung dieser Kompetenz während des Studiums zu verdeutlichen. Ergebnisse aus der Expertiseforschung (Abschnitt 2.2.4) unterstützen diese und ermöglichen weitere Erkenntnisse. In Abschnitt 2.2.5 erfolgt abschließend auf Basis der dargestellten Erkenntnisse die Konzeptualisierung der Professionellen Unterrichtwahrnehmung, die dieser Arbeit zugrunde liegt.

2.2.1 Konzeptualisierungen und Erhebungsarten der Professionellen Unterrichtswahrnehmung

Da zuletzt eine Vielzahl von Forschungsgruppen das Begriffsverständnis der Kompetenz von Lehrkräften für die Professionelle Unterrichtswahrnehmung geöffnet hat, ist das Feld, wie diese konzeptualisiert und erhoben wird, sehr weit. Bei der Darstellung von Konzeptualisierungen und Erhebungsmöglichkeiten kann es sich daher nur um eine fokussierte Analyse handeln.[3]

Dargestellt werden Konzeptualisierungen und Erhebungsmethoden von Forschungsgruppen, die grundlegende Arbeit für die Erforschung der Professionellen Unterrichtswahrnehmung geleistet haben und gleichzeitig die Diversität des Verständnisses sowie die Möglichkeiten der Erhebung sichtbar machen. Dazu werden verschiedene Konzeptualisierungen aus dem US-amerikanischen Raum verglichen, da der Diskurs um das Thema hier seinen Ursprung hat und ein großes Forschungsfeld bildet. Ergänzt wird diese Zusammenstellung durch verwandte Konzeptualisierungen im Rahmen nationaler Projekte, um das Spektrum der Konzeptualisierungen und Erhebungsmöglichkeiten insgesamt zu verdeutlichen. Abschießend wird die Konzeptualisierung aus dem Forschungsprogramm TEDS vorgestellt, da dieses einen engen Bezug zum Kompetenzmodell von Blömeke und Gustafsson et al. (2015, S. 7) (Abschnitt 2.1) aufweist, der Mathematikdidaktik entstammt und durch großangelegte nationale wie internationale Studien für den Diskurs der Professionellen Unterrichtswahrnehmung von hoher Bedeutung ist.

In den für das Verständnis und die Forschung zur Professionellen Unterrichtswahrnehmung grundlegenden US-amerikanischen Studien wird die Professionelle Unterrichtswahrnehmung meist unter dem Begriff des *Noticing* angesprochen.[4] Maßgeblich für diesen Diskurs sind dabei vor allem die Arbeiten von Sherin

---

[3]Ein ausführliches Review der bestehenden Forschung zur Professionellen Unterrichtswahrnehmung findet sich bei Stahnke, Schueler und Roesken-Winter (2016).

[4]Trotz der meist einheitlichen Verwendung des Begriffs *Noticing* im US-amerikanischen Raum wird zugunsten der Einheitlichkeit auch hier im Folgenden von Professioneller Unterrichtswahrnehmung gesprochen.

und Van Es, die die Professionelle Unterrichtswahrnehmung von Lehrkräften als Schlüsselkomponente ihrer Expertise ansehen (van Es & Sherin, 2006, S. 125) und diese bei praktizierenden Lehrkräften in sogenannten „Videoclubs" untersuchten (Sherin & van Es, 2009; van Es & Sherin, 2002, 2006; van Es, 2011). Sie bezogen sich dabei auf den sozio-kulturellen Ansatz von Goodwin (1994) (van Es & Sherin, 2006, S. 125), wonach Personen verschiedener Professionen in einer Situation unterschiedliche Ereignisse wahrnehmen und diese auf Grundlage ihres Wissens interpretieren. Angewendet auf den Beruf der Lehrkraft und ihre Kerntätigkeit des Unterrichtens, verfügt diese demnach über spezielle Wahrnehmungsmuster, die Goodwin als „socially organized ways of seeing and understanding events that are answerable to the distinctive interests of a particular social group" (Goodwin, 1994, S. 606) beschreibt. Van Es und Sherin konzeptualisieren die Professionelle Unterrichtswahrnehmung lediglich in zwei Subfacetten: *selective attention* und *knowledge-based reasoning*. Dabei gilt die *selective attention* der Fähigkeit, die Aufmerksamkeit auf das zu richten, was in einer bestimmten Situation von Bedeutung ist. Hier ist die Verbindung zur Subfacette *Wahrnehmen* offensichtlich. Der zweite Aspekt, *knowledge based reasoning*, meint daran anschließend den wissensbasierten Prozess, in dem über die wahrgenommenen Ereignisse verstehend nachgedacht wird – hier lässt sich die Subfacette *Interpretieren* erkennen (Sherin & van Es, 2009, S. 22; van Es & Sherin, 2006, S. 125 f.). Die Untersuchung der Professionellen Unterrichtswahrnehmung bestehend aus diesen beiden Subfacetten bezog sich dabei verstärkt auf das mathematische Denken von Schülerinnen und Schüler (Sherin & van Es, 2009, S. 22; van Es & Sherin, 2002, S. 577, 2006, S. 126; van Es, 2011, S. 134) und erfolgte durch die Analyse aufgezeichneter Diskussionen in sogenannten Videoclubs. In diesen Videoclubs sahen sich mehrere praktizierende Lehrkräfte unterschiedlichster Erfahrungsstufen eigene Unterrichtsvideos an und diskutierten diese, meist unterstützt durch eine wissenschaftliche Begleitung. Zusätzlich wurden vor und nach den Diskussionsrunden Interviews mit einzelnen Lehrkräften erhoben, in deren Rahmen die Lehrkräfte ebenfalls ein authentisches Video kommentierten (Sherin & van Es, 2009, S. 23; van Es & Sherin, 2006, S. 126). Die Datenauswertung erfolgte in Bezug auf das, „was" die Lehrkraft wahrnimmt, und „wie" sie dies tut. Hierfür entwickelten Sherin und van Es die Kategorien „Actor" (Wer wird von den Lehrkräften wahrgenommen?), „Topic" (Was wird von den Lehrkräften wahrgenommen?) und „Stance" (Wie analysiert die Lehrkraft das Wahrgenommene?) (Sherin & van Es, 2009, S. 23 f.; van Es & Sherin, 2006, S. 127).

Festzustellen ist, dass schon im US-amerikanischen Diskurs unterschiedliche Konzeptualisierungen existieren (Schack, Fisher & Wilhelm, 2017; Sherin, Jacobs

& Philipp, 2011) und Uneinigkeit besteht, welche Subfacetten zur Professionellen Unterrichtswahrnehmung zu zählen sind. So gibt Sherin (2017, S. 403 f.) in Bezug auf ihre eigene Konzeptualisierung zu bedenken, dass "[i]t is worth noticing that our expansion of teacher noticing to include interpreting has not been entirely non-controversial" (S. 403) und bezweifelt gleichzeitig, dass das *Entscheiden* eine Subfacette der Professionellen Unterrichtswahrnehmung bildet.

Eine Konzeptualisierung, die der Kritik von Sherin (2017) entspricht, findet sich beispielsweise bei Star und Strickland (2008) sowie bei Star, Lynch und Perova (2011). Diese erkennen zwar die Wichtigkeit der Subfacette *Interpretieren* an, konzeptualisieren die Professionelle Unterrichtswahrnehmung jedoch selbst nur durch das *Wahrnehmen*: „Thus, our definition of noticing is restricted to part (a) of the van Es and Sherin definition. We are interested in what preservice teachers attend to – what catches their attention, and what they miss – when they view a classroom lesson" (Star & Strickland, 2008, S. 111), da sie annehmen, dass sich das *Interpretieren* immer nur an das *Wahrnehmen* anschließen kann (Star & Strickland, 2008, S. 111; Star et al., 2011, S. 119 f.). Die Professionelle Unterrichtwahrnehmung, lediglich die Subfacette Wahrnehmen umfassend, erhoben Star und Strickland (2008, S. 112 ff.) bei Studierenden mit Videos von authentischem Mathematikunterricht, die nicht nur einzelne Ausschnitte, sondern einen vollständigen Unterrichtsablauf mit einer Länge von 45 bis 50 Minuten zeigten. Im Anschluss an die Videodemonstration beantworteten die Studierenden Fragen (Wahr/Falsch, Multiple-Choice oder offene Fragen) zu den Kategorien Umgebung des Klassenraums, Klassenraummanagement, mathematischer Inhalt, Aufgaben und Kommunikation. Star et al. (2011) replizierten diese Studie.

Im Unterschied zu der Konzeptualisierung der Professionellen Unterrichtswahrnehmung durch lediglich eine Subfacette weiten Jacobs et al. (2010; 2011) die Konzeptualisierung von Sherin und Van Es aus. Sie untersuchten die Entwicklung der Professionellen Unterrichtswahrnehmung in Abhängigkeit von den Lehrerfahrungen, die sie im Anschluss an van Es und Sherin (2006, S. 125) als eine Komponente der Lehrerexpertise betrachten. Auch sie beziehen sich in ihren Studien ausschließlich auf die Wahrnehmung des mathematischen Denkens von Schülerinnen und Schülern. Anders als van Es und Sherin (2006, S. 125 f.; 2009, S. 22) konzeptualisieren sie die Professionelle Unterrichtswahrnehmung jedoch als drei Subfacetten, die neben dem *Wahrnehmen* und *Interpretieren* auch das *Entscheiden* umfassen. Das *Entscheiden* bezieht sich dabei jedoch ausschließlich auf ein *in-the-moment Entscheiden* und schließt somit langfristige Entscheidungen aus, die eine Lehrkraft vor oder nach einer Unterrichtsstunde trifft (Jacobs et al., 2010, S. 173; 2011, S. 98 f.). Die Erhebung der Professionellen Unterrichtswahrnehmung erfolgte dabei, anders als bei den meisten hier vorgestellten Forschungsgruppen, nicht nur anhand von Videovignetten, sondern auch mittels Textvignetten. Hierfür wurden die Probandinnen und Probanden aufgefordert, sich Zusammenschnitte eines videografierten Unterrichts der Grundschule anzuschauen oder sich mit den Lösungen von Lernenden der Grundschule auseinanderzusetzen. In beiden Fällen erhielten die teilnehmenden (angehenden) Lehrkräfte Aufgaben zu den drei Subfacetten der Professionellen Unterrichtswahrnehmung und bearbeiteten diese schriftlich. Auch die Auswertung erfolgte entlang der drei Subfacetten *Wahrnehmen, Interpretieren* und *Entscheiden* (Jacobs et al., 2010, S. 177 ff.). Eine ähnliche Konzeptualisierung der Professionellen Unterrichtswahrnehmung, bei der alle drei Subfacetten aufgenommen werden, findet sich bei der Arbeitsgruppe um Santagata (Santagata & Guarino, 2011, S. 134; Santagata & Yeh, 2016, S. 155).

Eine weitere Konzeptualisierung, die sich von denen der Arbeitsgruppen um Jacobs oder Santagata unterscheidet und die der Idee von Sherin und van Es näher ist, findet sich in den Studien der Forschungsgruppe um Seidel und Stürmer. Diese differenzieren die Professionelle Unterrichtswahrnehmung in zwei Subfacetten:

> *„(1) noticing – Identifikation relevanter Situationen und Ereignisse im Unterrichtsgeschehen; (2) knowledge-based reasoning – wissensgesteuerte Verarbeitung identifizierter Situationen und Ereignisse."* *(Seidel et al., 2010, S. 297).*

Dabei wird das *knowledge-based reasoning* zusätzlich in drei Dimensionen aufgegliedert, die Seidel et al. (2010, S. 297) als *beschreiben* (von „Komponenten eines lernwirksamen Unterrichts auf der Basis theoretischen Wissens"), *erklären* (von „Unterrichtssituationen auf der Basis wissenschaftlicher Theorien und Befunde") und *vorhersagen* (von „Wirkungen von Unterrichtssituationen auf weitere Lehr-Lern-Prozesse") determinieren. Während sich die Subfacetten *Wahrnehmen* und *Interpretieren* in dieser Konzeption wiederfinden lassen, wird die Subfacette *Entscheiden* wie in den Arbeiten von van Es und Sherin nicht mit aufgenommen.

Zur Erhebung der Professionellen Unterrichtswahrnehmung entwickelte die Forschungsgruppe um Seidel und Stürmer das Instrument „Observer". Dessen Grundlage bilden zwölf authentische Videovignetten aus fünf verschiedenen Fächern und entsprechende Rating-Items zu den angenommenen Dimensionen *beschreiben, erklären, vorhersagen*. Der Fokus wurde dabei auf generisch pädagogische Aspekte des Unterrichts wie Zielorientierung, Lernbegleitung und Lernatmosphäre, nicht aber auf domänenspezifische Aspekte gelegt (Seidel et al., 2010, S. 299). Sowohl die Konzeptualisierung als auch das Erhebungsinstrument wurde in mehreren Folgestudien (z. B. Seidel & Stürmer, 2014; Stürmer, Seidel & Schäfer, 2013; Stürmer, Könings et al., 2013, 2015) eingesetzt. In einer späteren

Studie setzten Stürmer, Seidel, Müller, Häusler und Cortina (2017) zur Erfassung der Professionellen Unterrichtswahrnehmung die *Mobile Eye Tracking Technology* (MET) ein und bezogen sich dabei auf Cortina, Miller, McKenzie und Epstein (2015, S. 391) sowie Gegenfurtner und Seppänen (2013, S. 394), die feststellten, dass Augenbewegungen den kognitiven Fokus einer Person darstellen können und so Einblicke in die Prozesse der Informationsauswahl ermöglichen. Durch die Fokussierung auf die Aufmerksamkeit der Studierenden, abgebildet durch ihre Blickbewegungen, besteht hier insbesondere eine Verbindung zur Subfacette *Wahrnehmen*.

Ähnlich wie die Arbeitsgruppe von Seidel und Stürmer konzentrierten sich Gold, Förster und Holodynski (2013, S. 142 ff.; 2016, S. 104 ff.) in ihren Untersuchungen ebenfalls auf nicht domänenspezifische Aspekte. Sie stellten ausschließlich die Klassenführung in den Fokus und konzeptualisierten die Professionelle Unterrichtswahrnehmung als Identifizieren und das theoriegeleitete Interpretieren. Die Erhebung mit Studierenden des Grundschullehramts (2013) bzw. mit Studierenden, Referendarinnen und Referendaren sowie Lehrkräften (2016) führten sie ebenfalls mit kurzen authentischen Videoszenen aus dem Grundschulunterricht durch, an die sich ein Begleitfragebogen mit geschlossenen Items anschloss.

Eine Erfassung der Professionellen Unterrichtswahrnehmung mit authentischen Unterrichtsvideos wurde auch von Kersting und ihren Kolleginnen sowie Kollegen durchgeführt (Kersting, 2008; Kersting, Givvin, Sotelo & Stigler, 2010; Kersting, Givvin, Thompson, Santagata & Stigler, 2012; Kersting et al., 2016). Neben einem Wissenstest mit Multiple Choice-Items kam ein Classroom Analysis Instrument (CVA), bestehend aus authentischen Videos aus dem Mathematikunterricht mit einer Länge von drei bis fünf Minuten, zum Einsatz. Zu diesem erhielten die teilnehmenden Lehrpersonen eine offene Arbeitsanweisung, die schriftlich zu bearbeiten war. Die Erhebungen hatten jedoch einen deutlichen domänenspezifischen Fokus: Zu den Analysen der Lehrkräfte wurden vier Teilscores gebildet, die sich zum einen auf die inhaltliche (MC Mathematical Content) und lernbezogene (ST Student Thinking) Analyse der Videos bezogen, zum anderen auf das Interpretieren (DI Depth of Interpretation) und das Entwickeln von Alternativen (SI Suggestions for Improvement) (Kersting, 2008, S. 348 f.; Kersting et al., 2010, S. 174; 2012, S. 574; 2016, S. 101).

Auch im Rahmen der Kompetenzforschung des Forschungsprogramms TEDS wurde die Professionelle Unterrichtswahrnehmung aufgegriffen. So erweiterte die Projektleitung innerhalb der Folgestudie TEDS-FU (Längsschnittliche Entwicklung der Kompetenzen von Junglehrkräften: Follow-Up zur internationalen Vergleichsstudie TEDS-M), in der die Untersuchung der Kompetenzentwicklung

von Mathematiklehrkräften der Sekundarstufe I beim Übergang von der Lehrerausbildung in den Beruf im Zentrum stand, den TEDS-M zugrunde liegenden
Theorierahmen (für Details siehe Kaiser, Busse, Hoth, König und Blömeke (2015,
S. 373 f.)). Angelehnt an das in Abschnitt 2.1 dargestellte Modell von Blömeke
und Gustafsson et al. (2015, S. 7) wurde ein Rahmen entwickelt, der neben den
ursprünglich fokussierten kognitiven und affektiven Dispositionen von (angehenden) Lehrkräften auch deren Professionelle Unterrichtswahrnehmung berücksichtigt. Diese wird hier auf Basis der drei Subfacetten der situationsspezifischen
Fähigkeiten des Modells „Kompetenz als Kontinuum" definiert als

*"(a) Perceiving particular events in an instructional setting, (b) Interpreting the per-
ceived activities in the classroom and (c) Decision-making, either as anticipating a
response to students' activities or as proposing alternative instructional strategies."*
(Kaiser et al., 2015, S. 374)

und zeigt so eine Parallelität zu den Konzeptualisierungen von Jacobs et al. (2010)
und von Santagata und Guarino (2011). Zusätzlich weist die Forschungsgruppe
darauf hin, dass es sich in dieser Auslegung um ein breites Verständnis der
Professionellen Unterrichtswahrnehmung handelt, das sowohl auf pädagogische
als auch domänenspezifische Aspekte bezogen ist, hier speziell im Kontext des
Mathematikunterrichts (Kaiser et al., 2015, S. 374 f.). Darin liegt ein wesentlicher Unterschied zu den Arbeiten von van Es und Sherin, die ausschließlich auf
das Denken der Schülerinnen und Schüler fokussierten.

Zur Messung der Kompetenzentwicklung wurden für die Studie TEDS-FU
unterschiedliche Testformate entwickelt und onlinebasiert eingesetzt. Zu diesen gehörten, neben einem digitalisierten Wissenstest, der bereits in TEDS-M
als Paper-Pencil-Test eingesetzt wurde, auch drei bis zu 3,5 Minuten lange
geskriptete, also gestellte Videovignetten, die in einem aufwendigen Verfahren
produziert worden waren. Zur Erhebung der Professionellen Unterrichtswahrnehmung wurden diese Videovignetten, die unterschiedliche mathematische Themen,
Schultypen und Klassenstufen repräsentierten, in Verbindung mit geschlossenen und offenen Items eingesetzt, die alle drei Subfacetten der Professionellen
Unterrichtswahrnehmung – *Wahrnehmen, Interpretieren* und *Entscheiden* – abde-
cken (Hoth, Döhrmann et al., 2016, S. 45 ff.; Kaiser et al., 2015, S. 375 ff.).[5]
Obwohl durch die Erhebung in TEDS-FU die Aktivitäten im Klassenraum deutlich situationsnäher als ins TEDS-M abgebildet werden konnten, postulierten
Kaiser et al. (2017), dass noch immer „a certain distance between teachers'

---

[5]Für eine ausführliche Gegenüberstellung und Darstellung der theoretischen Rahmen von
TEDS-M und TEDS-FU sowie deren Erhebungsmethoden siehe z. B. Kaiser et al. (2017).

real classroom activities and the observation of classroom situations in video vignettes" (S. 178) bestehe und stellen damit die Forderung nach einer Forschung auf, die direkte Unterrichtsbeobachtungen umfassen. In TEDS-Validierung wurde diese Forderung aufgegriffen. Neben den in TEDS-M und TEDS-FU entwickelten Messinstrumenten setzte die Forschergruppe ein in-TEDS-Unterricht entwickeltes in-vivo einsetzbares Unterrichtsbeobachtungsinstrument ein (Jentsch et al., 2021; Schlesinger & Jentsch, 2016; Schlesinger, Jentsch, Kaiser, König & Blömeke, 2018), um die prädiktive Validität der in TEDS-M und TEDS-FU entwickelten Messinstrumente zu überprüfen (Kaiser & König, 2020, S. 31 f.). Demnach erlauben die Ergebnisse dieser Studie auch Aussagen über den Einfluss der Professionellen Unterrichtswahrnehmung auf die Unterrichtsqualität.

Dieser Überblick wesentlicher Konzeptualisierungen und Erhebungsmethoden verdeutlicht zum einen die Unterschiede des Verständnisses und der Erhebung der Professionellen Unterrichtswahrnehmung, weist zum anderen aber auch auf Gemeinsamkeiten der verschiedenen Forschungsgruppen hin. Bezüglich der Konzeptualisierung zeigt sich die Uneinigkeit in der Frage, welche Subfacetten Bestandteil der Professionellen Unterrichtswahrnehmung sind, zwischen den einzelnen Forschungsgruppen sehr deutlich. Dabei sind Konzeptualisierungen und Erhebungen von einer bis zu drei Subfacetten möglich. Einigkeit ist allerdings dahingehend erkennbar, als die Professionelle Unterrichtswahrnehmung als wissensbasierter Prozess aufgefasst wird, der eine zentrale Grundlage für das Handeln der Lehrkräfte im Unterricht darstellt. Konsens besteht auch hinsichtlich der Erhebung mit Unterrichtsvideos oder Videovignetten – seien diese nun authentisch oder für den jeweiligen Zweck geskriptet. Ob diese Erhebung dann domänenspezifisch, wie in den dargestellten Fällen mathematikbezogen, erfolgt, einzelne domänenspezifische Aspekte, wie das mathematische Denken von Lernenden, oder generische Aspekte der Professionellen Unterrichtswahrnehmung in den Fokus rückt, ist wiederum sehr unterschiedlich innerhalb der einzelnen Forschungsgruppen.

Ergänzend sei an dieser Stelle darauf hingewiesen, dass sich insbesondere im US-amerikanischen Diskurs eine Weiterentwicklung bzw. Ausweitung des Konzepts der Professionellen Unterrichtswahrnehmung erkennen lässt. So finden sich im aktuellen Sammelband zum *Noticing* (Schack et al., 2017) einzelne Konzeptualisierungen, die das in diesem Kapitel skizzierte Verständnis der Professionellen Unterrichtswahrnehmung im Kontext von Ereignissen im Unterricht auf die Vor- und Nachbereitung von Unterricht ausweiten. So führen beispielsweise Amador, Males, Earnest und Dietiker (2017) das *Curricular Noticing* ein und beschreiben dieses als „[…] attending, interpreting, and deciding how to respond to curriculum materials" (S. 428). Choy, Thomas und Yoon (2017, S. 445 ff.) weiten den Rahmen der Professionellen Unterrichtswahrnehmung sogar auf die Planung, Durchführung und Reflexion von Unterricht aus.

Nach der Vorstellung der diversen Optionen, wie die Professionelle Unterrichtswahrnehmung in zuletzt vorgelegten Studien konzeptualisiert und erhoben wurde, thematisieren die beiden folgenden Abschnitte (2.2.2 und 2.2.3) die Ergebnisse dieser Studien. Diese verdeutlichen die Korrelation zwischen der Professionellen Unterrichtswahrnehmung und den Dispositionen der Lehrkräfte sowie ihrer Performanz und welche Möglichkeiten der Förderung sich empirisch gezeigt haben.

2.2.2 Empirische Ergebnisse zu den Zusammenhängen von Professioneller Unterrichtswahrnehmung, Wissen und Performanz

Die in Abschnitt 2.2.1 vorgestellten Studien konnten verschiedene empirische Ergebnisse herausarbeiten. Diese bieten Erkenntnisse zur Professionellen Unterrichtswahrnehmung selbst, beleuchten aber auch die im Modell „Kompetenz als Kontinuum" (Abschnitt 2.1) dargestellten Zusammenhänge: erstens zwischen der Professionellen Unterrichtswahrnehmung und den Dispositionen einer Lehrkraft und zweitens zwischen der Professionellen Unterrichtswahrnehmung und der Performanz einer Lehrkraft. Dabei wurden insbesondere die Zusammenhänge zwischen der Professionellen Unterrichtswahrnehmung und den Dispositionen untersucht (Stahnke et al., 2016, S. 17). Einzelne Studien ermöglichen aber auch Ergebnisse zum Zusammenhang mit der Performanz der Lehrkräfte und den Leistungen der Schülerinnen und Schüler. Im Folgenden werden separiert nach Forschungsgruppen ausgewählte Ergebnisse präsentiert, da, wie in Abschnitt 2.2.1 erläutert, sowohl die Konzeptualisierungen des Forschungsgegenstands als auch die Erhebungsmethoden stark differieren, weshalb die jeweiligen Ergebnisse nicht über die Studien hinweg verallgemeinert werden können. Eine Zusammenstellung der zentralen empirischen Erkenntnisse, die sich auf die Förderung der Professionellen Unterrichtswahrnehmung beziehen, findet sich im Anschluss an diese Ergebnispräsentation in Abschnitt 2.2.3.

Im Rahmen der Studie TEDS-FU wurde bei 171 Sekundarstufenlehrkräften, die am Anfang ihrer Berufspraxis standen, unter anderem der Einfluss von Wissen auf die Professionelle Unterrichtswahrnehmung untersucht. Dabei zeigte sich, dass die Fähigkeit, bedeutsame Unterrichtsereignisse wahrzunehmen, sie zu interpretieren und diesbezügliche Entscheidungen zu treffen, sowohl anhand des Fachwissens (MCK) als auch des fachdidaktischen Wissens (MPCK) signifikant vorhergesagt werden kann (Blömeke et al., 2014, S. 531). König et al. (2014, S. 83) fokussierten die Zusammenhänge zwischen Wissen und Professioneller Unterrichtswahrnehmung ebenfalls für das pädagogische Wissen (GPK), bezogen sich dabei aber lediglich auf die Subfacetten *Wahrnehmen* und *Interpretieren*. Sie gelangten zu der Feststellung, dass das pädagogische Wissen ebenfalls mit der Fähigkeit korreliert, Unterrichtsereignisse zu interpretieren. Für die Subfacette *Wahrnehmen* konnte ein solcher Zusammenhang jedoch nicht nachgewiesen werden. Dies könnte als Hinweis dafür interpretiert werden, dass die Subfacette *Interpretieren* stärker an das Wissen gebunden ist als das *Wahrnehmen*.

Zusätzlich fand die Forschergruppe in ihrer Studie mit Bezug auf Wissenstests im Rahmen der Studie TEDS-M aus dem Jahr 2008 heraus, dass das fachdidaktische Wissen durch das Erleben der Schulpraxis deutlich stärkere Veränderungen erfährt als das Fachwissen. Dieses Ergebnis wurde als „ein erstes Indiz für die Bedeutsamkeit der Praxiserfahrung als Lerngelegenheit für die Weiterentwicklung von MPCK" (Blömeke et al., 2014, S. 533) gewertet und somit auch in seiner Bedeutsamkeit für die Professionelle Unterrichtswahrnehmung. König et al. (2015, S. 342 f.) bestätigten ebenfalls einen positiven Zusammenhang der für die Vorbereitung und Durchführung des Unterrichts aufgewendeten Zeit und der Interpretationsfähigkeit einer Lehrkraft. Sie sahen damit ihre Hypothese bestätigt, dass die pädagogische Kompetenz auch davon abhängt, wie viel Zeit für den Unterricht aufgewendet wird und konstatierten: „[…] deliberate practice is an important activity that fosters early career teachers' pedagogical competence" (König et al., 2015, S. 348).

Diese Erkenntnisse wurden durch die Ergebnisse von Blömeke et al. (2016, S. 44) ergänzt. In ihrer Studie konnte herausgestellt werden, dass die Note im zweiten Staatsexamen (also am Ende der zweiten, praktischen Ausbildungsphase) signifikant mit der Professionellen Unterrichtswahrnehmung der Probandinnen und Probanden korrelierte:

> „[…] those with stronger situation-specific skills showed classroom performance of higher quality as indicated by grades in the practical teaching exam than teachers with weaker cognitive skills." (Blömeke et al., 2016, S. 44)

Damit verdeutlichen sie den Zusammenhang der Professionellen Unterrichtswahrnehmung und der Qualität des Unterrichts. Hierzu konnten Jentsch et al. (2021, S. 16 ff.) im Rahmen der Studien TEDS-Unterricht und TEDS-Validierung zur fachspezifischen Qualität von Mathematikunterricht herausarbeiten, dass es moderate Korrelationen zwischen den Dimensionen von Unterrichtsqualität und der Professionellen Unterrichtswahrnehmung gibt. Diese finden sich demnach zwischen der Professionellen Unterrichtswahrnehmung von Mathematikunterricht und der Dimension „kognitive Aktivierung" sowie in schwach positiver Ausprägung bezüglich der Dimensionen „konstruktive Unterstützung" und „fachdidaktische Strukturierung".

Weitere Erkenntnisse zu den Zusammenhängen zwischen Dispositionen und der Professionellen Unterrichtswahrnehmung lieferten auch die Studien von Kersting und Kolleginnen und Kollegen (Kersting, 2008; Kersting et al., 2010) durch den Einsatz des adaptierten Wissenstests (Mathematical Knowledge for Teaching (MKT)) von Loewenberg Ball, Hill, Rowan und Schilling (2002) und ihres Classroom Analysis Instruments. In beiden Studien wurde eine signifikant positive Korrelation des Wissens der Lehrkräfte mit der Professionellen Unterrichtswahrnehmung festgestellt (Kersting, 2008, S. 857; Kersting et al., 2010, S. 176) und insbesondere die Verbindung zur Subfacette *Interpretieren* betont:

> *"[...]teachers in this sample who produced purely descriptive responses are characterized as having limited knowledge (Category 1); teachers who produced analytic responses that showed some interpretation corresponded to having average knowledge (Category 2); and teachers who produced very comprehensive analytic responses, including cause–effect relationships, were classified as holding advanced knowledge (Category 3)." (Kersting, 2008, S. 856)*

Lehrkräfte, die in dieser Studie gute Ergebnisse im Wissenstest erzielten, neigten demnach auch zu anspruchsvolleren Interpretationen im Rahmen der Videoerhebung als Lehrkräfte, die im Wissenstest schlechter abschnitten.

Des Weiteren stellte Kersting (2008) fest, dass die Fähigkeit, das Denken der Schülerinnen und Schüler zu analysieren, mindestens Wissen der Kategorie 2 – *average knowledge* – voraussetzt und formulierte darauf basierend die Vermutung, dass „novice teachers tend to focus primarily on the teacher and the teaching without considering the student explicitly part of that process" (S. 856).

In der Folgestudie weiteten Kersting et al. (2010) die empirischen Erhebungen aus und gingen zusätzlich der Frage nach, welchen Einfluss die Professionelle Unterrichtswahrnehmung der Lehrkräfte auf den Lernerfolg der Schülerinnen und Schüler hat. Dazu wurden neben den Lehrkräften auch die Leistungen von 317 Schülerinnen und Schülern, die von 19 teilnehmenden Lehrkräften unterrichtet wurden, vor und nach einer Einheit zur Bruchrechnung erhoben und mit den Leistungen der Lehrkräfte in Beziehung gesetzt. Eine der vier Skalen der Professionellen Unterrichtswahrnehmung – SI Suggestion of Improvement – konnte dabei als signifikanter Prädiktor für den Lernerfolg der Schülerinnen und Schüler identifiziert werden:

"[...] students of teachers who included suggestions for instructional improvement that they connected to mathematical content showed greater learning gains than did students of teachers who included either general pedagogical suggestions or no suggestions at all." (Kersting et al., 2010, S. 178)

Es ist an dieser Stelle jedoch darauf hinzuweisen, dass die Lehrkräfte nicht explizit dazu aufgefordert waren, Entscheidungen oder alternative Vorschläge zu formulieren. Die genannten Ergebnisse konnten durch Kersting et al. (2012, S. 581) mit einer größeren Stichprobe repliziert werden. In ihrer Studie von 2012 untersuchten Kersting und ihre Kolleginnen sowie Kollegen neben dem Einfluss der Professionellen Unterrichtswahrnehmung auf den Lernerfolg von Schülerinnen und Schüler auch deren Einfluss auf die Unterrichtsqualität, die der Performanz im Modell „Kompetenz als Kontinuum" entsprechen könnte. In diesem Zusammenhang willigten einzelne Lehrpersonen ein, neben den in den vorherigen Studien eingesetzten Erhebungsmethoden auch eine Stunde ihres Unterrichts per Video aufzeichnen zu lassen. Kersting et al. (2012, S. 582 f.) fanden heraus, dass die Professionelle Unterrichtswahrnehmung einer Lehrkraft in einem positiven Zusammenhang mit der Qualität ihres Unterrichts steht und dass diese wiederum den Lernerfolg der Schülerinnen und Schüler positiv beeinflusst. Im Vergleich der Probandinnen und Probanden zeigte sich eine höhere Unterrichtsqualität insbesondere bei Lehrkräften, die eine differenzierte Analyse des mathematischen Inhalts mit Bezug auf die Unterrichtssituation vornahmen.

Die Ergebnisse der Studie TEDS-FU und der Arbeiten der Forschungsgruppe von Kersting konnten sowohl durch Bruckmaier, Krauss, Blum und Leiss (2016) als auch durch Dunekacke, Jenßen und Blömeke (2015; 2016) bestätigt werden. Bruckmaier et al. (2016, S. 213 ff.) untersuchten im Rahmen der COACTIV-Studie, unter Einbezug von Wissenstests als Paper-Pencil-Variante und Videoerhebungen, den Einfluss des fachlichen (CK) und fachdidaktischen Wissens (PCK) auf die Subfacette *Entscheiden* der Professionellen Unterrichtswahrnehmung. Ihre Ergebnisse zeigen ebenfalls positive Korrelationen sowohl mit dem fachlichen (CK) als auch mit dem fachdidaktischen Wissen (PCK). Auch Dunekacke et al. (2015, S. 172 ff.; 2016, S. 130 ff.) untersuchten den Zusammenhang zwischen dem mathematischen und dem mathematikdidaktischen Wissen und dem *Wahrnehmen* sowie dem *Entscheiden* bei angehenden Vorschullehrkräften mithilfe von Paper-Pencil-Tests und kurzen authentischen Videovignetten mit anschließender Befragung anhand offener Items. Dabei zeigte sich konsistent zu den Ergebnissen der anderen Studien, dass sowohl das mathematische als auch das mathematikdidaktische Wissen einen positiven Effekt auf das Wahrnehmen relevanter Ereignisse im Mathematikunterricht hat und die Fähigkeit des Wahrnehmens wiederum einen prädiktiven Effekt auf das *Entscheiden*. Anders als die Studie TEDS-FU und die Arbeitsgruppe um Kersting untersuchten Jacobs et al. (2010, S. 181) nicht die Zusammenhänge zwischen der Professionellen Unterrichtswahrnehmung und den Dispositionen, sondern legten ihr Hauptaugenmerk auf die Ausprägung der Professionellen Unterrichtswahrnehmung bei unterschiedlichen Probandengruppen, die sich hinsichtlich ihrer Erfahrung mit dem mathematischen Denken von Lernenden unterschieden. Ziel der Studie war es, die Entwicklung der professionellen Unterrichtswahrnehmung zu erfassen. 131 angehende und praktizierende Lehrkräfte wurden in vier Erfahrungsgruppen unterschieden: *Prospective Teachers* (Studierende ohne Berufserfahrung), *Initial Participants* (Berufsanfänger- und anfängerinnen, die sich beruflich noch nicht weiterentwickeln konnten), *Advancing Participants* (Lehrkräfte mit zwei Jahren Berufserfahrung), *Emerging Teacher Leaders* (Lehrkräfte mit mindestens vier Jahren Berufserfahrung und Führungsaktivitäten in der Lehrerbildung) (Jacobs et al., 2010, S. 174 f.). Aus den Ergebnissen der Studie von Jacobs et al. (2010, S. 181 ff.) geht hervor, dass sich die Professionelle Unterrichtswahrnehmung in allen drei Subfacetten mit zunehmender Erfahrung der Lehrkräfte eindeutig entwickelt. So konnte in fast allen paarweisen Vergleichen der Probandengruppen für die drei Subfacetten eine signifikante Weiterentwicklung zugunsten der höheren Erfahrungsgruppe festgestellt werden. Diese konnten für die Subfacetten *Wahrnehmen* und *Interpretieren* bereits durch den Einfluss der ersten Unterrichtserfahrungen (Vergleich *Prospective Teachers* und *Initial Participants*) nachgewiesen werden, sodass Jacobs et al. (2010) schließlich konstatierten: „Teaching experience seems to provide support for individuals to begin developing expertise in attending […] and interpreting" (S. 182). Für die Subfacette *Entscheiden* konnte dieser Einfluss nicht bestätigt werden. Eine geringe Berufserfahrung scheint demnach einen geringeren Einfluss auf die Entwicklung dieser Subfacette zu haben (Jacobs et al., 2010, S. 182; 2011, S. 109).

Auf Grundlage ihrer empirischen Querschnittergebnisse formulierten Jacobs et al. (2010) abschließend sogenannte *Growth Indicators*, die dabei helfen sollen, Entwicklungen der Professionellen Unterrichtswahrnehmung, bezogen auf das mathematische Denken von Lernenden zu identifizieren:

- *"A shift from general strategy descriptions to descriptions that include the mathematically important details;*
- *A shift from general comments about teaching and learning to comments specifically addressing the children's understandings;*

– *A shift from overgeneralizing children's understandings to carefully linking interpretations to specific details of the situation;*
– *A shift from considering children only as a group to considering individual children, both in terms of their understandings and what follow-up problems will extend those understandings;*
– *A shift from reasoning about next steps in the abstract (e.g., considering what might come next in the curriculum) to reasoning that includes consideration of children's existing understandings and anti-cipation of their future strategies; and*
– *A shift from providing suggestions for next problems that are general (e.g., practice problems or harder problems) to specific problems with careful attention to number selection." (S. 196)*

Ähnliche Erkenntnisse erzielten auch Gold et al. (2016, S. 111 ff.), die in ihrer Untersuchung die Professionelle Unterrichtswahrnehmung bezüglich der Klassenführung bei Studierenden, Referendarinnen und Referendaren sowie Lehrkräften mit mindestens zehn Jahren Berufserfahrung erhoben. Die Ergebnisse ihrer standardisierten Erhebung weisen auf signifikante Effekte der Gruppenzugehörigkeit hin. Dabei zeigten die Lehrpersonen signifikant höhere Werte als die Studierenden, während die Werte der Referendarinnen und Referendare deskriptiv zwischen den beiden Gruppen lagen. Zusätzlich wurde im Rahmen der offenen Erhebung deutlich, dass Studierende anteilig am häufigsten Beschreibungen äußerten und dass die Lehrkräfte den größten Anteil von Handlungsentscheidungen lieferten.

Da es sich sowohl bei der Arbeit von Jacobs et al. (2010) als auch bei der Untersuchung von Gold et al. (2016) um Querschnittstudien in verschiedenen Erfahrungsstufen der Lehrerausbildung handelt, kann anhand dieser Forschungsergebnisse von einer Entwicklung der Professionellen Unterrichtswahrnehmung im Laufe der Berufsausbildung und -praxis ausgegangen werden. So implizierten Jacobs et al. (2010) durch die Formulierung der Growth Indicators, dass eine Entwicklung der Professionellen Unterrichtswahrnehmung im Laufe einer Berufsbiografie zu erwarten ist. Sie halten außerdem fest, „that this expertise can be learned and that both teaching experience and professional development support this endeavor" (S. 191). Unter einer vergleichbaren Annahme formulierten Gold et al. (2016), „dass erlerntes Wissen im Lehramtsstudium sowie Praxiserfahrungen dazu befähigen, Unterricht kompetenter wahrzunehmen" (S. 117).

Unterstützt werden diese Ergebnisse durch eine Längsschnittstudie die Santagata und Yeh (2016) mit drei Probandinnen durchgeführt haben. Sie untersuchten die Entwicklung der Professionellen Unterrichtswahrnehmung von Beginn der Lehrerausbildung bis zu den ersten zwei Berufsjahren in Vollzeitbeschäftigung. Die drei Probandinnen nahmen mehrfach an einer Videoerhebung teil, genutzt wurden außerdem das Classroom Analysis Instrument von Kersting et al. (2010, S. 174) und in der Phase des aktiven Unterrichtens erfolgte eine Datenerhebung per Interview. Die quantitative Auswertung der Daten bestätigte die Vermutungen von Jacobs et al. (2010, S. 191) und Gold et al. (2016, S. 117): Die Professionelle Unterrichtswahrnehmung verbesserte sich bei allen drei Probandinnen im Zuge der Ausbildung und der fortschreitenden Berufspraxis. Weitere Erkenntnisse lieferten die qualitativen Auswertungen: So fanden Santagata und Yeh (2016, S. 158 ff.) heraus, dass sich die Wahrnehmung der Probandinnen zu Beginn ihrer Ausbildung insbesondere auf die Person der Lehrkraft oder die Disziplin der Lernenden bezog, während sie sich im Fortschritt der Ausbildung und der Unterrichtspraxis vermehrt auf die Schülerinnen und Schüler und ihr mathematisches Denken ausrichtete. Außerdem konnte die Forschungsgruppe feststellen, dass die Lernenden für die Lehrerinnen eine Lernquelle darstellen und dass auch Gemeinschaften im Schulkontext (Kollegium, Arbeitsgruppen, Ausbilderinnen und Ausbilder) die Professionelle Unterrichtswahrnehmung beeinflussen.

Abschließend ist anhand der Ergebnisse der hier präsentierten Studien festzustellen, dass die Professionelle Unterrichtswahrnehmung als wissensbasierter Prozess charakterisiert werden kann und dass die Fähigkeit, Unterricht professionell wahrzunehmen, im Laufe der Berufsausbildung und im Zuge der fortschreitenden Berufserfahrung entwickelt wird. Da die Professionelle Unterrichtswahrnehmung demnach durch vorhandenes Wissen und durch Praxiserfahrungen bestimmt wird, scheint eine Förderung dieser Kompetenzfacetten möglich zu sein und sollte eng an die beiden genannten Bereiche Wissen und Erfahrung gekoppelt werden. Im folgenden Kapitel werden daher empirische Erkenntnisse zur Förderung der Professionellen Unterrichtswahrnehmung vorgestellt, aus denen auch hervorgeht, dass eine Förderung bereits innerhalb des Studiums, also der ersten Phase der Ausbildung von Lehrkräften, möglich ist.

2.2.3 Empirische Ergebnisse zur Förderung der Professionellen Unterrichtswahrnehmung

„if one knows what comprises expert teaching, one would hope to find ways to help teachers develop such competencies." (Schoenfeld, 2011b, S. 333)

Studien zur Lehrerkompetenz sind langfristig meist auf das Ziel ausgerichtet, die Lehrerinnen und Lehrer darin zu unterstützen, die benötigten Kompetenzen

auszubauen und weiterzuentwickeln. Da die Professionelle Unterrichtswahrnehmung ein Bestandteil der Kompetenz von Lehrkräften ist, sind auch viele der
Studien auf die Frage der Entwicklung und Möglichkeiten der Förderung fokussiert. Seidel und Stürmer (2014, S. 765 f.) stellten in diesem Zusammenhang
eine zeitliche Stabilität der Professionellen Unterrichtswahrnehmung fest, wenn
keine Interventionen stattfinden. Zusätzlich zeigen mehrere empirische Befunde,
dass sie sowohl im späteren Berufsleben als auch bereits im Studium förderbar ist
(z. B. Gold et al., 2013; Santagata & Guarino, 2011; Schack et al., 2013; Sherin &
van Es, 2009; Star & Strickland, 2008; Stürmer, Könings et al., 2013). Um insbesondere die Fördermöglichkeiten der Professionellen Unterrichtswahrnehmung im
Rahmen des Studiums deutlich zu machen, werden in diesem Kapitel die Entwicklungen dargestellt, die in Studien in Verbindung mit spezifischen Interventionen
festgestellt werden konnten. Einzelne Studien beziehen sich dabei auch auf Interventionen, die mit praktizierenden Lehrkräften durchgeführt wurden (Sherin &
van Es, 2009; van Es & Sherin, 2002, 2006). Da die Ergebnisse mit denen aus
Studien vergleichbar sind, in denen sich die Probandinnen und Probanden noch
im Studium befanden, werden vereinzelt auch diese Ergebnisse angeführt. Zusätzlich ist darauf hinzuweisen, dass die Konzeptualisierungen der Professionellen
Unterrichtswahrnehmung differieren (Abschnitt 2.2.1) und nicht immer alle drei
Subfacetten – *Wahrnehmen, Interpretieren* und *Entscheiden* – in den Erhebungen
einbezogen wurden. So wird im Allgemeinen durch die Studien bestätigt, dass die
Förderung der Professionellen Unterrichtwahrnehmung möglich ist, differenzierte
Teilergebnisse finden sich dabei jedoch meist nur zu den Subfacetten *Wahrnehmen*
und *Interpretieren*. Im Folgenden werden die anhand verschiedener Interventionen für die einzelnen Subfacetten beobachteten Entwicklungen dargestellt und
anschließend die Interventionen näher beleuchtet.

Bezüglich der Subfacette *Wahrnehmen* zeigt sich eine Entwicklung in Bezug
auf die wahrgenommenen Akteurinnen und Akteure sowie das Thema. Star und
Strickland (2008) untersuchten anhand von Videos, welche Ereignisse in einer
Unterrichtsstunde Studierende vor der Teilnahme an einem universitären Seminar
wahrnahmen und wie sich ihre Wahrnehmungsfähigkeit im Laufe eines Semesters
entwickelte. In einer ersten Erhebung zeigte sich deutlich, dass die Studierenden
insbesondere Aspekte des Klassenraummanagements wahrnahmen. Ihre Wahrnehmung bezog sich vor allem darauf, was die Lernenden taten (z. B. die Lernenden
verließen nicht häufig ihre Plätze; die Lernenden meldeten sich) und was die
Lehrkraft tat, um die Ordnung in der Klasse einzuhalten bzw. herzustellen (z. B.
die Lehrkraft wies die Lernenden an, das Arbeitsblatt erst umzudrehen, wenn
sie es sagt; die Lehrkraft ging während der Arbeitsphase herum und beobachtete
die Lernenden). Sie kamen hier zu dem Ergebnis, dass „preservice mathematics

teachers are initially quite observant about what the teacher does to maintain control in the classroom, and what students are doing that may influence the teacher's ability to maintain control" (Star & Strickland, 2008, S. 116). Im Gegensatz dazu wurden Ereignisse, die den mathematischen Inhalt betrafen, deutlich seltener wahrgenommen. Im Rahmen der Intervention konnte jedoch eine signifikante Entwicklung der Professionellen Unterrichtswahrnehmung bei den Studierenden festgestellt werden, die in der Replikationsstudie von Star et al. (2011, S. 124 ff.) bestätigt wurde.

Sherin und van Es (2009, S. 26 ff.) lieferten anhand ihrer Studie mit praktizierenden Lehrkräften ähnliche Ergebnisse. Bezogen auf die Auswertungskategorie „Topic" zeigt sich, dass insbesondere Themen wie „Management" (z. B. Nutzung der Zeit, Umgang mit Unterbrechungen) und „Climate" (z. B. Beziehungen zwischen den Lernenden bzw. zwischen den Lernenden und der Lehrkraft) im Laufe der Videoclubs weniger häufig thematisiert wurden und sich die Professionelle Unterrichtswahrnehmung vor allem auf das Denken der Schülerinnen und Schüler ausrichtete. Zusätzlich stellten sie durch die Auswertung der Kategorie „Actor" fest, dass die an der Intervention teilnehmenden Lehrkräfte ihre Professionelle Wahrnehmung dahingehend veränderten, dass sie die Lernenden deutlich häufiger wahrnahmen und den Wahrnehmungsfokus von der Lehrkraft auf die Schülerinnen und Schüler verschoben.

Für die Subfacette *Interpretieren* wurde eine klare Entwicklung von rein beschreibenden Äußerungen hin zu stärker interpretativen Äußerungen konstatiert. So fanden Santagata und Guarino (2011, S. 142 f.) heraus, dass sich die Studierenden in ihrer Fähigkeit verbessern, das von ihnen im Unterricht Wahrgenommene auch zu begründen. Ihre Kommentare wurden ausführlicher und integrierten mehr unterrichtsrelevante Aspekte, sodass auch die Auswirkungen der Entscheidungen der Lehrkraft auf das Lernen der Schülerinnen und Schüler häufiger beachtet wurden. Die Studie von Stürmer und Seidel et al. (2013, S. 342 ff.) unterstützt dieses Ergebnis, da im Zuge ihrer Intervention insbesondere die Dimension *Vorhersagen,* die von den Autorinnen als schwierigste Dimension des Interpretierens bezeichnet wird, eine deutliche Entwicklung erfuhr. In den Erhebungen zu ihren Videoclubs stellten van Es und Sherin (2002, S. 588) ebenfalls eine Entwicklung von rein beschreibenden und evaluativen hin zu stärker interpretativen Äußerungen fest. Auch spätere Studien zu den Videoclubs bestätigen, dass die Professionelle Unterrichtswahrnehmung im Zuge der Videoclubs entwickelt werden kann und die Diskussionen der Lehrkräfte häufiger interpretative Äußerungen enthielten als nur beschreibende oder evaluative (Sherin & van Es, 2009, S. 26 ff.; van Es & Sherin, 2006, S. 129).

Basierend auf den Ergebnissen zur Entwicklung der Professionellen Unterrichtswahrnehmung von van Es und Sherin entwickelte van Es (2011, S. 139 ff.) ein „Framework for learning to notice student mathematical thinking", in dem sie unterschiedliche Entwicklungsstadien aufnahm. Sie identifizierte folgende vier Entwicklungsstufen, aus denen hervorgeht, wie sich die Professionelle Unterrichtswahrnehmung in Bezug auf die Subfacetten *Wahrnehmen* und *Interpretieren* im Rahmen der Videoclubs entwickelt hatte:

Baseline: Verschiedenen Themen werden wahrgenommen (Verhalten der Klasse, Arbeitsbereitschaft der Lernenden, Klassenklima, das pädagogische Vorgehen der Lehrkraft); im Fokus der Wahrnehmung steht die Lehrkraft; die Komplexität der Ereignisse wird stark vereinfacht; die Äußerungen sind meist nur beschreibend und bewertend.

Mixed: Das pädagogische Vorgehen der Lehrkraft, das Verhalten und Denken der Lernenden rückt stärker in den Vordergrund; der Wahrnehmungsfokus verschiebt sich auf die gesamte Klasse bis hin zu einzelnen Schülerinnen und Schülern; es werden weiterhin allgemeine Eindrücke formuliert, aber einzelne wichtige Ereignisse bereits hervorgehoben; es wird weiterhin bewertet; erste Interpretationen der wahrgenommenen Ereignisse sind erkennbar.

Focused: Fokus des Wahrnehmens auf dem mathematischen Denken der Schülerinnen und Schüler; besonders wichtige Ereignisse werden wahrgenommen; die wahrgenommenen Ereignisse werden (vielfältig) interpretiert.

Extended: Das mathematische Denken und das pädagogische Handeln der Lehrkraft (z.B. Auswahl von Aufgaben) werden wahrgenommen; die Wahrnehmung bezieht sich auch auf Ereignisse, die in direkter Verbindung zwischen dem Handeln der Lehrkraft und dem mathematischen Denken der Lernenden stehen; die wahrgenommenen Ereignisse werden (vielfältig) interpretiert; Verbindungen zu allgemeinen Prinzipien des Lehrens und Lernens sowie Vorschläge alternativer Vorgehensweisen sind erkennbar.

Diese Stufen zeigen erneut den Wechsel der Wahrnehmung von der Person der Lehrkraft auf die Schülerinnen und Schüler, von unterschiedlichsten, meist auf das Klassenklima und die Organisation bezogenen Themen zum mathematischen Denken der Lernenden. Korrespondierend entfaltet sich die Kompetenz der Interpretation von eher beschreibenden zu evaluativen Äußerungen bis hin zu kontextualisierenden Interpretationen. Zusätzlich wird deutlich, dass auch die

Subfacette *Entscheiden*, die in der Konzeption von Sherin und van Es nicht explizit enthalten ist, in der vierten Entwicklungsstufe zum Ausdruck kommt. Die Möglichkeit der Förderung der dritten Subfacette wurde durch Schack et al. (2013, S. 391 ff.) und Santagata und Guarino (2011, S. 143) bestätigt. Beide Studien lieferten empirische Befunde dazu, dass sich die Fähigkeit, Alternativen anzuführen, gemessen an der Anzahl der geäußerten Handlungsalternativen und in inhaltlicher Hinsicht bei Studierenden im Zuge einer Intervention entwickelt. So zeigte sich, dass Studierende nach dem Besuch einer universitären Lehrveranstaltung deutlich häufiger Handlungsalternativen nannten, obwohl sie nicht explizit dazu aufgefordert wurden, und sich diese häufiger auf das Handeln und das mathematische Denken der Schülerinnen und Schüler bezogen.

Insgesamt kann anhand der hier vorgestellten empirischen Befunde konstatiert werden, dass eine Förderung der Professionellen Unterrichtswahrnehmung bereits im Rahmen von universitären Lerngelegenheiten möglich ist. Es darf jedoch nicht davon ausgegangen werden, dass sich diese Kompetenzentwicklung bei allen geförderten Personen gleichermaßen vollzieht. Faktoren wie die tatsächliche Nutzung diesbezüglicher Lehrangebote kommen hier ebenso zum Tragen wie die individuelle Ausgangslage. So bestätigen mehrere Studien, dass Personen mit einem vergleichsweise niedrigen Ausgangsniveau der Professionellen Unterrichtswahrnehmung eine deutlichere Entwicklung zeigten als Personen, die bereits vor der Praxisphase ein relativ hohes Niveau zeigten und in ihrer Entwicklung dann eher stagnierten (Schack et al., 2013, S. 393; Stürmer, Seidel et al., 2013, S. 347; van Es & Sherin, 2002, S. 587).

Wie die Professionelle Unterrichtswahrnehmung in den einzelnen Studien gefördert wurde, ist dabei sehr unterschiedlich und es kam eine Vielzahl unterschiedlich Interventionen zum Einsatz. Im Folgenden werden einzelne Interventionen, die nachweislich zur Förderung beitragen können, exemplarisch dargestellt, um einen Eindruck der vielfältigen Möglichkeiten zu vermitteln.

Eine wissensbasierte Intervention wurde durch die Arbeitsgruppe um Seidel und Stürmer durchgeführt. Stürmer und Könings et al. (2013, S. 472 f.) untersuchten den Einfluss von drei unterschiedlichen universitätsinternen Kursformaten, deren Ziel es war, das deklarative Wissen der Studierenden über das Lehren und Lernen zu fördern. Während sich Seminar 2 und 3 auf realistische Problemstellungen aus dem Schulkontext bezogen, diese aber rein theoretisch thematisiert wurden, basierte Seminar 1 auf Videoanalysen. In dieser Lehrveranstaltung beobachteten und interpretierten die Studierenden mehrere Videoausschnitte authentischen Unterrichts und beantworteten Fragen zu den von der Arbeitsgruppe aufgestellten Dimensionen – *Beschreiben, Erklären, Vorhersagen* (z. B. Seidel et al., 2010, S. 297). Da Stürmer und Könings et al. (2013,

S. 475 ff.) zeigen konnten, dass sich im Rahmen aller drei Seminare sowohl das Wissen als auch die Professionelle Unterrichtswahrnehmung der Studierenden positiv entwickelte, sahen sie den positiven Effekt der Wissensvermittlung auf die Professionelle Unterrichtswahrnehmung bestätigt. In ihrer Folgerung betonten sie die Bedeutung des Wissensaufbaus für die Entwicklung der Professionellen Unterrichtswahrnehmung: "Even teacher candidates who have not yet gained classroom teaching experiences benefit in their ability to observe and interpret classroom situations in a professional way if they acquire conceptual knowledge about teaching and learning at university" (Stürmer, Könings et al., 2013, S. 478). Unterstützt wird dies durch Star und Strickland (2008, S. 110) sowie Star et al. (2011, S. 120 ff.), die ebenfalls eine Förderung der Professionellen Unterrichtswahrnehmung von Studierenden durch universitäre Veranstaltungen im Rahmen der Lehrerausbildung nachweisen konnten. Stürmer et al. (2015, S. 46) zeigten außerdem, dass die Professionelle Unterrichtswahrnehmung positiv mit der Anzahl der Lerngelegenheiten zusammenhängt, hier konkret mit der Anzahl der besuchten pädagogischen Lehrveranstaltungen.

Neben der Erkenntnis, dass der Wissensaufbau in universitären Seminaren zur Entwicklung der Professionellen Unterrichtswahrnehmung beiträgt, zeigte sich in der Studie von Stürmer und Könings et al. (2013, S. 475) zusätzlich, dass insbesondere der Einsatz von Videos positive Effekte auf die Fähigkeit hat, die Folgen beobachteter Ereignisse für die Lernprozesse der Schülerinnen und Schüler vorherzusagen. Krammer et al. (2016, S. 366) belegten außerdem, dass hier der Einsatz von eigenen oder fremden Videos keinen unterschiedlichen Einfluss hat und folglich beide Videoformate dazu geeignet sind, die Professionelle Unterrichtswahrnehmung zu fördern. Die Einbindung authentischen Unterrichts mittels Videos bietet demnach verstärkte Möglichkeiten der Förderung der Professionellen Unterrichtswahrnehmung.

Interventionen auf Basis von Unterrichtsvideos wurden auch durch Sherin und van Es genutzt (Sherin & van Es, 2009; van Es & Sherin, 2002, 2006), die authentische Videos in Rahmen von Diskussionsgruppen einsetzten und feststellten, dass eine angeleitete Diskussion über die Videos förderlicher ist als eine nicht angeleitete (van Es & Sherin, 2002, S. 587 f.).

Mit der Art der eigensetzten Videos und deren Einfluss auf die Professionelle Unterrichtswahrnehmung beschäftigten sich Sherin, Linsenmeier und van Es (2009) ausführlicher. Sie gingen der Frage „What makes a video clip interesting?" (S. 213) nach, um die Auswahl der Videos durch empirische Befunde unterstützen zu können. Dabei fanden sie heraus, dass sich die Eignung der Videos nach drei Kriterien bestimmt: „(a) the extent to which a video clip provides windows into student thinking, (b) the depth of student mathematical thinking shown in the video, and (c) the clarity of the student thinking shown in the video." (S. 213 f.) Zwar konnten die Wissenschaftlerinnen nicht die Notwendigkeit einer bestimmten Tiefe der genannten drei Kriterien feststellen, um eine produktive Diskussion sicherzustellen, sie identifizierten jedoch Beziehungen zwischen diesen Kriterien, die sich unmittelbar positiv auf eine förderliche Diskussion zwischen Lehrkräften auswirken. So zeigte sich zum Beispiel, dass Videos, die das Denken der Lernenden sehr tiefgründig abbildeten, nicht unbedingt zu produktiven Diskussionen anregten. Vielmehr kam es darauf an, über welchen Zeitraum das Video Hinweise auf das Denken der Schülerinnen und Schüler gab. Kurze Momente, in denen das Denken von Lernenden sichtbar wurde, waren kaum diskussionsanregend, auch wenn sie in die Tiefe gehende Überlegungen zeigten. Gleichzeitig wurde deutlich, dass allein viele Hinweise auf das Denken der Lernenden die Lehrkräfte zu ausführlichen Analysen über das Denken der Schülerinnen und Schüler anregen konnten. Ebenso entscheidend war die Eindeutigkeit, mit der das Denken der Lernenden gezeigt wurde. Es zeigte sich, dass eine niedrige Klarheit sinnvoll ist, um Diskussionen anzuregen. Ist die Klarheit hingegen sehr hoch, kann dies durch einen tiefen Einblick in das Denken der Lernenden trotzdem zu produktiven Diskussionen führen. Bei der Auswahl von Videos mit dem Ziel einer produktiven Auseinandersetzung den gesehenen Mathematikunterricht, ist demnach also insbesondere die Beziehung zwischen den drei Kriterien wichtig. Es bleibt aber selbstverständlich dennoch zu beachten, dass die Auswahl der Videosequenzen natürlich nicht der einzige Faktor gelingender Förderung: Auch die Moderatorinnen und Moderatoren bzw. die Leitung des Seminars beeinflusst die Produktivität der Diskussion (Sherin et al., 2009, S. 123 ff.).

Zusätzlich ist zu erwähnen, dass nicht nur der positive Einfluss von Unterrichtsvideos auf die Förderung der Professionellen Unterrichtswahrnehmung empirisch bestätigt werden konnte, sondern auch der Einsatz von Textvignetten dieses Potenzial hat. Kramer, König, Kaiser, Ligtvoet und Blömeke (2017, S. 156 ff.) untersuchten, inwieweit die Professionelle Unterrichtswahrnehmung bei Lehramtsstudierenden durch Trainingsseminare gefördert werden kann und gingen der Frage nach, ob die Arbeit mit Unterrichtsvideos wirksamer ist als die mit Unterrichtstranskripten. Sie konnten herausarbeiten, dass der Einsatz von Unterrichtstranskripten einen ebenso hohen Einfluss auf die Förderung der Professionellen Unterrichtswahrnehmung hat wie der Einsatz von Unterrichtsvideos. Ihr Vergleich zweier Studierendengruppen ergab keine signifikanten Unterschiede, lediglich die von den Studierenden wahrgenommene kognitive Aktivierung durch das Lernmedium und die Freude am Seminar waren unter dem Videoeinsatz größer. Eine Förderung der Professionellen Unterrichtswahrnehmung auf Basis von

Unterrichtstranskripten scheint demnach ebenso sinnvoll zu sein wie der Einsatz von Unterrichtsvideos.

Neben dem Einsatz von Videos und Transkripten in Lehrveranstaltungen kann die Professionelle Unterrichtswahrnehmung auch im Rahmen von Praxisphasen entwickelt werden. Stürmer und Seidel et al. (2013, S. 342 ff.) untersuchten die Veränderung der Kompetenz durch diese Lerngelegenheit. Diese umfasste an der beforschten Universität eine fünfmonatige Praxisphase mit zweiwöchig stattfindenden universitären Lehrveranstaltungen. Neben den Schulbesuchen nahmen die Studierenden daher auch an drei aufeinander folgenden videobasierten Seminaren teil, in denen sie, ähnlich wie in der Studie von Stürmer und Könings et al. (2013), videografierte Unterrichtssituationen analysierten. Obgleich unklar bleiben musste, auf welche konkreten Elemente dieser Intervention die Entwicklung der Professionellen Unterrichtswahrnehmung zurückzuführen ist, kann festgehalten werden, dass auch die Lerngelegenheiten der Praxisphase die Möglichkeit bieten, die Professionelle Unterrichtswahrnehmung von Studierenden zu fördern. Star und Strickland (2008), deren Intervention aus universitären Seminaren und Feldbeobachtungen bestand und die ebenfalls keine Aussagen über den Einfluss der einzelnen Elemente treffen konnten, vermuteten, dass Beobachtungen in der Schule auf Basis eines Beobachtungsrahmens besonders hilfreich sind: „[…] the framework appeared to be instrumental in beginning to direct preservice teachers' attention away from more superficial features of classrooms and toward aspects that are likely more critical in terms of mathematics teaching and learning (e.g., mathematical content)" (S. 124).

Zusammenfassend lässt sich aus den hier dargestellten Ergebnissen ableiten, dass eine Förderung der Professionellen Unterrichtswahrnehmung möglich ist und durch unterschiedliche Interventionen bereits in der ersten Ausbildungsphase erreicht werden kann. Dabei trägt bereits der Aufbau von Wissen zur Entwicklung bei, wodurch die in Abschnitt 2.2.2 dargestellten Zusammenhänge der Professionellen Unterrichtswahrnehmung zu den Dispositionen bestärkt werden. Zusätzlich erscheint die Nutzung von Unterrichtsvideos, zum Beispiel im Rahmen angeleiteter Diskussionen, oder der Einsatz von Unterrichtstranskripten und die damit angeregte Auseinandersetzung mit der Praxis einen weiteren Entwicklungseffekt zu bringen. Durch die beschriebenen Interventionen wird ebenfalls deutlich, dass eine Förderung dabei bereits innerhalb eines kurzen Zeitraums, innerhalb eines Semesters möglich ist. Hier kann eine frühe Kompetenzentwicklung angestoßen werden. Natürlich handelt es sich bei dieser jedoch um einen Prozess, der viele Jahre benötigt.

Die Entwicklungsmöglichkeiten der Kompetenz von Lehrkräften bilden auch eine zentrale Grundlage der Expertiseforschung zum Lehrerberuf. Unterstützende Erkenntnisse dieser Forschung werden im folgenden Kapitel erörtert.

2.2.4 Erkenntnisse aus der Expertiseforschung

"These studies of expertise, together with theories of competent performance and attempts at the design of expert systems, have sharpened this focus by contrasting novice and expert performances. These investigations into knowledge-rich domains show strong interactions between structures of knowledge and processes of reasoning and problem solving. The results force us to think about high levels of competence in terms of the interplay between knowledge structure and processing abilities." (Glaser & Chi, 1988, S. xxi)

Auch wenn sich der Expertiseansatz vom Professionsansatz unterscheidet, zeigen diese einleitenden Worte von Glaser und Chi, dass sich auch die Expertiseforschung auf das Wissen und Können (Bromme, 2008, S. 159) sowie den Zusammenhang komplexer Wissensstrukturen mit der Bewältigung komplexer Aufgaben (z. B. das Unterrichten) bezieht. Lachner, Jarodzka und Nückles (2016, S. 198) bezeichnen einzelne dieser Studien sogar als Vorläufer der Forschung zur Professionellen Unterrichtswahrnehmung, sodass es sinnvoll ist, die in den vorherigen Abschnitten 2.2.2 und 2.2.3 dargestellten Ergebnisse zur Professionellen Unterrichtswahrnehmung mit Erkenntnissen der Expertiseforschung in Verbindung zu bringen.

Ursprünglich bezog sich die Expertiseforschung auf wohldefinierte[6] Domänen wie das Schachspielen oder akademische Bereiche wie die Medizin und die Physik (Berliner & Carter, 1989, S. 55; Krauss & Bruckmaier, 2014, S. 247). Dabei wurden neben den Untersuchungen zum „Gedächtnis für aufgabenbezogene Informationen […] die kategoriale (wissensgeleitete) Wahrnehmung untersucht" (Bromme, 2008, S. 160) und herausgefunden, dass Expertinnen und Experten einer Domäne Problemsituationen anders wahrnehmen als Anfängerinnen und Anfänger.[7]

Auf Basis der Annahme, dass auch die Tätigkeit von Lehrkräften auf deren Wissen und Können beruht, wurde die Expertiseforschung in den 1980er Jahren auf den komplexen und weniger strukturierten Bereich der Tätigkeit einer

---

[6]Wohldefinierte bzw. gut definierte Domänen beziehen sich nach Bromme (1992, S. 40) auf Problemstellungen, bei denen eine klare Zielsetzung und eine richtige Lösung gegeben ist.

[7]Für eine stichwortartige Zusammenstellung von Ergebnissen der Expertiseforschung siehe Berliner (2001, 463 ff.) und Glaser und Chi (1988, S.xvii ff.).

Lehrkraft übertragen (Krauss & Bruckmaier, 2014, S. 244; Li & Kaiser, 2011, S. 4). Aufgrund der weniger gut definierten Domäne des Lehrerberufs wird der Begriff „Experte" bzw. „Expertin" hier häufig mehrdeutig genutzt und es liegt keine eindeutige Identifikation von Expertenlehrkräften vor (Berliner, 2001, S. 464; Bromme, 1992, S. 50; Krauss & Bruckmaier, 2014, S. 249). Li und Kaiser (2011, S. 6) stellen fest, dass das Fehlen bestehender Kriterien Forschende dazu veranlasst, ein je eigenes und damit ein sehr unterschiedliches Begriffsverständnis zugrunde zu legen, und dass die Auswahl von Expertinnen und Experten außerdem kulturell beeinflusst ist. Bromme (1992, S. 46 ff.) identifiziert beispielsweise sechs „Außenkriterien", die zur Auswahl einer Expertenlehrkraft in diversen Studien verwendet wurden.[8] Obgleich daraus geschlossen werden kann, dass bei der Darstellung empirischer Studien auch das jeweils zugrunde liegende Verständnis der Autorinnen und Autoren einer Expertin bzw. eines Experten einer Beschreibung bedarf, wird darauf an dieser Stelle verzichtet. Die hier präsentierten Erkenntnisse der Expertiseforschung sollen lediglich die Forschungsergebnisse zur Professionellen Unterrichtswahrnehmung unterstützen und bilden keinen eigenen Schwerpunkt dieser Arbeit.

Im Folgenden findet sich eine Darstellung ausgewählter Studien, die auf dem Experten-Novizen-Paradigma beruhen. Bei diesem werden Gruppen auf verschiedenen Expertiselevel – sowohl Expertinnen und Experten als auch Novizinnen und Novizen – für die jeweilige Domäne repräsentative Aufgaben gestellt und die Unterschiede bei der Bearbeitung durch diese beiden Gruppen systematisch untersucht (Ericsson & Smith, 1991, S. 20).

Zur Expertise von Lehrkräften führten Carter, Sabers, Cushing, Pinnegar und Berliner (1987; 1988) umfangreiche Studien durch. In einer Studie zur Wahrnehmung visueller Informationen und Entscheidungen zum Classroom Management mit drei Probandengruppen, die sich hinsichtlich ihrer Erfahrung unterschieden, stellten Carter et al. (1988, S. 27 ff.) fest, dass sich die Wahrnehmung gruppenspezifisch anders gestaltete. In vier unterschiedlichen Aufgaben mit mehreren Dias, die Situationen im Klassenzimmer visualisierten, konnten sie Unterschiede hinsichtlich der Beschreibungen der Situationen und bezogen auf die der Wahrnehmung der Schülerinnen und Schüler herausarbeiten. So neigten die Novizinnen und Novizen stärker zu wörtlichen und oberflächlichen Beschreibungen, während die Expertinnen und Experten verstärkt nach der Bedeutung der einzelnen Unterrichtssituationen fragten und Beziehungen zwischen den Handlungen und Situationen vermuteten. In ihrer Wahrnehmung der Schülerinnen und Schüler

---

[8]Für unterschiedliche Ansätze siehe auch Li und Kaiser (2011).

konnten die Expertinnen und Experten zusätzlich stärker an ihre arbeitsbezogenen Handlungen anknüpfen. Während sie die Arbeitsbereitschaft der Lernenden mit der jeweiligen Aufgabe verknüpften, äußerten die Novizinnen und Novizen vergleichsweise allgemeine Aussagen, zum Beispiel dazu, ob die Klasse sich auf die Lehrkraft konzentrierte, oder ob einzelne Schülerinnen und Schüler beschäftigt aussahen. Für die Wahrnehmung der Novizinnen und Novizen stellte sich heraus, dass „Students were one aspect of the environment, but, in contrast to experts, they and their work-related actions were not the prominent features of their descriptions." (Carter et al., 1988, S. 27). Diese Ergebnisse zur Wahrnehmung von Schülerinnen und Schülern werden auch durch Calderhead (1981, S. 53) unterstützt. In einer Erhebung mit erfahrenen Lehrkräften und Lehramtsstudierenden beschrieb er seinen Probandinnen und Probanden Unterrichtsstörungen und fragte sie anschließend, welche zusätzlichen Informationen sie benötigten, um handeln zu können und wie sie handeln würden. Er fand heraus, dass erfahrene Lehrkräfte eher nach der Situation des Schülers bzw. der Schülerin fragten (z. B. agiert das Kind bewusst provokativ, oder ist es nicht in der Lage, seine Aufgaben zu lösen) und ihre Handlungsentscheidung von dieser Frage abhängig machten. Die Studierenden reagierten hingegen eher mit pauschalen Antworten und machten ihre Handlung zum Beispiel von dem Lautstärkepegel in der gesamten Klasse abhängig: „I'd wait until the noise reached an intolerable level, then I'd tell them to shut up" (Calderhead, 1981, S. 53). Die Novizinnen und Novizen orientierten ihre Handlungsentscheidung demnach deutlich seltener an den (individuellen) Merkmalen der Lernenden als die Expertinnen und Experten. Zusammenfassend formulierten Carter et al. (1988) den Unterschied zwischen den beiden Gruppen unterschiedlicher Erfahrung wie folgt:

> „In summary, from this task it appears that experts are better able to interpret action-situation connections in classrooms, to assign meaning to student behaviors and actions within the classroom environment, and to take into account the complexity of problems which exist in classrooms." (Carter et al., 1988, S. 29)

Die Differenz führen sie dabei auf das Wissen der Expertinnen und Experten zurück, wobei allerdings darauf hinzuweisen ist, dass die Unterschiede innerhalb der Probandengruppen manchmal ebenso groß waren wie die Unterschiede zwischen den Gruppen selbst.

In einer weiteren Studie von Carter et al. (1987, S. 148 ff.) wurde den Probandinnen und Probanden aus den drei Erfahrungsgruppen die Aufgabe gestellt, eine fremde Klasse, zu der sie schriftliche Informationen erhielten, im Unterricht zu übernehmen. Es zeigte sich, dass sich die Expertinnen und Experten deutlich

stärker als die Novizinnen und Novizen auf den Inhalt des Unterrichts fokussierten und diese Informationen dazu nutzten, Erklärungen für die Lernerfolge bzw.
die Motivation der Schülerinnen und Schüler zu finden. Die Wissenschaftlerinnen
und Wissenschaftler stellen als Begründung die Vermutung an, dass die Expertinnen und Experten erfahrungsbedingt bereits über Schemata verfügten, die die
Interpretation von Informationen unterstützten.

Sabers, Cushing und Berliner (1991) untersuchten die Unterschiede zwischen
drei verschiedenen Erfahrungsgruppen bereits mit dem Einsatz von Videos. Die
Probandinnen und Probanden sahen sich ein Video von naturwissenschaftlichem
Unterricht an, das in unterschiedlicher Kameraperspektive aufgeteilt auf drei
Monitoren gezeigt wurde, und bearbeiteten danach oder währenddessen unterschiedliche Aufgaben. Im Zuge dieser Erhebung fanden sie heraus, dass sich die
Expertinnen und Experten von den Novizinnen und Novizen in ihren Fähigkeiten
unterschieden, mehrere Ereignisse im Klassenzimmer gleichzeitig wahrzunehmen
und zu interpretieren. Erstens ergab auch diese Studie, dass ein großer Teil der
Kommentare der Novizinnen und Novizen rein beschreibender Natur war, während die erfahrenden Lehrkräfte, ähnlich wie bei Carter et al. (1988, S. 29),
versuchten, die dargestellten Ereignisse im Klassenraum zu interpretieren und
Rückschlüsse daraus zu ziehen. Zweitens wurde deutlich, dass die erfahrenen
Lehrkräfte besser in der Lage waren, das Video auf allen drei Bildschirmen wahrzunehmen. Die unerfahrenen Studierenden konzentrierten sich überwiegend auf
einen Bildschirm. Als Erklärung hierfür wurde die Vermutung aufgestellt, dass
die unerfahrenen Probandinnen und Probanden überwiegend die Lehrkraft im
Video wahrnahmen, die überwiegend auf nur einem Bildschirm zu sehen war. Die
Expertinnen und Experten hingegen richteten ihre Wahrnehmung verstärkt auf die
anderen Teilnehmerinnen und Teilnehmer des Unterrichts, die Lernenden, die auf
allen drei Bildschirmen zu sehen waren. Nahmen die Novizinnen und Novizen
ebenfalls die Lernenden wahr, fokussierten sie ausnahmslos deren unangemesse-
nes Verhalten. Dabei stellen sie keine Vermutungen darüber an, was der Grund für
dieses Verhalten sein könnte, sondern brachten lediglich ihre Missbilligung gegenüber diesem Verhalten zum Ausdruck. Die Expertinnen und Experten zeigten ein
deutlich größeres Interesse daran zu wissen, was die Schülerinnen und Schüler
zu dem jeweiligen Verhalten veranlasst hatte (Sabers et al., 1991, S. 71 ff.). Des
Weiteren stellten Sabers et al. (1991, S. 77) fest, dass erfahrene Lehrkräfte stärker auf Geräusche im Klassenzimmer reagieren und diese als Unterstützung zur
visuellen Wahrnehmung nutzen. Wie Carter et al. (1987, S. 154 ff.) führten auch
Sabers et al. (1991) die festgestellten Unterschiede im Vergleich der Gruppen auf
bestehende Interpretationsschemata zurück und vermuteten, dass „novices' cognitive schemata are less elaborate, less interconnected, and less accessible than that

of the experts [...]" (S. 85). Um die Entwicklung hin zu einer Expertenlehrkraft zu fördern schlugen sie vor, die Erfahrungen von angehenden und praktizierenden Lehrkräften zu strukturieren und sie in ihrer differenzierten Wahrnehmung der Umgebung zu unterstützen. Sie stärkten dabei ebenfalls die Bedeutung eines „experienced and competent other" (S. 85), auf den sich die Person in einem komplexen Umfeld verlassen kann.

Neben diesen Befunden der Expertiseforschung zu der Domäne des Unterrichtens sind nach Berliner (2001, S. 471 f.) auch die Ergebnisse der Expertiseforschung aus anderen Bereichen auf den Lehrerberuf anwendbar. Er formulierte daraus acht Aussagen zu der Expertise von Lehrkräften. Ähnlich wie die Erkenntnisse von Carter et al. (1987; 1988), Sabers et al. (1991) und Calderhead (1981) postuliert er beispielsweise, dass Expertinnen und Experten sensibler für die Anforderungen der Aufgaben und für soziale Kontexte sind. Mit seiner siebten Aussage "expert teachers perceive more meaningful patterns in the domain in which they are experienced" (Berliner, 2001, S. 472) greift er wie Carter et al. (1987, S. 154 ff.) und Sabers et al. (1991, S. 85) die Bedeutung von sogenannten Schemata, Mustern oder „Bedeutungseinheiten" (Bromme, 1992, S. 42) auf. Die Bedeutung von strukturierenden Schemata ist bereits seit der frühen Forschung von Chase und Simon (1973, S. 56) zum Schachspiel bekannt, die vermuteten, dass die besondere Leistung von Schachexperten in der Fähigkeit der Musterspeicherung und -erkennung liegt. Durch die mehr oder minder strukturierte Organisation von Wissen in Mustern nehmen Expertinnen und Experten sowie Novizinnen und Novizen Situationen unterschiedlich wahr – auch wenn sich die Personen gleichen Anforderungen stellen, ist die Problemrepräsentation doch eine andere (Bromme, 2008, S. 160; Chi, 2011, S. 24):

> *"Whereas experts' propositional structures for pedagogical content knowledge include stores of powerful explanations, demonstrations, and examples for representing subject matter to students, novices must develop these representations as part of the planning process for each lesson." (Borko & Livingston, 1989, S. 490)*

Das in Bedeutungseinheiten organisierte Wissen von Expertinnen und Experten ist demnach also transferierbar auf neue Situationen, während diese Fähigkeit den Novizinnen und Novizen aufgrund der fehlenden Wissensstruktur fehlt. Bromme (1992) merkt dazu ebenfalls an, dass eine der Besonderheiten des Expertenwissens „in der Verknüpfung des sogenannten (deklarativen) Wissens über Sachverhalte mit dem (prozeduralen) Wissen über Lösungsschritte" (S. 43) liegt.

Zusammenfassend wird aus den Erkenntnissen der Expertiseforschung zum Beruf von Lehrkräften deutlich, dass sie die Forschungsergebnisse zur Professionellen Unterrichtswahrnehmung stützen. Ähnlich der in Abschnitt 2.2.3 dargestellten Ergebnisse scheint es eine Entwicklung der Professionellen Wahrnehmung zu geben, die sowohl im *Wahrnehmen*, im *Interpretieren* als auch im *Entscheiden* zu beobachten ist. Dabei wird auch in der Expertiseforschung die Bedeutung des Wissens hervorgehoben (vgl. Abschnitt 2.2.2). Zusätzlich ist festzuhalten, dass – übereinstimmend mit den Erkenntnissen von Blömeke et al. (2014, S. 533) – die Erfahrung eine bedeutsame Rolle bei der Entwicklung dieser Fähigkeiten hat: „[…] experience is a necessary but certainly not a sufficient condition for expertise" (Berliner, 1987, S. 60).

Nachdem in den vorherigen Kapiteln die Konzeptionen und empirische Erkenntnisse zur Professionellen Unterrichtswahrnehmung dargestellt und zuletzt durch Erkenntnisse aus der Expertiseforschung ergänzt wurden, wird im Folgenden, insbesondere aufbauend auf den Überlegungen in Abschnitt 2.2.1 die Konzeptualisierung der Professionellen Unterrichtswahrnehmung präsentiert, die für die vorliegende Arbeit leitend ist.

2.2.5 In der Studie verwendete Konzeptualisierung der Professionellen Unterrichtswahrnehmung

Wie in Abschnitt 2.2.1 verdeutlicht, gibt es eine Vielzahl an Konzeptualisierungen der Professionellen Unterrichtswahrnehmung, die nicht nur unterschiedliche Begrifflichkeiten verwenden, sondern sich auch in den berücksichtigten Subfacetten und deren Definitionen unterscheiden. Da die Professionelle Unterrichtswahrnehmung den Forschungsfokus der vorliegenden Arbeit bildet, ist eine Konzeptualisierung der Professionellen Unterrichtswahrnehmung für die vorliegende Arbeit unabdingbar. Die hier explizierten Begrifflichkeiten und Definitionen der einzelnen Subfacetten werden anschließend konsistent verwendet.

Die hier vorgenommene Konzeptualisierung basiert, unter Rekurs auf die vorhandene Literatur, auf der Annahme, dass es sich um einen situationsabhängigen kognitiven Prozess handelt (Kaiser & König, 2020, S. 33), der zudem wissensbasiert ist (z. B. Blömeke et al., 2014, S. 531; Kersting et al., 2016, S. 97; König et al., 2014, S. 83; Schoenfeld, 2011a, S. 231; Stürmer, Könings et al., 2013, S. 478; van Es, 2011, S. 134; Yang et al., 2021, S. 4) In ihrer Ausdifferenzierung bezieht sich die hier geltende Konzeptualisierung dabei stark auf die situationsspezifischen Fähigkeiten des Modells „Kompetenz als Kontinuum" von Blömeke und Gustafsson et al. (2015, S. 7) und die Definition der Subfacetten, wie sie im Rahmen der Studie TEDS-FU aufgestellt und verwendet wurden. So wird davon ausgegangen, dass es sich bei der Professionellen Unterrichtswahrnehmung um einen Prozess handelt, der in drei Subfacetten differenziert werden kann. Diese werden im Folgenden als *Wahrnehmen, Interpretieren* und *Entscheiden* bezeichnet. Dabei bezieht sich, angelehnt an die Definition von Blömeke et al. (2014, S. 514 f.) ergänzt durch Kaiser et al. (2015, S. 374), das *Wahrnehmen* auf das Wahrnehmen verschiedener (mathematikbezogener) Unterrichtsereignisse, das *Interpretieren* auf die Interpretation der wahrgenommenen Ereignisse und das *Entscheiden* auf die flexible Reaktion bezüglich der wahrgenommenen Ereignisse sowie das Entwickeln von Handlungsalternativen. Die Integration der Subfacette *Entscheiden* erfolgt hier bewusst unter der Annahme, dass das *Wahrnehmen* und *Interpretieren* nie Selbstzweck, sondern immer auf das hieraus resultierende *Entscheiden* in einer Situation ausgerichtet ist (Erickson, 2011, S. 24; Jacobs et al., 2010, S. 99 f.):

> *"[...] the skills of attending [...] and interpreting [...] are not ends in themselves but are instead starting points for making effective instructional responses." (Jacobs et al., 2010, S. 99f.)*

Zusätzlich folgt die Konzeptualisierung der Prämisse, dass immer eine Entscheidung getroffen wird: Sobald etwas wahrgenommen wird, erfolgt die Entscheidung darüber, ob gehandelt wird oder nicht.

Wie bei Jacobs et al. (2010), wird auch in dieser Arbeit angenommen, dass sich dieser Prozess mit seinen drei Subfacetten nahezu gleichzeitig vollzieht, „as if constituting a single, integrated teaching move" (S. 173) und ein „integrated set" (S. 174) bildet. Zugleich wird jedoch davon ausgegangen, dass es sich bei den drei Subfacetten um voneinander trennbare Prozesse handelt (König et al., 2014, S. 83), indem eine Lehrkraft nur dann eine Entscheidung treffen kann, wenn sie die Ereignisse zuvor interpretiert hat, was wiederum nur möglich ist, wenn diese vorher auch wahrgenommen wurden (Jacobs et al., 2010, S. 197; Santagata & Guarino, 2011, S. 143; Star et al., 2011, S. 119 f.). Das *Wahrnehmen* eines Ereignisses muss demnach zunächst erfolgen, bevor eine entsprechende Interpretation angestellt und eine daraus folgende Entscheidung getroffen werden kann. Wie in Abbildung 2.4 dargestellt, bietet ein wahrgenommenes Ereignis also Anlass und Ausgangspunkt für das *Interpretieren* und *Entscheiden*. In Anerkenntnis der Komplexität des integrierten Prozesses, in dem die einzelnen Teilprozesse nahezu gleichzeitig ablaufen, wird die Professionelle Unterrichtwahrnehmung daher dennoch als linearer Prozess aufgefasst.

Abbildung 2.4 Verhältnis der drei Subfacetten der Professionellen Unterrichtswahrnehmung

Ergänzend ist darauf hinzuweisen, dass sich die Konzeptualisierung der Professionellen Unterrichtswahrnehmung in dieser Arbeit wie bei Yang et al. (2021) nicht auf einen bestimmten Aspekt des Unterrichtens bezieht (Jacobs et al., 2010; wie z. B. Sherin & van Es, 2009). Vielmehr liegt ihr ein breites Verständnis der Professionellen Unterrichtswahrnehmung zugrunde, das „all the aspects important for the quality of mathematics teaching, such as design of mathematical teaching and learning processes, the potential of cognitive activation of students, individual learning support, and classroom management" (Yang et al., 2021, S. 6) einbezieht.

Da im Rahmen dieser Arbeit eine Untersuchung der Entwicklung der Professionellen Unterrichtswahrnehmung innerhalb der Praxisphase an der Universität Hamburg erfolgt, wird die für die Entwicklung von Expertise und Professioneller Unterrichtswahrnehmung bedeutsame Praxiserfahrung in Kapitel 3 erneut aufgegriffen und es werden empirische Erkenntnisse zur Kompetenzentwicklung in Praxisphasen sowie Einflussfaktoren auf diese Entwicklung dargestellt.

Die Praxisphase in der Lehrerbildung 3

Die Entwicklung der Professionellen Unterrichtswahrnehmung als Teil der Kompetenz von Lehrkräften kann, wie in Abschnitt 2.2.3 dargestellt, bereits im Studium gefördert werden (Gold et al., 2013; Santagata & Guarino, 2011; Schack et al., 2013; Star & Strickland, 2008; Stürmer, Könings et al., 2013). Der Entwicklungsprozess steht dabei in engem Zusammenhang mit praktischen Erfahrungen (Berliner, 1987, S. 60; Blömeke & Kaiser, 2017, S. 786 f.; Carter et al., 1988, S. 27 ff.; Jacobs et al., 2010, S. 181 ff.; Kaiser & König, 2019, S. 610; König et al., 2015, S. 342 f.; Sabers et al., 1991, S. 71 ff.; Santagata & Yeh, 2016, S. 159), obgleich diese nicht zwingend mit einer zunehmenden Professionalisierung einhergeht (Berliner, 1987, S. 60). Während die universitären Lehrangebote primär auf den Erwerb von theoretischem Wissen abzielen, bieten die Praxisphasen für die Studierenden die Möglichkeit, Unterrichtserfahrungen bereits während des Studiums zu sammeln (König et al., 2015, S. 335). Diese praxisbezogenen Lerngelegenheiten können somit eine geeignete Möglichkeit darstellen, die Professionelle Unterrichtswahrnehmung im Studium zu fördern.

Da sich die vorliegende Studie auf die Kompetenzentwicklung der Studierenden in der Praxisphase des Masterstudiums bezieht, wird im Folgenden zunächst kurz die Bedeutung der Praxisphasen für die Professionalisierung von Lehramtsstudierenden näher beschrieben (Abschnitt 3.1). Anschließend wird erläutert, welche empirischen Erkenntnisse zur Kompetenzentwicklung (Abschnitt 3.2) und zu den Einflussfaktoren in diesem Zusammenhang vorliegen (Abschnitt 3.3). Im Zuge der Bologna-Reform erfolgte in fast allen Bundesländern eine Ausweitung der Praxisphasen, in der kürzere Phasen, vor allem im Masterstudium, durch längere ersetzt wurden. Daher bezieht sich die Darstellung der Bedeutung

© Der/die Autor(en), exklusiv lizenziert durch Springer Fachmedien Wiesbaden GmbH, ein Teil von Springer Nature 2021
A. B. Orschulik, *Entwicklung der Professionellen Unterrichtswahrnehmung*, Perspektiven der Mathematikdidaktik, https://doi.org/10.1007/978-3-658-33931-9_3

und der empirischen Ergebnisse ausschließlich auf diese verlängerten Praxispha-sen[1], wobei angesichts der uneinheitlichen Terminologie vereinfacht der Begriff „Praxisphase" genutzt wird.

3.1   Die Bedeutung von Praxisphasen in der Lehrerbildung

„Der Ruf nach ‚Mehr Praxis!' ist einer der ‚argumentativen Dauerbrenner' seit Einrichtung einer organisierten Lehrerbildung." (Terhart, 2000, S. 107)

Die Praxisphasen der Lehrerbildung werden vor allem von den Studierenden als bedeutender Teil ihres Studiums betrachtet (Festner, Gröschner, Goller & Hascher, 2020, S. 225 ff.; Hascher, 2012, S. 89) aber auch darüber hinaus hält sich der Wunsch nach Praxisphasen im Studium als „argumentative Konstante" (Rothland & Schaper, 2018, S. 1; Ulrich et al., 2020, S. 3; Weyland, Gröschner & Košinár, 2019, S. 7). So wurde nicht zuletzt im Zuge der Umstellung des Lehramtsstudiums auf die Bachelor- und Masterstudiengänge die Bedeutung der Praxisphasen durch die von der Kultusministerkonferenz (2005, S. 2) formulierten Eckpunkte gestärkt und die „zeitliche Ausdehnung schulpraktischer Lerngelegenheiten […] zu den studienstrukturell und curricular bedeutsamen Trends der Lehrerbildungsreform" (Rothland & Schaper, 2018, S. 1).

Die Ausweitung der Praxisphasen und deren curriculare Einbindung wurde in fast allen Bundesländern verfolgt und in den letzten Jahren umgesetzt (Gröschner, 2012, S. 201; Ulrich et al., 2020, S. 4 f.). Die Umsetzung und Ausgestaltung weist jedoch eine große Heterogenität auf (König & Rothland, 2018, S. 8; Schubarth, Speck, Seidel, Gottmann, Kamm & Krohn, 2012, S. 139; Ulrich et al., 2020, S. 4 f.; Weyland & Wittmann, 2015, S. 9 ff.). Außerdem sind die Praxisphasen aufgrund ihres hohen zeitlichen Umfangs und ihrer institutionellen Verortung an Universität, Schule und teilweise weiteren Institutionen[2] hoch komplex struktu-riert und mit einem erheblichen organisatorischen Aufwand verbunden (Doll et al., 2018, S. 25; König & Rothland, 2018, S. 2). Dennoch kann verallgemeinernd

---

[1] In den letzten Jahren erfolgte eine curriculare Umstellung auf die jetzigen Praxisphasen. Auf diesen Zusammenhang soll hier nicht eingegangen werden, da es sich bei der vorliegenden Studie nicht um einen Vergleich der unterschiedlichen Formate von Praxisphasen handelt, sondern die Analyse des Einflusses der bestehenden Praxisphase auf die Professionalisierung von Studierenden an der Universität Hamburg im Fokus steht.
[2] Unter anderem Landesinstitut für Lehrerbildung und Schulentwicklung in Hamburg; Zentren für schulpraktische Lehrerausbildung des Landes Nordrhein-Westfalen; Landesinstitut für Lehrerbildung in Brandenburg.

festgehalten werden, dass die Praxisphasen mittlerweile curricular eingebunden sind und durch vorbereitende, nachbereitende oder begleitende Seminare eine Kohärenz zwischen der erlebten Praxis und dem universitären Studium geschaffen werden soll (Weyland, 2012, S. 39 ff.). Ebenso wird davon ausgegangen, dass die getrennt für die einzelnen Bundesländer und in den Hochschulen wiederum gesondert formulierten Ziele der Praxisphase im Wesentlichen auf einen Lern- und Entwicklungsprozess ausrichtet sind, der zusammenfassend insbesondere die Kompetenzentwicklung und einen engeren Bezug von Theorie und Praxis im Blick hat. Daneben soll den Studierenden Gelegenheit gegeben werden, ihren Berufswunsch praktisch zu überprüfen (Ulrich et al., 2020, S. 6; Weyland et al., 2019, S. 13). Die hohe Varianz der Praxisphasen sowie deren hoher organisatorischer Aufwand macht die Prüfung der Frage erforderlich, inwieweit sie tatsächlich einen Beitrag zur Erreichung der intendierten Ziele leisten können und wie eine sinnvolle Ausgestaltung dieser Phasen aussehen sollte (Schubarth, Speck, Seidel, Gottmann, Kamm & Krohn, 2012, S. 139).

Da diese Untersuchung die Kompetenzentwicklung im Rahmen der Praxisphase fokussiert, werden im Folgenden zunächst vorliegende empirische Erkenntnisse zur Kompetenzentwicklung in Praxisphasen dargestellt und abschließend der Einfluss unterschiedlicher Faktoren der Praxisphase auf diese Entwicklung beschrieben. Dabei beschränkt sich die Darstellung auf Erkenntnisse zu den Praxisphasen, die im Rahmen der Bologna-Reform generiert worden sind. Da es sich hierbei um eine recht aktuelle Umgestaltung in der Lehrerbildung handelt, sind die empirischen Ergebnisse begrenzt (König & Rothland, 2018, S. 14; Ulrich et al., 2020, S. 9 f.).

3.2 Empirische Erkenntnisse zur Kompetenzentwicklung in Praxisphasen

Da die Praxisphase als ein Element der Ausbildung von Lehrkräften ebenso wie die theoriewissenschaftlich ausgerichteten Veranstaltungen zum Kompetenzerwerb der Studierenden beitragen sollen, steht die Kompetenzentwicklung in dieser Phase im Fokus einiger aktueller Studien. Zu berücksichtigen ist dabei, dass diese Untersuchungen überwiegend auf Selbsteinschätzungen der Studierenden zurückgreifen und häufig kein Kontrollgruppen-Design verwenden (Ulrich et al., 2020, S. 7 ff.). Im Folgenden werden daher zunächst Erkenntnisse auf der Grundlage von Selbsteinschätzungen präsentiert. Diese werden sodann durch wenige Erkenntnisse ergänzt, die anhand standardisierter Tests zur Wissensentwicklung und Entwicklung der Professionellen Unterrichtswahrnehmung innerhalb von Praxisphasen gewonnen wurden.

Ein Großteil der Studien zur Kompetenzentwicklung auf der Basis von Selbsteinschätzungen gilt den Bereichen „Unterrichten", „Erziehen", „Beurteilen" und „Innovieren" (z. B. Festner, Schaper & Gröschner, 2018; Gröschner, Schmitt & Seidel, 2013; Mertens & Gräsel, 2018; Schubarth, Speck, Seidel, Gottmann, Kamm, Kleinfeld et al., 2012), angelehnt an die von der Kultusministerkonferenz (2004, S. 7 ff.) formulierten Kompetenzbereiche. Dabei ist zwar festzustellen, dass die Studierenden ihre Kompetenzen in diesen Bereichen bereits vor der Praxisphase als hoch einschätzten (Festner et al., 2018, S. 180; Mertens & Gräsel, 2018, S. 1122; Schubarth, Gottmann & Krohn, 2014, S. 211), es zeigte sich aber dennoch eine signifikante positive Entwicklung der durch Selbsteinschätzungen erhobenen Kompetenzentwicklung im Laufe der Praxisphase. So konnte in mehreren Studien festgestellt werden, dass die Kompetenzselbsteinschätzung der Studierenden in allen vier Kompetenzbereichen im Rahmen der Praxisphase stieg (Festner et al., 2018, S. 180; Gröschner et al., 2013, S. 82; Mertens & Gräsel, 2018, S. 1122; Schubarth, Speck, Seidel, Gottmann, Kamm, Kleinfeld et al., 2012, S. 211 f.; Schubarth et al., 2014, S. 211; Seifert, Schaper & König, 2018, S. 337 f.). Hinsichtlich der bedeutsamsten Entwicklung weisen die Studien jedoch unterschiedliche Ergebnisse aus: Gröschner et al. (2013, S. 82) stellten die größte Veränderung im Bereich „Unterrichten" fest, Mertens und Gräsel (2018, S. 1122) beim „Innovieren", Schubarth et al. (2014, S. 211) und Schubarth, Speck, Seidel, Gottmann, Kamm und Kleinfeld et al. (2012, S. 211) hingegen beim „Beurteilen" und „Innovieren" bzw. „Unterrichten". Weitere Kompetenzentwicklungen, die auf Selbsteinschätzungen der Studierenden beruhen, finden sich zum Beispiel auch im Bereich „Unterrichtsführung" (Klingebiel, Mähler & Kuhn, 2020, S. 193 f.) und im „Umgang mit Heterogenität" (Bock, Hany & Protzel, 2017, S. 23 f.). Für einen umfassenden Überblick siehe Ulrich et al. (2020).

Zusammenfassend bestätigen die Auswertungen der Selbsteinschätzungen der Studierenden insbesondere für die Kompetenzbereiche „Unterrichten", „Erziehen", „Beurteilen" und „Innovieren" eine positive Kompetenzentwicklung. Diese positiven Selbsteinschätzungen können sich jedoch nach Abschluss der Praxisphase auch wieder relativieren (Klingebiel et al., 2020, S. 196). Studien, die über Kompetenzselbsteinschätzung hinausgehen und standardisierte Tests nutzen, untersuchen hingegen überwiegend das Wissen der Studierenden oder die Professionelle Unterrichtwahrnehmung. Studien dieser Art liegen bisher jedoch nur vereinzelt vor.

Eine Studie, die über die Selbsteinschätzung der Studierenden hinausgeht und einen standardisierten Test verwendet, wurde im Rahmen des Projekts *Learning to Practice* (König, Rothland & Schaper, 2018), einem Verbundprojekt mehrerer Universitäten in Nordrhein-Westfalen zur Untersuchung der Wirksamkeit der Praxisphase durchgeführt. In diesem Projekt untersuchten König, Darge, Klemenz und Seifert (2018) die Entwicklung des Wissens innerhalb der Praxisphase mithilfe einer Kurzfassung des TEDS-M-Wissenstests zur Erfassung des pädagogischen Wissens (König, Blömeke, Paine, Schmidt & Hsieh, 2011, S. 191 f.). Der Test erfasst das Wissen mit Bezug auf fünf unterschiedliche Anforderungen: Umgang mit Heterogenität, Strukturierung von Unterricht, Klassenführung, Motivation und Leistungsbeurteilung. Es konnte ein Wissenszuwachs im Laufe der Praxisphase nachgewiesen werden. So hatte das pädagogische Wissen vom ersten Messzeitpunkt vor der Praxisphase bis zum zweiten Messzeitpunkt nach der Praxisphase signifikant zugenommen. Dieser Effekt war von geringer praktischer Bedeutsamkeit. Bei Analysen zu den einzelnen Teilskalen „Erinnern" (Definitionen, Begriffe nennen; Konzepte identifizieren), „Verstehen/Analysieren" (Konzepte erklären; Falldarstellungen interpretieren) und „Kreieren" (Aufstellen möglicher Handlungsoptionen)[3] wurde jedoch festgestellt, dass lediglich der Wissenszuwachs im Bereich „Kreieren" von praktischer Bedeutsamkeit war (König, Darge, Klemenz et al., 2018, S. 308 ff.). Dieses Resultat gibt in Anlehnung an ältere Befunde (König, 2012, S. 151 ff.; König & Klemenz, 2015, S. 266 ff.) Grund zur Annahme, dass „schulpraktische Lerngelegenheiten insbesondere den Zuwachs eher handlungsnahen pädagogischen Wissens unterstützen können" (König, Darge, Klemenz et al., 2018, S. 293). Unterstützt wird diese Annahme auch durch die Studie von (Mertens & Gräsel, 2018, S. 1123), die keine signifikante Zunahme des bildungswissenschaftlichen Wissens nachweisen konnten, sowie die Studie von Schlag und Glock (2019, S. 232), die durch ihren Wissenstest zur Klassenführung lediglich einen signifikanten Wissenszuwachs in der handlungsnahen Dimension „Allgegenwärtigkeit"[4] bestätigen konnten. Im Rahmen der Praxisphase kommt es demnach nur zu geringen Wissenszuwächsen, wobei jedoch vermutet werden kann, dass die Studierenden „ihr Wissen […] durch Prozesse der Kontextualisierung umstrukturieren" (König, Darge, Klemenz et al., 2018, S. 319).

Weitere standardisierte Erhebungen zur Kompetenzentwicklung in Praxisphasen finden sich im Bereich der Forschung zur Professionellen Unterrichtswahrnehmung, bislang liegen hierzu jedoch nur vereinzelte Erkenntnisse vor. Die bisherigen Studien (Mertens, Schlag & Gräsel, 2018; Mertens & Gräsel, 2018;

---

[3]Eine ausführliche Beschreibung der Kategorien ist bei König und Klemenz (2015, S. 253) zu finden.

[4]Eine nähere Beschreibung der Kategorie findet sich bei Gold und Holodynski (2015, S. 230).

Stürmer, Seidel et al., 2013) nutzten dabei das videobasierte Erhebungsinstrument „Observer" (Seidel et al., 2010; siehe auch Abschnitt 2.2.1) und legten entsprechend auch dieselbe Konzeptualisierung der Professionellen Unterrichtswahrnehmung zugrunde. Diese beinhaltet „die Fähigkeit, Ereignisse im Unterricht zu beschreiben, sie zu erklären und Konsequenzen für die weiteren Lernprozesse der im Video gezeigten Schülerinnen und Schüler vorherzusagen" (Mertens & Gräsel, 2018, S. 1121). Die Subfacette *Entscheiden* blieb in diesen Studien unberücksichtigt, sie bestätigten jedoch eine Entwicklung der Professionellen Unterrichtswahrnehmung im Zuge der Praxisphase. Dabei geht aus der Studie von Stürmer und Seidel et al. (2013, S. 346) hervor, dass sich die Studierenden hinsichtlich aller drei Subfacetten ihrer Konzeptualisierung verbesserten und sich insbesondere ihre Fähigkeit entwickelte, mögliche Konsequenzen für den Lernprozess der Schülerinnen und Schüler vorherzusagen. Mertens und Gräsel (2018, S. 1124) führen zwar keine differenzierten Ergebnisse zu den einzelnen Fähigkeiten an, konnten jedoch zusätzlich durch einen Kontrollgruppenvergleich belegen, dass nur Studierende, die an der Praxisphase teilgenommen hatten, eine signifikante Veränderung der Professionellen Unterrichtswahrnehmung zeigten, während bei Studierenden, die ausschließlich bildungswissenschaftliche Lehrveranstaltungen besuchten, keine signifikante positive Veränderung zu erkennen war. Diese Ergebnisse sprechen für die Praxisphase als besondere Entwicklungschance der Professionellen Unterrichtswahrnehmung. Anzumerken ist allerdings, dass die zitierten Studien nicht direkt vergleichbar sind, da die Praxisphase jeweils unterschiedlich gestaltet war. So nahmen die Studierenden in der Studie von Stürmer und Seidel et al. (2013, S. 344) an zweiwöchigen videobasierten Begleitseminaren teil, bei denen die Videos auch als Impulsgeber genutzt wurden, um über die Erfahrungen aus der Schulpraxis zu reflektieren. In einer anderen Studie besuchten sie lediglich Blockveranstaltungen vor und nach der praktischen Phase an den Schulen (Mertens & Gräsel, 2018, S. 1116). Insgesamt kann jedoch festgehalten werden, dass die Praxisphase ein lernförderliches Format darstellt und „auch unabhängig von einer speziell mit Videotrainings arbeitenden universitären Begleitung eine Erhöhung der professionellen Unterrichtswahrnehmung in […] Praxisphasen stattfinden kann" (Mertens & Gräsel, 2018, S. 1126).

Die berichteten empirischen Erkenntnisse belegen, dass eine Kompetenzentwicklung im Rahmen der Praxisphasen stattfindet. Durch die umfangreiche Organisation der Praxisphasen und den Einfluss der unterschiedlichen Institutionen stellt sich jedoch nicht nur die Frage nach der Wirksamkeit der Praxisphase selbst, sondern auch hinsichtlich der Einflussfaktoren auf die Kompetenzentwicklung der Studierenden. Dazu werden im folgenden Kapitel empirische Erkenntnisse zu möglichen Einflussfaktoren in der Praxisphase dargestellt.

3.3 Empirische Erkenntnisse zu Einflussfaktoren in Praxisphasen

Wie im vorherigen Kapitel dargestellt, kann von der Möglichkeit der Kompetenzentwicklung in Praxisphasen ausgegangen werden, auch wenn diese empirischen Ergebnisse in vielen Fällen nicht durch eine Kontrollgruppe kontrolliert wurden (Ulrich et al., 2020, S. 53). Da Praxisphasen jedoch nicht per se wirken (Gröschner & Hascher, 2019, S. 658; Mertens & Gräsel, 2018, S. 1110; Ulrich et al., 2020, S. 55), sind die diesbezüglichen Einflussfaktoren ein wichtiger Untersuchungsgegenstand. Wie das Angebot-Nutzungs-Modell (Abbildung 3.1) zur Praxisphase veranschaulicht, wird das Lernen der Studierenden zum einen durch die Angebote der Praxisphase, zum Beispiel durch die Kompetenz der Mentorinnen und Mentoren sowie der Seminarleitung, durch die Qualität der Betreuung an der Schule und der Universität, aber auch durch die individuelle Nutzung dieser Angebote beeinflusst (Hascher & Kittinger, 2014, S. 222 ff.). Da deren Nutzung wiederum von den individuellen Voraussetzungen der Studierenden abhängt und insbesondere eine Überarbeitung sowie Weiterentwicklung der Angebote möglich ist, werden im Folgenden empirische Erkenntnisse zu den Einflussfaktoren der Angebotsseite auf die Entwicklung der Studierenden in der Praxisphase dargestellt. Da bislang keine empirischen Befunde zu den Kompetenzen der Mentorinnen und Mentoren bzw. der Dozentinnen und Dozenten vorliegen, wird der empirisch nachgewiesene Einfluss seitens der Betreuungsangebote dargelegt. Dabei wird zunächst auf die Bedeutung der Angebote der Institution Schule und die damit verbundene Betreuungsleistung der Mentorinnen und Mentoren eingegangen. Abschließend wird die Bedeutung der begleitenden Seminare der Universität und anderer involvierter Institutionen sowie deren Kohärenz mit der Schulpraxis thematisiert.

Einfluss mentorieller Unterstützung
Die schulische Betreuung durch die Mentorinnen und Mentoren hat bei den Studierenden einen hohen Stellenwert und wird von ihnen sehr positiv eingeschätzt (Gröschner et al., 2013, S. 82 f.; König, Darge, Kramer et al., 2018, S. 101). Gleichzeitig zeichnen die Forschungsergebnisse ein uneinheitliches Bild bezüglich der Wirksamkeit dieser Betreuung. So wird in einigen Studien überhaupt kein Einfluss der schulischen Betreuung durch die Mentorinnen und Mentoren auf die Kompetenzeinschätzung der Studierenden festgestellt (Gröschner et al., 2013, S. 83; Seifert & Schaper, 2018, S. 213), während in anderen Studien zumindest geringe positive Effekte der mentoriellen Betreuung deutlich wurden. König, Darge und Kramer et al. (2018, S. 103 ff.) konnten kleine Effekte der

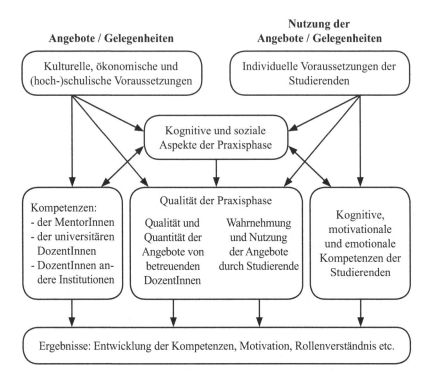

Abbildung 3.1 Angebots-Nutzungs-Modell für die Praxisphase (adaptiert und übersetzt von Hascher & Kittinger, 2014, S. 223)

mentoriellen Unterstützung auf die lernprozessbezogenen Tätigkeiten[5] nachweisen und feststellen, dass die Bedeutung der Mentorinnen und Mentoren weniger im „Lernen am Modell" oder der „Emotionalen Unterstützung", sondern in erster Linie in der Rolle als „Kommunikationspartner" und in der „Informationellen und Instrumentellen Unterstützung" liegt. Hinsichtlich der lernprozessbezogenen Tätigkeiten verdeutlichten König et al. (2017, S. 404 f.) genauer den positiven Einfluss der wahrgenommenen Qualität der Unterstützung von Mentorinnen und

---

[5]Zu den lernprozessbezogenen Tätigkeiten gehören „Komplexität über forschungsmethodische Zugänge erkunden", „Pädagogische Handlungssituationen planen", „Pädagogische Handlungssituationen durchführen", „Theorien auf Situationen beziehen" und „Mit Situationen analytisch-reflexiv umgehen" König, Darge, Kramer et al. (2018, S. 93).

Mentoren auf die lernprozessbezogenen Fähigkeiten „Pädagogische Handlungssituationen planen", „Pädagogische Handlungssituationen durchführen" sowie „Mit Situationen analytisch-reflexiv umgehen". Ein positiver Effekt auf die prozessbezogenen Tätigkeiten „Theorien auf Situationen beziehen" und „Komplexität über forschungsmethodische Zugänge erkunden" war hingegen nicht zu beobachten. Schubarth, Speck, Seidel, Gottmann, Kamm und Krohn (2012, S. 161) sowie Schubarth et al. (2014, S. 214) zeigten sogar, dass sich die wahrgenommene mentorielle Betreuung auf nahezu alle bewerteten Kompetenzbereiche, die sich an denen der Kultusministerkonferenz (2004, S. 7 ff.) orientieren[6], positiv auswirkt: Je besser die schulische Betreuung bewertet wurde, desto besser wurden auch die eigenen Kompetenzen bewertet. Neben diesen Erkenntnissen konnten bedeutsame positive Effekte der mentoriellen Unterstützung auf die selbsteingeschätzte Unterrichtsqualität nachgewiesen werden (Festner et al., 2018, S. 184 f.). Festner et al. (2020, S. 228 f.) stellten darüber hinaus fest, dass Studierende mit positiv wahrgenommener Betreuung durch Mentoren bzw. Mentorinnen eher in für die Professionsentwicklung günstigen Lernmustern, die auch die theoretische Auseinandersetzung integrierten, verblieben bzw. in diese wechselten.

Auch wenn die Befundlage zur Wirkung der mentoriellen Begleitung nicht einheitlich ist und teilweise nur geringe Effekte gefunden wurden, scheint eine Berücksichtigung dieser Akteurinnen und Akteure als mögliche Einflussfaktoren doch relevant, auch allein deshalb, weil sie eine hohe subjektive Bedeutung für die Studierenden haben und in nahezu allen Praxisphasen als „begleitendes Element" eingesetzt werden. Allerdings fanden Gröschner und Häusler (2014, S. 324 f.) heraus, dass etwa 60 % der in ihrer Studie befragten Mentorinnen und Mentoren durch die Schulleitung aufgefordert wurden, Studierende in der Praxisphase zu betreuen und nur etwas mehr als ein Drittel der Mentorinnen und Mentoren gaben an, auf diese Aufgabe angemessen vorbereitet zu sein. Auch wenn sich diese Problemlage in den letzten Jahren möglicherweise verbessert hat, sollte hinsichtlich der Motivation und Qualifizierung der eingesetzten Lehrkräfte beachtet werden, dass die Kompetenz, Studierende in angemessener und lernförderlicher Weise zu unterstützen, sicherlich nicht in jedem Fall vorauszusetzen ist und dass die Voraussetzungen der Lehrkräfte in engem Zusammenhang mit der aufgewendeten Betreuungszeit stehen. So ist nach dieser Studie die Anzahl der Berufsjahre in einem negativen Zusammenhang zur aufgewendeten Betreuungszeit, während die Innovationsbereitschaft der Mentorinnen und Mentoren sowie das Bewerten dieser Tätigkeit als persönlichen Gewinn mit der investierten Zeit positiv korrelieren

---

[6]In beiden Studien wurden die Kompetenzbereiche „Unterrichten", „Beurteilen", „Erziehen", „Beraten" und „Innovieren" untersucht.

(Gröschner & Häusler, 2014, S. 326). Die Forderung nach der gezielten Auswahl geeigneter Mentorinnen und Mentoren sowie nach speziellen Fortbildungsprogrammen für ihre Aufgabe (Gröschner et al., 2013, S. 85) erscheint demnach nachvollziehbar und gerechtfertigt.

Einfluss begleitender Lehrveranstaltungen und deren Kohärenz zur Schulpraxis
Neben der Betreuung in den Schulen durch die Mentorinnen und Mentoren ist auch der Einfluss der Universitäten und weiterer in die Praxisphase eingebundener Institutionen von Bedeutung. Zu deren direktem Einfluss liegen bislang allerdings nur wenige Studien mit teilweise uneinheitlichen Ergebnissen vor. Der Fokus der Forschung liegt stärker auf der wahrgenommenen Kohärenz zwischen Vorbereitungs- und Begleitseminaren an der Hochschule mit der Schulpraxis. Im Folgenden werden daher die vorhandenen Erkenntnisse zum direkten Einfluss der universitären Lehrveranstaltungen dargestellt und anschließend die Frage der Kohärenz näher thematisiert.

Während Schubarth et al. (2014, S. 215) keinen signifikanten Effekt der begleitenden universitären Seminare feststellen konnten, haben Gröschner et al. (2013, S. 82 f.) in ihrer Studie herausgearbeitet, dass sowohl begleitende erziehungswissenschaftliche als auch fachdidaktische Seminare die Kompetenzselbsteinschätzung der Studierenden positiv beeinflussen. So unterstützten die erziehungswissenschaftlichen Seminare insbesondere die Kompetenzbereiche Innovieren, Beurteilen und Erziehen, während die fachdidaktischen Seminare signifikanten Einfluss auf die Kompetenzbereiche Unterrichten, Innovieren und Beurteilen hatten. Für begleitende Veranstaltungen anderer involvierter Institutionen zeigten Seifert und Schaper (2018, S. 213) für die Zentren für schulpraktische Lehrerausbildung des Landes Nordrhein-Westfalen (ZfsL), dass deren Betreuung einen signifikant positiven Einfluss auf die Einschätzung der lernprozessbezogenen Tätigkeiten hatte.

Bezüglich der Kohärenz zwischen begleitenden Veranstaltungen und der Schulpraxis ist grundsätzlich zu konstatieren, dass diese als relativ gering wahrgenommen wird (Doll et al., 2018, S. 35; König, Darge, Kramer et al., 2018, S. 101; Schubarth et al., 2014, S. 210). Daraus kann geschlossen werden, dass sich die Studierenden eine bessere Abstimmung der begleitenden Veranstaltungen mit der Schulpraxis wünschen. Hinsichtlich der Bedeutung dieser Kohärenz für die Professionsentwicklung der Studierenden in der Praxisphase zeigen sich ähnlich wie bei der mentoriellen Unterstützung jedoch uneinheitliche Ergebnisse: Schubarth et al. (2014, S. 213 f.) stellten fest, dass der Praxisbezug der fachdidaktischen und erziehungswissenschaftlichen Seminare keinen Einfluss auf die Kompetenzbereiche, angelehnt an die Formulierungen der Kultusministerkonferenz (2004,

S. 7 ff.) hatten. Auch Festner et al. (2018, S. 182 ff.) konnten keine signifikanten Effekte der Kohärenz zwischen begleitenden Veranstaltungen und der Schulpraxis auf die selbsteingeschätzte Kompetenz im Bereich „Unterrichten" oder die Unterrichtsqualität feststellen. In einer Linie mit diesen Befunden stehen auch die Befunde von König, Darge und Kramer et al. (2018), König et al. (2017) und Doll et al. (2018). So war in der Studie von König, Darge und Kramer et al. (2018, S. 103 f.) ebenfalls kein Einfluss der Kohärenz begleitender Veranstaltungen mit der Schulpraxis auf die lernprozessbezogenen Tätigkeiten festzustellen und auch nur ein kleiner positiver Effekt von Kohärenz zwischen universitärer Vorbereitung und Schulpraxis. Bei differenzierter Betrachtung der einzelnen lernprozessbezogenen Tätigkeiten wurden jedoch kleine bis mittlere Effekte deutlich, die sich weniger auf die unterrichtsnahen Kompetenzen wie das Unterrichten und Planen bezogen als vielmehr auf die Anwendung von Theoriewissen und die Reflexion. Damit wurde deutlich, dass die Kohärenz zwischen universitärer Vorbereitung und Schulpraxis einen mittleren Effekt auf die Tätigkeit „Theorien auf Situationen beziehen" hat und dass geringe Effekte auch für das Planen und Durchführen von pädagogischen Handlungssituationen bestehen. Für die begleitenden universitären Seminare zeigte sich ein kleiner Effekt für den Theoriebezug auf Situationen und ebenso für die Begleitung durch andere Institutionen, hier die Zentren für schulpraktische Lehrerausbildung, auf die Bereiche „Pädagogische Handlungssituationen planen" und „mit Situationen analytisch-reflexiv umgehen". Ähnliche Ergebnisse finden sich auch bei König et al. (2017, S. 404 f.), die ebenfalls herausfanden, dass die Kohärenz zwischen universitärer Begleitung und erlebter Schulpraxis während der Praxisphase insbesondere die Nutzung der lernprozessbezogenen Tätigkeiten „Theorien auf Situationen beziehen" und „Mit Situationen analytisch-reflexiv umgehen" vorhersagt. Zusätzlich resultierten aus der Studie von Doll et al. (2018, S. 35 ff.) in einem Vergleich der Praxisphasen der Universität Hamburg und der Universität zu Köln interessante Erkenntnisse. An der Universität Hamburg, bei der die Praxisphase im Vergleich zur Universität zu Köln durch Seminare der Universität und des Landesinstituts für Lehrerausbildung begleitet wird, wird die lernprozessbezogene Tätigkeit „Theorien auf Situationen beziehen" signifikant häufiger von den Studierenden ausgeführt. Die kontinuierliche Begleitung unterstützt somit die Möglichkeit, universitäres Wissen mit den Erfahrungen aus der Schulpraxis zu verbinden.

Die Kohärenz sowohl vorbereitender als auch begleitender Seminare der Universität und beteiligter anderer Institutionen trägt somit vor allem dazu bei, dass die Studierenden theoretisches Wissen, das sie an der Universität erworben haben, auf erlebte Situationen in der schulischen Praxis anwenden und diese reflektieren. Vor dem Hintergrund der Ergebnisse von König, Darge und Klemenz et al. (2018, S. 311), die lediglich signifikante Effekte der Tätigkeiten „Theorien auf Situationen beziehen" und „Mit Situationen analytisch reflexiv umgehen" auf die Entwicklung des pädagogischen Wissens feststellten, zeigt sich demnach eine besondere Bedeutung der Abstimmung theoretischer Inhalte mit praktischen Erfahrungen. Diese setzt auch eine gute Zusammenarbeit zwischen der Universität und den beteiligten Schulen voraus.

Anhand der dargestellten aktuellen Studienergebnisse kann konstatiert werden, dass eine Kompetenzentwicklung von Studierenden in Praxisphasen möglich ist, diese aber durch alle involvierten Institutionen – Schule, Universität und zum Beispiel die Landesinstitute für Lehrerbildung – beeinflusst wird. Insgesamt sind jedoch weitere empirische Erkenntnisse zu den Praxisphasen notwendig. Hierbei sollte insbesondere die Entwicklung kognitiver Elemente der Kompetenz von Studierenden in den Praxisphasen berücksichtigt werden (König, Darge, Klemenz et al., 2018, S. 288; Ulrich & Gröschner, 2020, S. VIII). Zu bedenken ist außerdem, dass in einem Großteil der vorliegenden Studien die Kompetenzentwicklung mittels Selbsteinschätzungen der Studierenden erhoben und ausgewertet wurde (Besa & Büdcher, 2014, S. 132 ff.; Hascher, 2012, S. 93; Ulrich et al., 2020, S. 54; Weyland et al., 2019, S. 13). Die Selbsteinschätzung der Kompetenzen steht jedoch in enger Verbindung mit der Selbstwirksamkeitserwartung der Studierenden (Schubarth, Speck, Seidel, Gottmann, Kamm & Krohn, 2012, S. 161 f.) und gibt somit „weniger Auskunft über das tatsächliche Kompetenzniveau als über die subjektiv empfundene Verfügbarkeit der Kompetenzen" (Mertens & Gräsel, 2018, S. 1112). Empirische Ergebnisse, die anhand der Selbsteinschätzung der Studierenden generiert wurden, können somit hinsichtlich der tatsächlichen Kompetenzentwicklung nicht als valide Aussagen angesehen werden. Folglich besteht hier eine Forschungslücke bezüglich der Ansätze, die über eine reine Selbstberichtsverfahren hinausgehen und die Kompetenzentwicklung von Studierenden innerhalb der Praxisphasen anhand standardisierter Testverfahren untersuchen. Diese Studie soll einen Beitrag zur Schließung dieser Forschungslücke leisten, indem sowohl ein spezifischer Forschungsschwerpunkt gewählt wird, der sich auf die kognitiven Fähigkeiten der Studierenden bezieht, als auch ein Ansatz, der über eine reine Selbsteinschätzung der Studierenden hinausgeht. Dabei wird das Wissen und die affektiv-motivationalen Einstellungen sowie die Performanz der angehenden Lehrkräfte nicht berücksichtigt. Im Fokus steht die Professionelle Unterrichtswahrnehmung, die als ein Teil der professionellen Kompetenz erhoben und analysiert wird. Im Folgenden werden dazu die einleitend angedeuteten Forschungsfragen formuliert und präzisiert.

Präzisierung der Forschungsfrage

4

Durch die große Bedeutung der Praxisphasen im Masterstudium und die angestrebte Kompetenzentwicklung im Lehramtsstudium ist die Frage, ob innerhalb der Praxisphase eine Kompetenzsteigerung erreicht werden kann, von zentraler Bedeutung. Dabei erscheint es zielführend, entsprechend der Forderung von Ulrich et al. (2020, S. 53 f.) einen spezifischen Forschungsschwerpunkt zu wählen: Wie in Kapitel 2 dargestellt, widmet sich diese Studie einem Teilaspekt der Kompetenz von Lehrkräften, der Professionellen Unterrichtswahrnehmung. Dementsprechend steht folgende Forschungsfrage im Fokus der vorliegenden Arbeit:

A) Verändert sich die Professionelle Unterrichtswahrnehmung der Studierenden in der Praxisphase des Masterstudiums und wenn ja, wie?

Da die Professionelle Unterrichtswahrnehmung im Rahmen dieser Arbeit dreigliedrig konzeptualisiert wird (Abschnitt 2.2.5), folgt auch die Formulierung der Forschungsfrage dieser Struktur und differenziert sich nach den drei Subfacetten Wahrnehmen, Interpretieren und Entscheiden. Im Einzelnen wird daher den folgenden Fragen nachgegangen:

A1) Wie verändert sich die Subfacette *Wahrnehmen* der Professionellen Unterrichtswahrnehmung der Studierenden?

A2) Wie verändert sich die Subfacette *Interpretieren* der Professionellen Unterrichtswahrnehmung der Studierenden?

A3) Wie verändert sich die Subfacette *Entscheiden* der Professionellen Unterrichtswahrnehmung der Studierenden?

© Der/die Autor(en), exklusiv lizenziert durch Springer Fachmedien Wiesbaden GmbH, ein Teil von Springer Nature 2021
A. B. Orschulik, *Entwicklung der Professionellen Unterrichtswahrnehmung*, Perspektiven der Mathematikdidaktik, https://doi.org/10.1007/978-3-658-33931-9_4

Neben der Frage, ob eine Kompetenzsteigerung in der Praxisphase erreicht werden kann, interessiert angesichts einer Weiterentwicklung von Praxisphasen auch die Frage nach möglichen Einflussfaktoren auf den Veränderungsprozess, sodass die zweite Forschungsfrage dieser Arbeit lautet:

B) Lassen sich Einflussfaktoren bezüglich der Veränderung der Professionellen Unterrichtswahrnehmung identifizieren und wenn ja, welche?

Der Fokus der Arbeit liegt auf der Forschungsfrage A, die mittels einer videobasierten Erhebung beantwortet wird (Abschnitt 7.1.2). Forschungsfrage B wird auf Basis der Selbstauskunft der Studierenden nachgegangen (Abschnitt 7.1.4) und soll komplementäre Erkenntnisse liefern.

Die anhand dieser Forschungsfragen untersuchte Praxisphase wird in Teil II dieser Arbeit inklusive ihrer Lerngelegenheiten beschrieben. Anschließend erfolgt in Teil III die Darstellung der jeweiligen Erhebungs- und Auswertungsmethoden.

Teil II

Konzeption der universitären Lehrveranstaltung

Aufbau und Konzeption der universitären Lehrveranstaltung

5

Neben dem empirischen Teil dieses Forschungsprojekts, der auf die Wirkung der Praxisphase auf die Professionelle Unterrichtswahrnehmung der Studierenden ausgerichtet ist, umfasst die Studie auch einen konstruktiven Teil. Dieser bezieht sich auf die Konzeption des fachdidaktischen Begleitseminars zum Kernpraktikum, das aktuell innerhalb der Praxisphase des Masterstudiums an der Universität Hamburg angeboten wird. Diese curriculare Konstruktion der Praxisphase ist seit 2011 an der Universität Hamburg etabliert, sodass das hier thematisierte fachdidaktische Begleitseminar bereits vor der hier präsentierten Studie in das Curriculum des Masterstudiums integriert war. Im Zuge des Projekts ProfaLe wurde die Lehrveranstaltung jedoch mit dem Ziel neu konzipiert, die Entwicklung des professionellen Wissens und Könnens der Studierenden unter besonderer Berücksichtigung der Professionellen Unterrichtswahrnehmung gezielt zu fördern. Da dieses Seminar an die Praxisphase im Masterstudium angebunden ist und die Entwicklung der Professionellen Unterrichtswahrnehmung in dieser Phase im Fokus der vorliegenden Arbeit steht, wird zur besseren Einordnung im Folgenden zunächst der Aufbau der Praxisphase des Masterstudiums an der Universität Hamburg erläutert. Im Anschluss wird auf die Konzeption des fachdidaktischen Begleitseminars näher eingegangen und es werden zwei Lerngelegenheiten des Seminars exemplarisch dargestellt.

© Der/die Autor(en), exklusiv lizenziert durch Springer Fachmedien Wiesbaden GmbH, ein Teil von Springer Nature 2021

A. B. Orschulik, *Entwicklung der Professionellen Unterrichtswahrnehmung*, Perspektiven der Mathematikdidaktik, https://doi.org/10.1007/978-3-658-33931-9_5

5.1   Aufbau der Praxisphase des Masterstudiums an der Universität Hamburg

Die Praxisphase des Masterstudiums an der Universität Hamburg, das sogenannte *Kernpraktikum*, wird wie alle Praktika des allgemeinbildenden Lehramts
durch das Zentrum für Lehrerbildung Hamburg (ZLH) koordiniert. Dabei stellt
das *Kernpraktikum*, das im zweiten und dritten Semester des Masterstudiums
stattfindet, nach dem *Integrierten Schulpraktikum*[1] im fünften Bachelorsemes-
ter die zweite und letzte Praxisphase des Lehramtsstudiums dar und ist mit
dem Praxissemester an Hochschulen in anderen Bundesländern vergleichbar. Das
Gesamtmodul des Kernpraktikums besteht dabei aus dem Kernpraktikum I im
zweiten Semester zu dem ersten studierten Unterrichtsfach und dem Kernpraktikum II im dritten Semester zu dem zweiten studierten Unterrichtsfach. Beide
Praktika umfassen zeitlich die Vorlesungszeit sowie einen vier- bis fünfwöchi-
gen Block in der anschließenden vorlesungsfreien Zeit und sind nahezu identisch
aufgebaut. Sie unterscheiden sich jeweils nur durch die Klassenstufen, in denen
die Praxisphase überwiegend abzuleisten ist. Das Kernpraktikum I wird dabei
von allen Studierenden in der Sekundarstufe I durchgeführt, das Kernpraktikum
II je nach studiertem Lehramt in der Grundschule, der Sekundarstufe II oder, im
Lehramt für Sonderpädagogik, bezogen auf den Förderschwerpunkt.

Neben dem fachdidaktischen Begleitseminar, das in Abschnitt 5.2 ausführlicher dargestellt wird, besteht das Modul in den beiden Semestern jeweils aus
zwei[2] weiteren Bestandteilen (Tabelle 5.1), die im Folgenden kurz erläutert
werden:

– Schulpraxis: Die Studierenden besuchen im Regelfall im Tandem eine Schule.
   Die Praxisphase besteht hier aus zwei Teilen: Während des Semesters besuchen
   die Studierenden die Schule einen Tag pro Woche, in der anschließenden vorlesungsfreien Zeit besuchen sie diese täglich über einen Zeitraum von vier bis
   fünf Wochen. Die Studierenden sind angehalten, in dieser Zeit 40 bis 50 Unterrichtsstunden zu hospitieren und ca. 15 Unterrichtsstunden unter Anleitung

---

[1]Das Integrierte Schulpraktikum findet vier Wochen im Block während der vorlesungsfreien
Zeit statt und wird durch ein Vorbereitungsseminar (2 SWS) sowie ein Nachbereitungsseminar
(1 SWS) eingebunden. Diese Seminare sind dabei jedoch nicht fachgebunden.
[2]Neben den drei Bestandteilen (Schulpraxis, fachdidaktisches Begleitseminar und Reflexionsseminar), die sich auf die Dauer des gesamten Praktikums beziehen, gehört in der
Semesterphase auch eine DaZ-Einheit zu diesem Gesamtmodul. Deren Inhalte sind für die
vorliegende Studie nicht von Bedeutung und werden hier daher nicht weiter ausgeführt.

einer Fachlehrkraft selbst zu gestalten. An der Schule werden die Studierenden durch einen Mentor oder eine Mentorin begleitet.

– Reflexionsseminar: Das Reflexionsseminar wird durch das Landesinstitut für Lehrerbildung und Schulentwicklung verantwortet. In dieser Veranstaltung werden die Erfahrungen aus der Schulpraxis in insgesamt fünf Sitzungen, die sich auf die Phase der Praxistage und die der Blockphase in der vorlesungsfreien Zeit aufteilen, kritisch-konstruktiv reflektiert. Das Reflexionsseminar ist dabei fachlich orientiert und beruht im Fach Mathematik auf engen Absprachen zwischen der Leitung des Reflexionsseminars und der Leitung des universitären fachdidaktischen Begleitseminars.

Das Gesamtmodul umfasst 30 Leistungspunkte, je 15 pro Semester.

Tabelle 5.1 Schematische Darstellung des Kernpraktikums I bzw. II (adaptiert von Zentrum für Lehrerbildung [ZLH], 2017, S. 10)

Modulbestandteil	Vorlesungszeit	Halbjahres- bzw. Schuljahreswechsel	Vorlesungsfreie Zeit	Modulabschlussprüfung
Schulpraxis	ein Tag pro Woche		vier bis fünf Wochen täglich	
Fachdidaktisches Begleitseminar	zwei Semesterwochenstunden		Unterrichtsbesuche mit Nachbesprechung in Kleingruppen	
Reflexionsseminar	drei Seminarsitzungen		zwei Seminarsitzungen	

Da im Rahmen des Projekts ProfaLe und im Kontext der vorliegenden Arbeit insbesondere das fachdidaktische Begleitseminar im Fokus einer Neukonzeptionierung stand, wird dieses im folgenden Kapitel ausführlicher dargestellt.

5.2 Das fachdidaktische Begleitseminar

Nach den bereits kurz dargestellten Elementen des Kernpraktikums (Schulpraxis und Reflexionsseminar) werden an dieser Stelle das fachdidaktische Begleitseminar und seine Lerngelegenheiten genauer vorgestellt. Diese Lehrveranstaltung wurde im Rahmen der vorliegenden Studie neu konzipiert und auf das Ziel des Projekts ProfaLe ausgerichtet, die Entwicklung des professionellen Wissens und Könnens der Studierenden unter besonderer Berücksichtigung der Professionellen Unterrichtswahrnehmung zu fördern. Die Neukonzeption des fachdidaktischen Begleitseminars im Fach Mathematik, die sich dabei an den Erkenntnissen zur Förderung der Professionellen Unterrichtswahrnehmung orientiert (Abschnitt 2.2.3), wurde in Zusammenarbeit mit Nils Buchholtz, Nadine Krosanke und Katrin Vorhölter geplant, vorbereitet und umgesetzt.

Bei dem fachdidaktischen Begleitseminar[3] handelt es sich um eine universitäre Lehrveranstaltung mit einem Umfang von zwei Semesterwochenstunden bei der es „um die fachdidaktisch begründete Gestaltung von Unterricht und um die Entwicklung fachdidaktisch begründeter Fragen an das Geschehen im Handlungsfeld" (ZLH, 2017, S. 7) Schule geht. Demnach orientierte sich der Aufbau der 13 Sitzungen inhaltlich an relevanten fachdidaktischen Themen und übergeordnet an dem durch ProfaLe formulierten Ziel, das Wissen und Können der Studierenden unter Berücksichtigung der Professionellen Unterrichtswahrnehmung zu entwickeln. Die Seminarleitung begleitet die Studierenden dabei nicht nur in den fachdidaktischen Seminarsitzungen während des Semesters, sondern auch in der Blockphase, indem sie die Studierenden an den Schulen besucht, eine von ihnen gehaltene Unterrichtsstunde hospitiert und diese im Rahmen einer Kleingruppe nachbesprochen wird.

Um einen tieferen Einblick in das Konzept des fachdidaktischen Begleitseminars zum Kernpraktikum zu ermöglichen und gleichzeitig zu verdeutlichen, mit welchen Materialien und Methoden die Ziele der Lehrveranstaltung verfolgt wurden, werden im Folgenden einzelne Lerngelegenheiten des Begleitseminars dargestellt. In diesem Zusammenhang erfolgt eine Beschreibung des Einsatzes von Beobachtungsaufträgen und der Vorbereitung auf die Modulabschlussprüfung. Ebenso wird eine beispielhafte Seminarsitzung zur Arbeit mit Praxisdokumenten vorgestellt und das Potenzial dieser Lerngelegenheiten veranschaulicht.

5.2.1   Die Arbeit mit Praxisdokumenten im Seminar als Lerngelegenheit

Da immer wieder für praxisbezogene Lerngelegenheiten plädiert wird, die das Situative des Unterrichts berücksichtigen und es ermöglichen, theoretisches Wissen mit schulpraktischen Tätigkeiten zu verbinden (Kaiser & König, 2019, S. 609 f.; Kultusministerkonferenz, 2004, S. 5 f.; Putnam & Borko, 2000, S. 7 f.;

---

[3] Bei dieser fachdidaktischen Veranstaltung handelt es sich in der Regel um die dritte und letzte innerhalb des Studiums an der Universität Hamburg. Im Bachelorstudium (in der Regel im dritten oder vierten Semester) besuchen die Studierenden die *Einführung in die Fachdidaktik* (sechs Leistungspunkte) und im ersten Mastersemester die *Weiterführung der Fachdidaktik* (fünf Leistungspunkte).

Wibowo & Heins, 2019, S. 129), erschien es innerhalb des Begleitseminars sinnvoll, fachdidaktische Themen insbesondere unter Einbezug von Praxisdokumenten zu erarbeiten. Unter einem Praxisdokument wird dabei ein Medium verstanden, das Ausschnitte oder Bezugspunkte der Praxis von Lehrkräften dokumentiert. Diese können zum Beispiel als Video, Transkript oder Schülerlösung vorliegen. Der Einsatz von Praxisdokumenten folgte der Intention, konkrete Situationen auch außerhalb der Praxis zu simulieren und auf diese Weise eine verstärkte Situierung der Lernumgebung für die Studierenden herzustellen. Außerdem wurde damit das Ziel verfolgt, die vielfach kritisch diskutierte Diskrepanz zwischen an der Universität behandelten Inhalten und der erlebten Schulpraxis zu reduzieren bzw. umgekehrt die wahrgenommene Kohärenz zwischen dem fachdidaktischen Begleitseminar und den schulischen Praxiserfahrungen zu stärken, die einen positiven Einfluss auf die Kompetenzentwicklung der Studierenden hat (Abschnitt 3.3). Eingesetzt wurde dabei eine Vielzahl unterschiedlicher Praxisdokumente, wie zum Beispiel Lösungen oder Antworten von Lernenden in schriftlicher Form, Unterrichtsvideos oder Unterrichtstranskripte. Der Einsatz von Videos beschränkte sich dabei auf fremde Videos. Da Krammer et al. (2016, S. 366) zeigen konnten, dass es keinen Wirkungsunterschied zwischen fremden und eigenen Unterrichtsvideos hinsichtlich der Förderung der Professionellen Unterrichtswahrnehmung gibt, wurde der Vorteil genutzt, so einfacher und gezielter auf inhaltlich abgestimmte Videosequenzen zugreifen zu können. Um die Professionelle Unterrichtswahrnehmung der Studierenden zusätzlich zu fördern, wurde die Analyse der Unterrichtssituationen – simuliert durch die Verwendung der Praxisdokumente – in Anlehnung an das Lesson Analysis Framework von Santagata, Zannoni und Stigler (2007, S. 127 f.) prinzipiell durch konkrete Arbeitsaufträge geleitet. Diese wurden auf Basis der drei Subfacetten der Professionellen Unterrichtswahrnehmung formuliert: das Wahrnehmen von relevanten Ereignissen, deren Interpretation und die anschließende Entscheidungsfindung. Diese Arbeitsaufträge verfolgten dabei insbesondere das Ziel, individuell und im gedanklichen Austausch der Studierenden möglicherweise unterschiedliche unterrichtsrelevante Situationen wahrzunehmen und so die Wahrnehmung der Studierenden auch auf Ereignisse zu lenken, die gegebenenfalls zunächst nicht selbstständig wahrgenommen wurden. Des Weiteren sollten diese Situationen auf theoriewissenschaftlicher Grundlage interpretiert und analysiert werden, um wiederum auf Basis dieser Interpretationen die für die Praxis notwendigen Entscheidungen zu treffen bzw. entsprechende Alternativen zu formulieren.

Um die Arbeit mit Praxisdokumenten als Lerngelegenheit zu spezifizieren, wird nachfolgend eine exemplarische Seminarsitzung dargestellt.

Seminarsitzung zum Thema „Interventionen und Hilfestellungen"
Bei der hier dargestellten Lerngelegenheit auf Basis eines Praxisdokuments handelt es sich um eine Seminarsitzung, die das Thema „Interventionen und Hilfestellungen" behandelte. Neben der Förderung der Professionellen Unterrichtswahrnehmung hatte diese Seminarsitzung demnach das Ziel, dass die Studierenden ihr Wissen über Interventionen und Hilfestellungen von Lehrkräften aufbauen bzw. vertiefen. Gleichzeitig sollten auch die Funktion und die Relevanz des Themas für das Lernen der Schülerinnen und Schüler herausgestellt werden, also die konkrete Bedeutung der Theorie für die Praxis des Lehrens und Lernens. Verfolgt wurden diese Ziele, durch die Vermittlung von Theorie zu diesem Thema sowie die situationsnahe Simulierung einer Unterrichtssituation mithilfe einer authentischen Videovignette. Diese zeigte einen Ausschnitt realen Mathematikunterrichts und bot so die Gelegenheit, das erworbene Theoriewissen direkt anzuwenden.

Die Erarbeitung der Theorie beruhte auf einem Input zur Theorie mit ausreichender Zeit, diesen zu diskutieren. Die anschließende Präsentation der videografierten Unterrichtsstunde zeigte die Gruppenarbeitsphase einer Klasse zum Thema Kombinatorik[4]. Die Auswahl der Videosequenz erfolgte dabei auf Basis der von Sherin et al. (2009, S. 123 ff.) aufgestellten Kriterien für eine produktive Auseinandersetzung (Abschnitt 2.2.3). Zusätzlich erhielten die Studierenden das Transkript des Videos, um sich auch in der nachfolgenden Arbeitsphase auf einzelne Sequenzen des Videos beziehen zu können. Im ersten Schritt der Bearbeitung wurde auf das Wahrnehmen und Interpretieren von Interventionen abgezielt. Hierzu erhielten die Studierenden den Arbeitsauftrag, verschiedene Aspekte der gesehenen Intervention zu diskutieren und die wahrgenommenen Interventionen der Lehrkraft im Video der Taxonomie der Hilfen nach Zech (2002) zuzuordnen. Im zweiten Schritt stand im Zuge der Entscheidungsfindung die Thematisierung alternativer Interventionsmöglichkeiten im Vordergrund.

Da die Trennung zwischen den Subfacetten *Wahrnehmen* und *Interpretieren* nur sehr bedingt möglich ist, die vorherige angemessene Interpretation jedoch unweigerliche Voraussetzung für eine angemessene Entscheidung ist, wurde der Arbeitsauftrag (Abbildung 5.1) zur Förderung der Professionellen Unterrichtswahrnehmung zweigeteilt.

---

[4]Das Video stammt aus der DVD-Reihe „Unterrichtsvideos mit Begleitmaterialien für die Aus- und Weiterbildung von Lehrpersonen" herausgegeben von Kurt Reusser, Christine Pauli und Kathrin Krammer. Die Lektionen wurden im Rahmen der TIMSS (Trend in International Mathematics and Science Study) 1999 Video Study und der schweizerischen Vertiefungsstudie aufgenommen. Es handelt sich dabei um das Video zur Kombinatorik auf DVD 2 „Problemlösen im Mathematikunterricht".

---

1. Arbeitsphase:

- Überlegen Sie jeder für sich, welche Aspekte (z.b. Gesprächsanteile, Körpersprache, Formulierungen, Adaptivität) der Interventionen Sie als lernförderlich und welche Sie als weniger lernförderlich empfinden.
- Diskutieren Sie diese Aspekte in Ihrer Gruppe.
- Ordnen Sie in Ihrer Gruppe die Interventionen des Lehrers den Hilfen nach Zech (2002) zu.

Austausch und Diskussion im Plenum

2. Arbeitsphase:

- Suchen Sie sich innerhalb Ihrer Gruppe eine im Video gezeigte Schülergruppe aus. Entwickeln Sie gemeinsam eine alternative Intervention. Begründen Sie Ihre Entscheidung.

Vorstellung und Diskussion der Ergebnisse

Abbildung 5.1 Arbeitsauftrag zur Videoanalyse

So wurde den Studierenden zunächst die Möglichkeit gegeben, individuell zu überlegen, welche Aspekte sie auf welche Weise in der Unterrichtssituation wahrgenommen hatten. In der unmittelbar anschließenden Diskussion im Plenum hatten sie die Gelegenheit zu erkennen, welche gegebenenfalls weiteren Ereignisse der gezeigten Unterrichtssituation wahrgenommen werden sollten und welche Interpretationen denkbar sind. Die Diskussion bot somit die Möglichkeit, die eigene Professionelle Unterrichtswahrnehmung bezogen auf die Subfacetten *Wahrnehmen* und *Interpretieren* zu erweitern. Ein Austausch im Plenum ermöglichte es den Dozentinnen, selbst auf relevante Aspekte und auf wichtige Ereignisse hinzuweisen. Die Einordnung der im Video wahrgenommenen Interventionen der Lehrkraft in die Taxonomie der Hilfen nach (Zech, 2002) sollte dabei die Verbindung zur Theorie aufrechterhalten und die Nützlichkeit theoretischer Modelle für die Einordnung und Bewertung der Praxis hervorheben. Zusätzlich bot die Taxonomie für die Studierenden eine wichtige Hilfe in der folgenden Arbeitsphase, in der alternative Entscheidungen entwickelt werden sollten. In dieser abschließenden Phase wurde entsprechend der Subfacette der Professionellen Unterrichtswahrnehmung das *Entscheiden* in der thematisierten Unterrichtssituation fokussiert. Die Studierenden konnten, teilweise unterstützt durch die Dozentinnen und angeregt durch das Theoriemodell der Taxonomie der Hilfen Überlegungen entwickeln, wie sie als Lehrkraft in der entsprechenden Situation gehandelt hätten bzw. wie sich die Entscheidungen der Lehrkraft optimieren ließen. Auch in dieser Arbeitsphase profitierten die Studierenden durch den Austausch bzw. durch die Unterstützung der Gruppe, die Möglichkeit einer Entscheidungsfindung ohne Zeitdruck und die anschließende Diskussion im Plenum, in der die Angemessenheit verschiedener Entscheidungen kritisch reflektiert werden konnte. Diskussionen über die Ergebnisse zu den Arbeitsaufträgen wurden dabei, den Ergebnissen von van Es und Sherin (2002, S. 587 f.) folgend (Abschnitt 2.2.3), immer durch die Dozentinnen des Seminars angeleitet.

Das Potenzial dieser Lerngelegenheit lag somit erstens in der Verbindung von theoretischem Wissen und seiner Anwendung in der Praxis, zweitens in der gezielten, schrittweisen Schulung der Professionellen Unterrichtswahrnehmung, die in allen Phasen von der Anbindung an die Praxis profitiert. Die beginnende Thematisierung der Theorie zu diesem Thema im Rahmen eines gezielten Inputs mit anschließender Diskussion ermöglichte den Studierenden, Wissen aufzubauen bzw. zu erweitern. Das Seminar schaffte hier Raum, um Unklarheiten zu beseitigen, sodass bei der Anwendung auf das authentische Praxisbeispiel davon auszugehen ist, dass die Studierenden die Möglichkeit hatten, sich auf ausreichendes Vorwissen zu beziehen. Unter Nutzung der authentischen Videovignette wurde ihnen außerdem die Möglichkeit geboten, die Relevanz des Themas für den Mathematikunterricht zu erkennen und das Wissen situationsnah und in einem geschützten Raum direkt anzuwenden.

5.2.2 Die Durchführung von Beobachtungsaufträgen als Lerngelegenheit

Neben den durch die Lehrenden eingebrachten Praxisdokumenten zur Simulierung von Unterrichtssituationen und der theoriegeleiteten Analyse wurden innerhalb des Begleitseminars auch Beobachtungsaufträge eingesetzt. Im Sinne von Star und Strickland (2008, S. 124) sowie Sabers et al. (1991, S. 85), sollen sie den Studierenden dabei helfen, ihr Arbeitsumfeld zu beobachten, ihre Aufmerksamkeit auf relevante Ereignisse zu lenken und ihre Beobachtungen anschließend zu diskutieren. Zusätzlich ermöglichte es der Einsatz dieser Beobachtungsaufträge, durch die Bearbeitung der Studierenden weitere Praxisdokumente zu generieren. Die Einbindung der Praxisbeobachtungen von Studierenden und deren theoriebasierte Analyse wurde insbesondere durch die Parallelität des Begleitseminars und der Schulpraxis ermöglicht.

Die Beobachtungsaufträge mit den entsprechenden Abgabeterminen wurden durch die Lehrenden im Vorhinein formuliert und den Studierenden in der ersten Sitzung zur Verfügung gestellt. Zu diesen Aufträgen erstellten die Studierenden schriftliche Bearbeitungen im Umfang von ein bis zwei Seiten, die gegebenenfalls auch Schülerlösungen oder eingesetzte Aufgaben enthalten konnten. Da durch eine reine Bearbeitung von Beobachtungsaufträgen seitens der Studierenden ohne die entsprechende Begleitung kein hohes Maß an Reflexivität erreicht werden kann und die Beobachtungen mit Expertinnen und Experten reflektiert und diskutiert werden sollten (Rahm & Lunkenbein, 2014, S. 243; Sabers et al., 1991, S. 85), wurden die Beobachtungsaufträge in das Begleitseminar eingebunden. Dazu hatten die Studierenden ihre Bearbeitungen zu angegebenen Terminen der Seminarleitung vorzulegen, meist spätestens fünf Tage vor der Seminarsitzung mit dem entsprechenden thematischen Bezug. Anhand der Kriterien Verständlichkeit, Angemessenheit, Potenzial zur Theorieverknüpfung und Vernetzungspotenzial zu anderen relevanten Themen erfolgte dann eine Auswahl geeigneter Bearbeitungen für den Einsatz im Begleitseminar (Krosanke, Orschulik, Vorhölter & Buchholtz, 2019, S. 137).

Die Beobachtungsaufträge fokussierten dabei nur auf die Subfacetten *Wahrnehmen* und *Interpretieren*. Die Ergebnisse der Bearbeitungen wurden in der Seminarsitzung zunächst im Plenum abgeglichen, diskutiert und gegebenenfalls ergänzt. Wie bei der Analyse der videografierten Unterrichtssituation (Abschnitt 5.2.1) wurden in einer anschließenden Phase Handlungsentscheidungen entwickelt und diskutiert.

Im Folgenden werden ein Beobachtungsauftrag und dessen Einsatz im Seminar dargestellt. Das Beispiel ist Krosanke et al. (2019) entnommen.

Beobachtungsauftrag zur Seminarsitzung „Umgang mit Fehlern"
Bei dem hier vorgestellten Beobachtungsauftrag handelt es sich um einen Auftrag zur Seminarsitzung zum Thema „Umgang mit Fehlern". Die Studierenden erhielten zu dieser Sitzung den folgenden Auftrag:

Beschreiben Sie, welche Fehler von Schülern oder Schülerinnen, wann und wie von der Lehrkraft im Unterricht aufgegriffen worden sind. Was wurde mit diesen Fehlern gemacht? Welche Probleme traten bei diesen Unterrichtssituationen auf?

Zu diesem Auftrag wurden im Seminar mehrere Bearbeitungen thematisiert, die jeweils unterschiedliche Aspekte des Themenbereichs fokussierten. Der folgende Ausschnitt einer Bearbeitung zeigt beispielsweise lediglich die Beschreibung einer wahrgenommenen Situation, die somit größtmögliche Offenheit für Interpretationen bietet:

> *„[...] Berichtigung einer Mathematikarbeit in einer 7. Klasse. Die L. gab nicht einfach die Aufgabe, alle Fehler, die aufgetreten sind, zu berichtigen, sondern sich zu zwei gemachten Fehlern (von L. ausgewählt) ein Rechenbeispiel auszudenken, welches dazu passt und den Vorgang zu erklären [...]".*

In der Anlage zu dieser Beschreibung wurde die Bearbeitung eines Schülers zusammen mit den entsprechenden Anmerkungen der Lehrkraft eingereicht (Abbildung 5.2). Dieses Praxismaterial und die Beschreibung der/des Studierenden bildete die Grundlage, um auf das von der Lehrkraft vermutlich intendierte methodisch-didaktische Vorgehen einzugehen und anhand dieser Auswertung die Möglichkeit zu thematisieren, wie aus Fehlern von Schülerinnen und Schülern eine Lerngelegenheit entwickelt werden kann. Des Weiteren erlaubte dieses Beispiel in Bezug auf das *Interpretieren* und *Entscheiden* auch den Bezug zu weiteren fachdidaktischen Themen. So kann in der Beantwortung der Frage, ob der Schüler nach der Bearbeitung der Aufgabe die Addition von Brüchen tatsächlich besser verstanden hat, auch auf die in einer vorherigen Seminarsitzung thematisierte Entwicklung von mathematischen Grundvorstellungen eingegangen und die Bedeutung von fachlichen Sprachhandlungen verdeutlicht werden.

Hier zeigt sich demnach, dass der gezielte Einsatz von Beobachtungsaufträgen die Einbindung bestimmter fachdidaktischer Theorien vor dem Hintergrund von Beobachtungen aus der Praxis und ebenso die Verknüpfung zu anderen Themen ermöglichte. Hervorzuheben ist, dass es sich bei der Nutzung der Arbeitsergebnisse zu den Beobachtungsaufträgen ebenfalls um den Einsatz von Praxisdokumenten im Seminar handelt. Somit wurde wie bei dem Einsatz anderer Praxisdokumente das Potenzial genutzt, die Verbindung von Theorie und Praxis zu verdeutlichen und die Subfacetten der Professionellen Unterrichtswahrnehmung zu stärken.

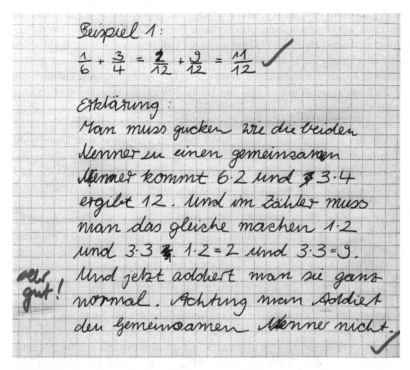

Abbildung 5.2   Ausschnitt einer Bearbeitung zu einem Beobachtungsauftrag zum Thema Umgang mit Fehlern (adaptiert von Krosanke et al. 2019, S. 140)

5.2.3   Die Vorbereitung der Modulabschlussprüfung als Lerngelegenheit

Neben den hier dargestellten Lerngelegenheiten im Rahmen der Seminarsitzungen soll an dieser Stelle auch auf die Modulabschlussprüfung, mit der das Kernpraktikum abgeschlossen wird, als Lerngelegenheit eingegangen werden. Diese Prüfung wird ebenfalls in Verantwortung der Universität, das heißt durch die verantwortliche Leitung des fachdidaktischen Begleitseminars durchgeführt. Auch diese Prüfung wurde im Rahmen der Neukonzeption des Begleitseminars überarbeitet und greift die in der Lehrveranstaltung neu eingeführten Beobachtungsaufträge auf. Hierbei handelt es sich um eine fachdidaktische Reflexionsprüfung, die die Reflexion der Praxis unter Bezugnahme auf die erarbeitete Theorie zum Ziel hat.

Zur Vorbereitung auf diese Prüfung wurden die Studierenden aufgefordert, bis zum Ende der Semesterphase, also vor dem Beginn der Blockphase, ein fachdidaktisches Thema für diese Prüfung abzusprechen. Intention war es, ihnen schon in der Blockphase die Möglichkeit zu geben, konzentriert und umfassend speziell zu ihrem Thema Beobachtungen anzustellen. Die Beobachtungen konnten sich demnach auf einen Zeitraum von vier bis fünf Wochen erstrecken und erlaubte es den Studierenden, sich zielgerichtet und intensiv mit dem gewählten fachdidaktischen Thema auseinanderzusetzen. Da zu den Praxisbeobachtungen für die Prüfung der entsprechende Theoriehintergrund zu erarbeiten war, konnten die Erfahrungen und Beobachtungen mit Bezug zu den Subfacetten *Interpretieren* und *Entscheiden* der Professionellen Unterrichtswahrnehmung vor diesem Theoriehintergrund analysiert und die eigene Entwicklung ebenfalls theoriewissenschaftlich reflektiert werden.

Das Potenzial dieser Lerngelegenheit lag insbesondere in den umfassenden Beobachtungen zu einem speziellen Thema und der bereits genannten zeitlichen Intensität der Auseinandersetzung. Die Studierenden bekamen so die Möglichkeit, sich eingehend mit einem fachdidaktischen Schwerpunkt zu beschäftigen, Gründe und Ursachen für beobachtete Handlungen bzw. Ereignisse theoriegeleitet unter verschiedenen Zugängen zu analysieren und diverse Handlungsoptionen abzuleiten. Des Weiteren bot die erneute Verbindung von Beobachtungen aus der Praxis und deren theoriegeleitete Analyse Gelegenheit, die Diskrepanz dieser beiden Felder der Ausbildung zu verringern und das Bewusstsein der Studierenden für die Relevanz der Theorie in Bezug auf das Arbeiten in der Praxis zu stärken. Das fachdidaktische Wissen zu dem jeweiligen Themenbereich konnte durch den Einbezug der Literatur vertieft werden und die Anwendung auf beobachtete Situationen ermöglichte es wiederholt, das disziplinär getrennt erworbene Wissen zu einem konsistenten Wissen zusammenzuführen (Bromme, 1992, S. 147).

Nachdem im zweiten Teil dieser Arbeit der Aufbau und die Konzeption der beforschten Praxisphase beschrieben wurde, gilt der dritte Teil der methodologischen Verortung der Studie und der Begründung der methodischen Entscheidungen im Rahmen der Erhebung und Analyse der Entwicklung der Professionellen Unterrichtswahrnehmung sowie möglicher Einflussfaktoren innerhalb der hier vorgestellten Praxisphase.

Teil III
Methodologischer und methodischer
Ansatz der Studie

Methodologischer Ansatz der Studie 6

Die empirische Sozialforschung lässt sich grob in wenige Ansätze differenzieren: in die quantitative Forschung und die qualitative Forschung sowie in einen neueren, diese beiden Richtungen integrierenden Ansatz, den Mixed-Methods-Ansatz (Döring & Bortz, 2016, S. 9; Reichertz, 2014, S. 68).

Zum Verhältnis des qualitativen und des quantitativen Ansatzes in der empirischen Sozialforschung hat Wilson (1982) notiert, dass wenn „man sich solchen methodologischen Grundsätzen verschreibt, statt genau auf die Erscheinungen zu achten, die man untersucht, in dem Maße […] die Ergebnisse selbstherrlich, unfruchtbar, uninteressant und irreführend" (S. 489) sein werden. Des Weiteren postulierte er: „Die Anwendung einer bestimmten Methode kann man […] nicht mit seinem ‚Paradigma' oder seinen Neigungen begründen, sondern sie muß von der Eigenart des jeweiligen Forschungsproblems ausgehen" (S. 501). Es ist demnach von entscheidender Bedeutung, dass es sich bei qualitativen und quantitativen Methoden nicht um gegensätzliche Ansätze handelt und dass die Auswahl der Methoden nicht durch die eigene Neigung bzw. Zuordnung zu einem Paradigma bestimmt sein darf. Vielmehr ist diese in Abhängigkeit von Forschungsfrage und Gegenstand möglichst geeignet auszuwählen (Baur & Blasius, 2014, S. 42; Flick, Kardorff & Steinke, 2012, S. 22; Kuckartz, Dresing, Rädiker & Stefer, 2007, S. 13). Das Methodenverständnis soll an dieser Stelle daher wie von Kuckartz et al. (2007, S. 13) als „pragmatisch" gekennzeichnet werden. Unter

Elektronisches Zusatzmaterial Die elektronische Version dieses Kapitels enthält Zusatzmaterial, das berechtigten Benutzern zur Verfügung steht.
https://doi.org/10.1007/978-3-658-33931-9_6

© Der/die Autor(en), exklusiv lizenziert durch Springer Fachmedien Wiesbaden GmbH, ein Teil von Springer Nature 2021
A. B. Orschulik, *Entwicklung der Professionellen Unterrichtswahrnehmung*, Perspektiven der Mathematikdidaktik,
https://doi.org/10.1007/978-3-658-33931-9_6

dieser Prämisse folgt nachstehend eine begründete Einordnung dieser Studie in den qualitativen Ansatz und die damit verbundene Methodenauswahl.

6.1   Einordnung der vorliegenden Studie

Während in der quantitativen Forschung meist theoretisch formulierte Hypothesen durch statistische Auswertungen mit möglichst großen und idealerweise repräsentativen Stichproben statistisch überprüft werden und als eher deduktive Wissenschaft charakterisiert werden, wird in der qualitativen Forschung eher umfassendes Datenmaterial von wenigen individuellen Fällen gewonnen. Dieses Material wird dann im Kontext detailliert beschrieben mit dem Ziel, Hypothesen und Theorien über den Untersuchungsgegenstand zu entwickeln. Die qualitative Wissenschaft verfolgt daher einen eher induktiven Ansatz (Döring & Bortz, 2016, S. 23 ff.; Mayring, 2015, S. 19). Auch Flick et al. (2012) betonen diese theorieentdeckende Forschungslogik und empfehlen, dass qualitative Forschung immer dann einzusetzen sei, wenn es „um die Erschließung eines bislang wenig erforschten Wirklichkeitsbereichs […] geht" (S. 25). Folglich muss das für die Entwicklung und den Einsatz von standardisierten Erhebungsinstrumenten erforderliche Vorwissen nicht in diesem Maße vorhanden sein, sodass die Forschung „für das Neue im Untersuchten, das Unbekannte im scheinbar Bekannten offen sein kann" (Flick et al., 2012, S. 17).

Bei der vorliegenden Studie zum Forschungsgegenstand der Professionellen Unterrichtswahrnehmung ist festzustellen, dass dieses Themenfeld bereits seit einigen Jahren umfassend untersucht wird – auch mit den Methoden quantitativer Forschung (Abschnitt 2.2). Folglich könnte argumentiert werden, dass bereits ausreichende empirische Erkenntnisse vorhanden sein müssten, um Grundannahmen zu treffen und überprüfbare Hypothesen formulieren zu können. Da hier jedoch explizit die Entwicklung der Professionellen Unterrichtswahrnehmung von Studierenden in Praxisphasen des Studiums untersucht wird und zu diesem Themenfeld bislang nur wenige empirische Ergebnisse vorliegen (Abschnitt 3.2), könnten lediglich Erkenntnisse aus anderen Bereichen übertragen und zur Entwicklung eines quantitativen Untersuchungsdesigns genutzt werden. Hiermit wäre jedoch die mögliche Vielfalt des Untersuchungsgegenstandes eingeschränkt worden und er hätte nicht in seiner vollen Komplexität, sondern nur in Ausschnitten erfasst werden können (Lamnek, 2010, S. 4; Mayring, 2015, S. 19 f.). Um der möglichen Differenziertheit der Professionellen Unterrichtswahrnehmung und deren Entwicklung in Praxisphasen gerecht zu werden, erschien es demnach angemessen, dem Forschungsgegenstand mit Offenheit zu begegnen, sodass auch im

Forschungsprozess noch die Möglichkeit besteht, Aspekte zu berücksichtigen, die vorher nicht antizipiert wurden.

An dieser Stelle sei darauf hingewiesen, dass dieser qualitativ offene Zugang und das induktiv bestimmte Verfahren nicht mit einer „theoretischen Voraussetzungslosigkeit" (Hopf, 1993, S. 15) gleichzusetzen sind. Vielmehr ist das theoretische Vorverständnis zunächst in allgemeiner Form vorhanden und die Entwicklung sowie Präzisierung von untersuchungsleitenden Kategorien erfolgt durch die kontinuierliche Auseinandersetzung mit dem vorhandenen Material (Hopf, 1993, S. 17).

Um die Bedeutung und Konsequenzen dieser Einordnung als qualitative Studie zu präzisieren, werden in den folgenden Kapiteln die Charakteristika qualitativer Studien, Spezifika der für die Datenauswertung verwendeten Methoden sowie die Gütekriterien qualitativer Forschung beschrieben.

6.2 Charakteristika qualitativer Studien

Obwohl unter dem Oberbegriff der qualitativen Forschung diverse Forschungsansätze vereint werden, die sich sowohl in ihren theoretischen Annahmen als auch in ihrem methodischen Fokus und dem Gegenstandsverständnis unterscheiden (Baur & Blasius, 2014, S. 52; Döring & Bortz, 2016, S. 63; Flick, 2019, S. 29; Lamnek, 2010, S. 25; Reichertz, 2014, S. 69), werden übergreifende Prinzipien und Merkmale sowie Anwendungsbereiche formuliert.[1] Da eine umfassende Thematisierung an dieser Stelle nicht zielführend ist, sollen neben den im vorherigen Kapitel erläuterten Charakteristika zur Einordnung der vorliegenden Studie im Folgenden nur einzelne weitere Aspekte dargestellt werden, mit denen die Einordnung dieser Studie ebenfalls begründet wird.

Lamnek (2010, S. 19 ff.) expliziert in seinen zentralen Prinzipien der qualitativen Forschung[2] zunächst das Prinzip der Offenheit. Dieses bezieht sich auf die

---

[1] Diese Aufstellungen zu allgemeinen Strukturen der qualitativen Forschung sind sehr umfassend und vielfältig. So formulieren Flick (2012) sowohl vier theoretische „Grundannahmen" (S. 22) als auch zwölf „Kennzeichen" (S. 24) qualitativer Forschung. Lamnek (2010) formuliert hingegen sechs „zentrale Prinzipien" (S. 19ff) und fünf „Merkmale" (S. 30 f.), Schreier (2012, S. 20 ff.) benennt acht Schlüsselmerkmale, Mayring (2015, S. 22 ff.) sieben „Aufgabenfelder bzw. Schwerpunkte" und Mayring (2002) ebenso fünf „Postulate" (S. 19 ff.) sowie 13 „Säulen" des qualitativen Denkens (S. 24 ff.). Zusätzlich werden von Flick (2012, S. 253 ff.) fünf „Basisdesigns" der qualitativen Forschung zusammengetragen.

[2] Lamnek formuliert folgende zentralen Prinzipien qualitativer Forschung: Offenheit, Forschung als Kommunikation, Prozesscharakter von Forschung und Gegenstand, Reflexivität von Gegenstand und Analyse, Explikation und Flexibilität.

eingangs formulierte Besonderheit der qualitativen Forschung, Informationen zum Thema des Forschungsbereichs nicht vorab durch stark standardisierte Annahmen zu sehr zu filtern, sondern auch während des Forschungsprozesses für unerwartete Phänomene offen zu bleiben. Diese Überlegung geht auf Hoffmann-Riem (1980, S. 343 ff.) zurück, die das Prinzip der Offenheit damit beschreibt, dass „die theoretische Strukturierung des Forschungsgegenstandes zurückgestellt wird, bis sich die Strukturierung des Forschungsgegenstandes durch die Forschungssubjekte herausgebildet hat" (S. 343). Das Prinzip war hier insbesondere bei der Wahl der Erhebungsmethode und bei der Auswertung leitend (Abschnitt 7.1 und 7.2). Ein zweites Prinzip nach Lamnek (2010, S. 23), das an dieser Stelle erwähnt werden soll, ist die „Explikation", die er als Forderung an das Vorgehen formuliert und so die genaue Darstellung des regelgeleiteten Vorgehens bezogen auf Datenerhebung und -auswertung verlangt. Lamnek gibt zwar zu bedenken, dass „das Regelwissen des interpretativen Paradigmas" (S. 23) meist implizit ist und die Explikation daher nicht vollständig vollzogen werden kann. Die Notwendigkeit der Explikation kann jedoch sehr sinnvoll mit den Gütekriterien der qualitativen Forschung in Verbindung gebracht werden (Abschnitt 6.4). Nachstehend erfolgt daher eine möglichst vollständige Explikation des regelgeleiteten Vorgehens dieser Studie.

Des Weiteren lassen sich laut Flick (2012, S. 253 ff.) trotz der Heterogenität der qualitativen Forschungsansätze folgende fünf Basisdesigns für die qualitative Forschung ableiten:

– Fallstudien, bei denen es um die genaue Beschreibung und Analyse des Einzelfalls geht,
– Vergleichsstudien, bei denen ein Fall nicht in seiner Komplexität erfasst wird, sondern eine Vielzahl von Fällen in Bezug auf einen oder mehrere Aspekte verglichen werden,
– Retrospektive Studien, bei denen rückblickend Ereignisse und Prozesse bezogen auf ihre Bedeutung analysiert werden,
– Momentaufnahmen, die sich auf den expliziten Moment der Forschung beziehen
– und Längsschnittstudien, die einen Zustand oder Prozess zu unterschiedlichen Erhebungszeitpunkten analysieren.

Diese Basisdesigns formieren Dimensionen, in denen sich alle Designs qualitativer Studien abbilden lassen. So wird die eine Dimension durch die Gegensätze zwischen der Fallstudie und der Vergleichsstudie gebildet, während eine zeitliche

Dimension von retrospektiven Studien über Momentaufnahmen zu den Längsschnittstudien verläuft (Flick, 2012, S. 254). Die hier vorgestellte Studie lässt
sich auf diesen beiden Achsen zum einen als Vergleichsstudie und zum anderen als Längsschnittstudie einordnen, da hier zwei Gruppen zu unterschiedlichen
Zeitpunkten miteinander verglichen werden.

Insbesondere die von Flick (2012, S. 254) angeführten Problempunkte bei
Vergleichsstudien stellten zu beachtende Aspekte für die Planung der Datenerhebung und -analyse dieser Studie dar. So galt es zunächst, die geeigneten
Dimensionen für einen Vergleich auszuwählen und die Bedingungen bei der
Datenerhebung konstant zu halten, damit ein Vergleich nach den Gütekriterien qualitativer Forschung möglich ist. Für die Datenerhebung empfiehlt Flick
(2019, S. 180) Interviews, für die Auswertung kodierende Verfahren. Diese Emp-
fehlungen werden in den Kapiteln zur Datenerhebung und Datenauswertung
berücksichtigt.

Um die Einordnung der Studie in das qualitative Forschungsparadigma weiter
zu präzisieren, werden im nächsten Kapitel die Spezifika, der in dieser Studie
genutzten qualitativen Inhaltsanalyse und Typenbildung erläutert.

6.3 Spezifika der qualitativen Inhaltsanalyse und Typenbildung

Die in dieser Studie verwendeten Methoden der qualitativen Inhaltsanalyse und
Typenbildung lassen sich dem qualitativen Forschungsparadigma zuordnen. Bevor
in den Abschnitten 7.2.1 und 7.2.4 die Anwendung dieser Verfahren konkreti-
siert wird, soll an dieser Stelle zunächst eine allgemeine Einordnung der beiden
Methoden erfolgen.

Die Ursprünge der Inhaltsanalyse als sozialwissenschaftliche Forschungsmethode lassen sich laut Kuckartz (2018, S. 13) und Schreier (2012, S. 9) bereits zu
Beginn des 20. Jahrhunderts finden[3] und verorten sich insbesondere im quantitativen Forschungsparadigma. So definierte Berelson (1952) in seinem Buch
„Content Analysis in Communication Research" die Inhaltsanalyse als „research
technique for the objective, systematic, and quantitative description of the mani-
fest content of communications" (S. 18) und manifestierte damit eine quantitative
Verortung der Inhaltsanalyse. Im selben Jahr kritisierte Kracauer (1952, S. 631 ff.)

---

[3]Die Entwicklung der Inhaltsanalyse zu Beginn des 20. Jahrhunderts ist ausführlich in
Berelson (1952, S. 21 ff.) dargestellt. Eine Übersicht bietet auch der Artikel „Qualitative
Inhaltsanalyse: von Kracauers Anfängen zu heutigen Herausforderungen" von Kuckartz
(2019a).

diese rein quantitative Ausrichtung mit dem Argument, dass diese Beschränkung die Genauigkeit einer Datenauswertung durch zum Beispiel übermäßige Vereinfachung verringere. Stattdessen befürwortete er die Verfolgung des Ansatzes im Rahmen qualitativer Verfahren und etablierte den Begriff der „Qualitative Content Analysis". Ein erstes Methodenlehrbuch zur qualitativen Inhaltsanalyse erschien mit Mayrings Buch „Qualitative Inhaltsanalyse" jedoch erst 1982.

In einer Systematisierung qualitativer Methoden unterscheiden Gläser und Laudel (2010, S. 44 ff.) die qualitative Inhaltsanalyse von freien Interpretationen, sequenzanalytischen Methoden und dem Codieren. Sie beschreiben die qualitative Inhaltsanalyse als systematisches Verfahren, das anhand von Kategorien eines Analyserasters, des Kategoriensystems, Texten regelgeleitet Informationen entnimmt. Dabei unterscheidet sich dieses Verfahren von anderen qualitativen Zugängen vor allem dadurch, dass die Auswertung nicht dem Ursprungstext verhaftet bleibt und das Kategoriensystem bereits im Voraus entwickelt werden kann, wobei dies keine rein deduktive Kategorienbildung erzwingt.

Wie durch die Systematisierung von Gläser und Laudel deutlich wird, handelt es sich bei der qualitativen Inhaltsanalyse jedoch keineswegs um eine klar definierte Methode. Schreier (2014b, Absatz 4) hält fest, dass es ‚die' qualitative Inhaltsanalyse nicht gebe, vielmehr sei die Methode „durch eine Vielzahl von forschungskontextuell spezifischen Verfahren" (Stamann, Janssen & Schreier, 2016, Absatz 9) gekennzeichnet. Ramsenthaler (2013) spricht daher von „eine[r] Familie von Verfahren" (S. 23) und Kuckartz (2019a, Absatz 7) empfiehlt, generell im Plural von qualitativen Inhaltsanalysen zu sprechen. Es zeigt sich jedoch, dass sich allgemeine Merkmale finden lassen, die für alle unter dem Begriff subsumierten Verfahren gelten: Zunächst weisen diese viele Gemeinsamkeiten mit anderen qualitativen Forschungsmethoden auf. So beschäftigen sich alle Verfahren mit der Bedeutung und Interpretation überwiegend von Textmaterial[4], behalten dabei die Bedeutung des Kontextes im Blick und sind meist iterativ angelegt (Schreier, 2014a, S. 173). Zusätzlich betonen Kuckartz (2018, S. 16 ff.) und Mayring (2015, S. 29 ff.) die Fundierung der Verfahren in der Hermeneutik. Durch das kategorienbasierte Vorgehen ist aber besonders das systematische und regelgeleitete Vorgehen im Rahmen dieser Verfahren hervorzuheben (Kuckartz, 2018, S. 26; Mayring, 2015, S. 13). Diese Systematik und Regelgeleitetheit ist auch für die inhaltlich strukturierende qualitative Inhaltsanalyse nach Kuckartz (2018,

---

[4]Zunehmend wird auch mit Audio- und Videodateien gearbeitet. So ist bei Rädiker und Kuckartz (2019) bereits eine Anleitung zu finden, wie mit diesen neueren Dokumenten verfahren werden kann.

S. 97 ff.) bezeichnend, die in dieser Studie genutzt wurde und in Abschnitt 7.2.1 dargestellt ist.

Mit Blick auf den Ursprung der qualitativen Inhaltsanalyse in einer Inhaltsanalyse, die anfangs rein quantitativ ausgerichtet war, hält Schreier (2012, S. 15) fest, dass es daher auch keine scharfe Trennung zwischen der quantitativen und qualitativen Inhaltsanalyse gibt und auch Hopf (1993) weist auf das Missverständnis im Diskurs über qualitative Forschungsmethoden hin, die eine klare Distanzierung zu jeglichen Quantifizierungen nahelegt. Sie erklärt, dass die vorhandenen Daten ebenfalls quantifiziert werden können, wenn diese Quantifizierung im Nachhinein durchgeführt wird und zwar „auf Basis einer umfangreichen Auseinandersetzung mit dem qualitativ erhobenen Material und nicht auf der Grundlage von Daten, die im Rahmen standardisierter Vorgehensweisen erhoben wurden" (S. 13 f.). Nach Hopf (1993) impliziert qualitative Sozialforschung und damit auch die qualitative Inhaltsanalyse „also nicht den Verzicht auf Quantifizierung überhaupt und auch nicht den Verzicht auf die Anwendung geeigneter statistischer Auswertungsverfahren" (S. 14). Eine ergänzende Datenanalyse auf Basis von Quantifizierungen wird in Abschnitt 7.2.3 beschrieben.

Ähnlich wie die Inhaltsanalyse hat auch die Typenbildung eine über hundertjährige Tradition in den Sozialwissenschaften und in der empirischen Sozialforschung (Kelle & Kluge, 2010, S. 83 f.; Kuckartz, 2016, S. 32), kann jedoch anders als die Inhaltsanalyse von Anfang an dem qualitativen Forschungsparadigma zugeordnet werden. Das Bilden von Typen steht in vielen qualitativen Studien, so auch in der Mathematikdidaktik, im Zentrum der Analysen (so bereits bei Kaiser (1999) und Strunz (1968)), da dieses Verfahren ermöglicht, komplexe Realitäten und Zusammenhänge zu erfassen, wodurch diese begreifbar werden (Kelle & Kluge, 2010, S. 10 f.). Kuckartz (2018) beschreibt die Typenbildung daher als „sozialwissenschaftliche[r] Analyse, die [...] auf das Verstehen des Typischen [...] abzielt" (S. 145) und verortet diese damit in der Tradition Max Webers. Dieser hatte durch die Entwicklung seines „Idealtyps" (z. B. Weber, 1922 (1985)) einen großen Einfluss auf die Debatte der Typenbildung. Die Bildung von Idealtypen wird dabei „durch einseitige Steigerung eines oder einiger Gesichtspunkte und durch Zusammenschluß einer Fülle [...] von Einzelerscheinungen, die sich jenen einseitig herausgehobenen Gesichtspunkten fügen, zu einem in sich einheitlichen Gedankenbilde" (Weber, 1922 (1985), S. 191) erreicht. Die Möglichkeit der Bildung von Idealtypen soll hier nicht per se eine Hypothese darstellen, vielmehr wird die Idee der Typenbildung genutzt, um die Hypothesenbildung im Rahmen einer qualitativen Studie in eine erkenntnisleitende Richtung zu weisen (S. 190).

Die typenbildende qualitative Inhaltsanalyse nach Kuckartz (2018, S. 143) orientiert sich zwar an den Überlegungen zur (Ideal-)Typenbildung von Weber, zielt jedoch auf eine stärker regelgeleitete und damit stärker methodisch kontrollierte Typenbildung ab, die neben der Bildung von Idealtypen auch die Bildung von Realtypen (Kuckartz, 2010, S. 556) ermöglicht. Die Anwendung dieses Verfahrens wird im Abschnitt 7.2.4 ausführlich dargelegt.

Um dem Grundsatz der qualitativen Inhaltsanalyse zu entsprechen, Gütekriterien anzuerkennen und diese im Auswertungsprozess zu beachten (Kuckartz, 2018, S. 26; Mayring, 2015, S. 29), erfolgt im nächsten Kapitel eine Vorstellung von Gütekriterien der qualitativen Forschung.

6.4   Gütekriterien der qualitativen Forschung

Im Zuge der Problematik der Relevanz von empirischen Forschungsarbeiten – insbesondere mit Blick auf die Erhebung und Auswertung von Daten – stellen sich nach Lincoln und Guba (1985) folgende Kernfragen:

> *"How can an inquirer persuade his or her audiences (including self) that the findings of an inquiry are worth paying attention to, worth taking account of? What arguments can be mounted, what criteria invoked, what questions asked, what would be persuasive on this issue?" (S. 290)*

Um diese Fragen zu beantworten, existieren für die quantitative Forschung, im Gegensatz zur qualitativen Forschung, Gütekriterien, die seit Langem Anerkennung finden und sich in Objektivität, Reliabilität und Validität differenzieren (Bortz & Schuster, 2010, S. 8 ff.; Krebs & Menold, 2014, S. 425 ff.). Im Diskurs über Gütekriterien der qualitative Forschung haben sich hingegen drei unterschiedliche Positionen entwickelt (Kuckartz, 2018, S. 202; Steinke, 2012, S. 319ff):

(1) Universalität von Gütekriterien: Für die quantitative und die qualitative Forschung sollen gleiche Kriterien gelten („Einheitskriterien") bzw. die entwickelten Kriterien der quantitativen Forschung sind auf die qualitative Forschung anwendbar.

(2) Spezifität von Gütekriterien: Die qualitative Forschung benötigt einen eigenen Kriterienkatalog, die Übertragbarkeit quantitativer Kriterien auf qualitative Studien ist zu bezweifeln.

(3) Ablehnung von Gütekriterien: Die qualitative Forschung benötigt keine Gütekriterien.

Unter Bezug auf Terhart (1995) ist festzustellen, dass die Ablehnung von Gütekriterien für die qualitative Forschung, wie sie in Position (3) formuliert wird, nicht angemessen sein kann:

> *„Wissenschaft trat und tritt mit dem Anspruch auf, daß ihren Aussagen ein höherer Wahrheitsgehalt zukommt als nicht-wissenschaftlichen Aussagen. Dieser Anspruch soll jedoch nicht nur geglaubt, er muß auch bewiesen werden. Das geschieht, indem der wissenschaftliche Erkenntnisprozeß sich als ein systematischer, nachvollziehbarer [...] Prozeß nach innen wie nach außen plausibel macht." (S. 373f.)*

Gütekriterien und deren konsequente Beachtung während des gesamten Forschungsprozesses sind somit nicht nur für die quantitative, sondern auch für die qualitative Forschung entscheidend, wenn die generierten Ergebnisse einem Erkenntnisfortschritt dienen sollen. Auch Mayring (2015) hält fest, dass „wenn die Inhaltsanalyse den Status einer sozialwissenschaftlichen Forschungsmethode für sich beanspruchen will" (S. 123) auch sie sich entsprechenden Gütekriterien stellen muss.

Gleichzeitig wird jedoch kritisch hinterfragt, ob eine Übertragung der Kriterien quantitativer Forschung auf die qualitative Forschung möglich und sinnvoll ist (Flick, 2014b; Kuckartz, 2018; Mayring, 2002). Auch Glaser und Strauss (1993) geben dies zu bedenken und fordern vielmehr, dass die Beurteilungskriterien „[...] auf einer Einschätzung der allgemeinen Merkmale qualitativer Forschung beruhen [...]" (S. 92) sollen. Im gegebenen Kontext soll daher der Forderung nach spezifischen, eigens für die qualitative Forschung entwickelten Gütekriterien (vgl. Position (2)) gefolgt werden. Dies erscheint auch sinnvoll, um der Forderung von Seale (1999, S. 467) nach Öffnung für Kreativität, konzeptioneller Flexibilität und geistiger Freiheit nachzukommen und so zugleich dem prozeduralen Charakter der qualitativen Forschung Rechnung zu tragen (Kuckartz, 2018, S. 203).

Bislang wurden für die qualitative Forschung verschiedene Gütekriterien bzw. Kernkriterien formuliert (Döring & Bortz, 2016, S. 109 ff.; Kuckartz, 2018, S. 203 ff.; Lincoln & Guba, 1985, S. 290 ff.; Mayring, 2002, S. 144; Steinke, 2012, S. 323), die sich auf die interne bzw. die externe Studiengüte beziehen. Nach Kuckartz (2018, S. 203) sind für die Auswertung qualitativer Daten eher Kriterien der internen Studiengüte zu formulieren, da die externe Güte überwiegend von der Gesamtkonzeption der Studie abhängt, indem sie bestimmt, inwieweit die Ergebnisse generalisierbar und übertragbar sind. Die interne Studiengüte stellt dazu somit eine notwendige Grundlage dar. Flick (2014a, S. 422) formuliert in diesem Zusammenhang den Anspruch an die qualitative Forschung

in vier Punkten. Er fordert die transparente Darstellung der Ziel- und Qualitätsan-
sprüche und insbesondere die Begründung der Methodenwahl sowie der konkreten
Vorgehensweise. Zusätzlich existieren für diese internen Gütekriterien, die hauptsächlich die prozeduralen Aspekte des Forschungsprozesses betreffen, detaillierte
und umfassende Kriterienlisten, die unter anderem für die Datenerfassung, die
Transkription und die Durchführung der Datenauswertung gelten (siehe Kuckartz,
2018, S. 204 f.; Steinke, 2012, S. 324 f.). Dieses formulierte System aus Kriterien und Kontrollfragen war in der vorliegenden Studie durchgängig leitendes und
kontrollierendes Mittel, um die Qualität dieser Arbeit als empirischen Forschungs-
beitrag sicherzustellen: So wurde sich beispielsweise neben der Anwendung von
Transkriptionsregeln (siehe Anhang), der Nutzung von Computerprogrammen zur
Auswertungsunterstützung und der umfassenden Begründung und Dokumentation
des eigenen Vorgehens in Bezug auf die ausgewählten Methoden, an die Nutzung
kodifizierter Verfahren, wie der qualitativen Inhaltsanalyse, gehalten. Wie auch
Ramsenthaler (2013, S. 38) betont, erheben Letztere aufgrund ihrer Systematik
und Regelgeleitetheit zu Recht den Anspruch der Nachvollziehbarkeit und orientieren sich an der Gütekriterien der Validität und Reliabilität (Schreier, 2014b,
Absatz 4). Die ausführliche Dokumentation der Datenerhebung und Datenauswertung mit der durch Kuckartz (2018) systematisierten, inhaltlich strukturierenden
sowie der typenbildenden qualitativen Inhaltsanalyse wird in Kapitel 7 dargestellt.

Im Vergleich zur quantitativen Forschung bleibt nach Steinke (2012, S. 324)
ein Problem der qualitativen Forschung, dass sie nicht dem Anspruch auf intersubjektive Überprüfbarkeit gerecht werden kann. Auch Baur und Blasius (2014)
geben den Einfluss der forschenden Person zu bedenken. Diese ist immer auch
selbst Teil der Gesellschaft, die sie untersucht, und kann daher dazu neigen, „aus
einer spezifischen Perspektive zu argumentieren, bestimmte Aspekte zu übersehen
und ihre eigenen Vorurteile in den Forschungsprozess zu tragen" (S. 46). Es bleibt
also zu bedenken, dass die Ergebnisse einer qualitativen Studie „das Produkt von
Entscheidungen und Konstruktionen [sind], die innerhalb des Forschungsprozesses vollzogen werden" (Terhart, 1995, S. 375). Die codierende Person wird zur
zentralen Größe des Analyseprozesses, da von ihr sowohl das Potenzial als auch
das Risiko ausgeht, die Ergebnisse der Analyse zu beeinflussen (Degen, 2015,
S. 78). Die Herstellung intersubjektiver Nachvollziehbarkeit des Forschungsprozesses und die Darlegung gerechtfertigter Beweisgründe ist daher von großer
Bedeutung (Rescher, 1987, S. 23; Steinke, 2012, S. 324). Da sowohl die inhaltlich
strukturierende als auch die typenbildende qualitative Inhaltsanalyse auf der Interpretation und damit der subjektiven Entscheidung der Forscherin beruhen, soll
das Kriterium der intersubjektiven Nachvollziehbarkeit an dieser Stelle deutlich
dargestellt werden.

Der Begriff der intersubjektiven Nachvollziehbarkeit wird insbesondere in Verbindung mit dem Prozess des Codierens häufig mit der „Intercoder-Reliabilität" assoziiert. Hierbei wird ein Koeffizient berechnet, der den Grad der Übereinstimmung von zwei Codierern wiedergibt (siehe z. B. Kuckartz, 2018, S. 208 ff.). Kuckartz (2018) gibt in diesem Kontext jedoch das Fehlen von festen Codiereinheiten zu bedenken und auch Ritsert (1972) warnt, „ […] je differenzierter und umfangreicher das Kategoriensystem, desto schwieriger ist es, eine hohe Zuverlässigkeit der Resultate zu erzielen, obwohl gleichzeitig die inhaltliche Aussagekraft einer Untersuchung steigen kann" (S. 70). Ritsert empfiehlt stattdessen mit Rücksicht auf die Fragestellung eine möglichst hohe Aussagekraft und gleichzeitig Verlässlichkeit anzustreben und dazu „ein Verlässlichkeitsniveau [zu] definieren, das einem unter den gegebenen Bedingungen als ausreichend erscheint" (S. 70).

Baur und Blasius (2014, S. 47) sehen die Objektivität durch die Offenlegung und Reflexion des methodischen Vorgehens gewährleistet und Steinke (1999, S. 208 ff.) schlägt zur Sicherung der intersubjektiven Nachvollziehbarkeit alternativ drei Wege vor, die im besten Fall alle zu berücksichtigen sind:

(1) Dokumentation des Forschungsprozesses
(2) Interpretationen in Gruppen
(3) Anwendung bzw. Entwicklung kodifizierter Verfahren

Da auf Punkt (1) und (3) bereits kurz eingegangen wurde und diese in ausführlicher Weise in den nächsten Kapiteln berücksichtigt werden, wird an dieser Stelle lediglich Punkt (2) näher beleuchtet. Die Interpretation in Gruppen meint hier „eine diskursive Form der Herstellung von Intersubjektivität und Nachvollziehbarkeit durch expliziten Umgang mit Daten und deren Interpretationen" (Steinke, 1999, S. 214). Bekannte Gruppenverfahren, um die Güte der Codierungen und Interpretationen zu überprüfen, sind zum Beispiel das „Subjective Assessment" (Guest, MacQueen & Namey, 2012, S. 89), das von Kuckartz (2018, S. 211) als „konsensuelles Codieren" bezeichnete Vorgehen von Hopf und Schmidt (1993, S. 61 ff.) und das von Lincoln und Guba (1985, S. 301) in ihren fünf Haupttechniken zur Herstellung von Glaubhaftigkeit vorgeschlagene „Peer Debriefing". Alle drei Verfahren stützen sich auf das unabhängige Codieren eines Textes durch zwei Personen und die anschließende Diskussion bei mangelnder Übereinstimmung und Schwierigkeiten. Insbesondere das „Peer Debriefing", der Austausch und das unabhängige Codieren mit Personen außerhalb des direkten Forschungsprozesses, soll die Glaubwürdigkeit von qualitativ generierten Forschungsergebnissen unterstützen (Denzin, 1994, S. 513; Greene, 1994, S. 537; Lincoln & Guba, 1985, S. 308; Spall, 1998, S. 280). Auch in Bezug auf inhaltliche, methodische oder andere relevante Fragen zum Forschungsprozess kann der Auseinandersetzungs-prozess hilfreich und zielführend sein (Lincoln & Guba, 1985, S. 308; Przyborski & Wohlrab-Sahr, 2014, S. 131).

Abschließend bleibt festzuhalten, dass das entscheidende Gütekriterium in der qualitativen Forschung die Transparenz und die Reflexion des methodischen Vorgehens ist (Breuer, 1996, S. 36; Kuckartz, 2018, S. 205), die nur unter expliziter Berücksichtigung der jeweiligen Fragestellung und des Gegenstandsbereichs verfolgt werden kann (Steinke, 1999, S. 205). Im Rahmen dieser Forschungsarbeit wurden sowohl die methodischen Überlegungen zur Datenerhebung und Datenauswertung als auch der Auswertungsprozess selbst durch zwei Gruppen von Expertinnen und Experten kontinuierlich begleitet und unterstützt. In den folgenden Kapiteln werden die Datenerhebung (Abschnitt 7.1) und die Datenauswertung (Abschnitt 7.2) ausführlich dokumentiert sowie die im Zuge der Ausarbeitung entwickelten Überlegungen offengelegt. Der oben dargelegten Forderung nach Herstellung von Intersubjektivität insbesondere im Codierungsprozess wird durch die Beschreibung des Gruppenverfahrens im Rahmen der inhaltlich strukturierenden (Abschnitt 7.2.1) und der typenbildenden qualitativen Inhaltsanalyse (Abschnitt 7.2.4) Rechnung getragen.

Methodischer Ansatz der Studie 7

Wie in Abschnitt 6.1 beschrieben, handelt es sich bei der vorliegenden Arbeit um eine Untersuchung, die sich in der qualitativen Forschung verorten lässt. Darauf bezugnehmend werden im Folgenden sowohl die Erhebungs- als auch die Auswertungsmethoden, die zur Beantwortung der in Kapitel 4 formulierten Forschungsfragen genutzt wurden, ausführlich dargestellt.

Dazu wird in Abschnitt 7.1 zunächst die Stichprobe beschrieben, auf der diese Studie basiert. Anschließend wird sowohl die Datenerhebung zur Erfassung der Professionellen Unterrichtswahrnehmung der Studierenden mittels Videovignette im Prä-Post-Design, als auch die Methode des leitfadengestützten Interviews zur Beantwortung der zweiten Forschungsfrage nach möglichen Einflussfaktoren auf die Entwicklung der Professionellen Unterrichtswahrnehmung vorgestellt. In Abschnitt 7.2 werden die Auswertungsmethoden erläutert, differenziert in die Anwendung der qualitativen Inhaltsanalyse, im Speziellen der inhaltlich strukturierenden und der typenbildenden qualitativen Inhaltsanalyse, sowie eine ergänzende Datenanalyse.

Elektronisches Zusatzmaterial Die elektronische Version dieses Kapitels enthält Zusatzmaterial, das berechtigten Benutzern zur Verfügung steht.
https://doi.org/10.1007/978-3-658-33931-9_7

© Der/die Autor(en), exklusiv lizenziert durch Springer Fachmedien
Wiesbaden GmbH, ein Teil von Springer Nature 2021
A. B. Orschulik, *Entwicklung der Professionellen Unterrichtswahrnehmung*,
Perspektiven der Mathematikdidaktik,
https://doi.org/10.1007/978-3-658-33931-9_7

7.1   Die Datenerhebung

Das primäre Ziel dieser Forschungsarbeit war es festzustellen, inwieweit sich die Professionelle Unterrichtswahrnehmung der Studierenden im Zuge der Praxisphase verändert und diese Veränderungen gegebenenfalls zu beschreiben. Um eine mögliche Entwicklung festzustellen, schien ein Prä-Post-Design zielführend (Abbildung 7.1). Da sich die Gruppe der Probandinnen und Probanden aus zwei Seminaren, die zu unterschiedlichen Zeitpunkten stattfanden, zusammensetzte, wurde die Erhebung zunächst im Wintersemester 2016/2017 und ein weiteres Mal im Sommersemester 2017 durchgeführt. Der Verlauf der Erhebungen war zu beiden Zeitpunkten identisch. Die Teilnahme war freiwillig, eine Verfälschung der Ergebnisse durch fehlende Motivation konnte daher reduziert werden. Die Präerhebung fand zu beiden Zeitpunkten zu Beginn des Semesters, also zu Beginn der Praxisphase, statt, sodass die Studierenden noch keiner Intervention, weder durch schulpraktische Erfahrungen noch durch inhaltliche Auseinandersetzungen in der universitären Lehrveranstaltung ausgesetzt waren.

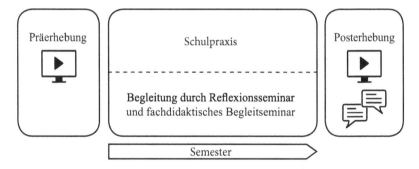

Abbildung 7.1 Darstellung der Erhebung im Prä-Post-Design

Die Präerhebung umfasste dabei ausschließlich eine videobasierte Erhebung (Abschnitt 7.1.2). Im Anschluss an diese Erhebung besuchten die Studierenden im Rahmen des Kernpraktikums das fachdidaktische Begleitseminar, hospitierten und unterrichteten in der Schule und nahmen an Sitzungen des Reflexionsseminar teil (Kapitel 5). Während dieser Phase besuchten die Studierenden in der Regel keine weiteren fachdidaktischen Veranstaltungen außerhalb des Kernpraktikums. Die Posterhebung wurde am Ende der Praxisphase durchgeführt, also nach einem Zeitraum von sechs Monaten. Hierbei nahmen die Studierenden an der gleichen videobasierten Erhebung teil, die bereits vor der Praxisphase durchgeführt wurde. Da neben der Untersuchung einer potenziellen Veränderung der Professionellen Unterrichtswahrnehmung zugleich mögliche Einflussfaktoren für diesen Entwicklungsprozess identifiziert werden sollten, schloss sich im Rahmen der Posterhebung an die videobasierte Erhebung ein leitfadengestütztes Interview an (Abschnitt 7.1.4).

Aufgrund der geringen Studierendenanzahl im Lehramt Mathematik an dieser Universität und in Anbetracht der Anforderungen an eine Kontrollgruppe (keine Teilnahme an fachdidaktischen Veranstaltungen im Untersuchungszeitraum und keine Praxiserfahrungen) konnte keine Kontrollgruppe gebildet werden. Ein entsprechender Abgleich der gewonnenen Daten war somit nicht möglich. Das vorrangige Ziel der vorliegenden Arbeit, mögliche Veränderungen der Professionellen Unterrichtswahrnehmung der Studierenden zu identifizieren und zu beschreiben, um hieraus Rückschlüsse auf die Entwicklung innerhalb der Praxisphase ziehen zu können, konnte auch ohne den Abgleich mit einer Kontrollgruppe verfolgt werden.

Um die zur Beantwortung der Forschungsfragen notwendigen Daten zu generieren, wurden zwei unterschiedliche Erhebungsmethoden eingesetzt. So wurde zum einen eine videobasierte Erhebung angelehnt an die Methode des ‚Lauten Denkens' (Wagner, Uttendorfer-Marek & Weidle, 1977) sowohl vor als auch nach der Praxisphase genutzt, um die Professionelle Unterrichtswahrnehmung der Studierenden zu erheben. Zum anderen wurde im Anschluss an die Videoerhebung des zweiten Erhebungszeitpunkts ein leitfadengestütztes Interview mit den Studierenden geführt, um mögliche Einflussfaktoren entstandener Veränderungen der Professionellen Unterrichtswahrnehmung zu ermitteln.

Im Folgenden wird zunächst die Stichprobe beschrieben. Sodann werden die beiden Erhebungsmethoden getrennt dargestellt, zunächst die Videoerhebung (Abschnitt 7.1.2 und 7.1.3) und anschließend das leitfadengestützte Interview (Abschnitt 7.1.4).

7.1.1 Beschreibung der Stichprobe

Die Stichprobe, auf der diese Studie basiert, umfasst 20 Studierende aus dem zweiten bzw. dritten Mastersemester, die sowohl vor als auch nach der Praxisphase an der Erhebung teilnahmen. Lediglich die Ergebnisse von zwei Studierenden konnten nicht in die Datenauswertung einbezogen werden, da für die Posterhebung keine Daten vorliegen. Da es pro Semester in der Regel nur wenige Studierende gibt, die an der Praxisphase im Fach Mathematik teilnehmen, und die Teilnahme an der Erhebung freiwillig erfolgte, handelt es sich in dieser Studie um eine Gelegenheitsstichprobe. Es war demnach nicht möglich, eine Auswahl der Probandinnen und Probanden anhand bestimmter weiterer Kriterien zu treffen wie Fächerkombination, studiertes Lehramt oder Geschlecht. Dennoch setzt sich die Stichprobe relativ gleichverteilt aus Studierenden der verschiedenen Lehrämter zusammen (acht Studierende des Lehramts an Gymnasien, sieben Studierende des Lehramts für Sonderpädagogik und fünf Studierende des Lehramts der Primar- und Sekundarstufe I) und spiegelt mit zwölf Studentinnen und acht Studenten auch den höheren Anteil weiblicher Studierender wieder. Da in der Auswertung keine Zusammenhänge zu diesen Hintergrundinformationen der Studierenden festgestellt werden konnten, erscheint eine ausführlichere Beschreibung der Stichprobe obsolet.

7.1.2 Darstellung der videobasierten Erhebung

Um eine mögliche Entwicklung der Professionellen Unterrichtswahrnehmung feststellen zu können, wurde diese sowohl vor als auch nach der Praxisphase erhoben. Eine Einbettung der Erhebung in den Kontext des Unterrichts erschien sinnvoll und unabdingbar. Doyle (1977, S. 52) postuliert, dass Unterricht durch die Merkmale Multidimensionalität, Gleichzeitigkeit und Unvorhersehbarkeit gekennzeichnet ist und Oser, Heinzer und Salzmann (2010) stellen die „Situativität, Authentizität, Komplexität und die Kontextgebundenheit des unterrichtlichen Handelns" (S. 6) heraus. Die Abbildung der genannten Merkmale könnte demnach am besten durch eine „Live-Erhebung", also eine Erhebung der Professionellen Unterrichtswahrnehmung während des selbst durchgeführten Unterrichts erfolgen. Theoretisch möglich wäre zum Beispiel ein direktes Formulieren des Wahrgenommenen oder, wie durch Stürmer et al. (2017) genutzt, der Einsatz von Eye Tracking Technologie, mit der die Blickrichtung und die Dauer der Fokussierung aufgezeichnet werden kann. Um der Komplexität der Professionellen Unterrichtswahrnehmung gerecht zu werden und da die Studierenden während der Praxisphase vor unterschiedlichen Schülergruppen, zu unterschiedlichen Themen sowie in unterschiedlichen Schulformen und Jahrgangsstufen unterrichten, erschien diese Form der Live-Erhebung aus Gründen der Vergleichbarkeit nicht zielführend. Um die Vergleichbarkeit zwischen den einzelnen Studierenden und ebenso zwischen der Prä- und der Posterhebung zu gewährleisten, sollte die Erhebung auf Basis einer für alle Teilnehmenden identischen Unterrichtssituation erfolgen. Hierbei wäre auch der Einsatz einer Textvignette möglich gewesen. Lindmeier, Heinze und Reiss (2013, S. 109) geben jedoch zu bedenken, dass diese zuerst gelesen und rezipiert werden müssen, um die dargestellte Situation rekonstruieren zu können, weshalb die Anforderungen einer solchen Textvignette näher mit reflexiven Kompetenzen in Verbindung stehen. Zusätzlich scheint in diesem Format insbesondere eine Abbildung der Merkmale Situativität, Komplexität, Gleichzeitigkeit und Unvorhersehbarkeit schwierig. Um die Merkmale von Unterricht in der Erhebung adäquat abbilden zu können, plädieren Blömeke und Gustafsson et al. (2015, S. 9) für eine videobasierte Erhebung. Videoaufzeichnungen können die Unterrichtspraxis einer Lehrkraft für eine Beurteilung verfügbar machen (Blömeke, Kaiser & Clarke, 2015, S. 257), ermöglichen einen direkten Bezug zu typischen Unterrichtssituationen und können deren dargestellte Komplexität erhöhen (König et al. 2014, S. 78). Goldman, Pea, Barron und Derry (2007, S. xi) schreiben Videos sogar eine rhetorische Kraft zu, die es ermöglicht, soziale Beziehungen und menschliche Interaktionen besser darzustellen. Auch Studien wie TEDS-FU (z. B. Kaiser et al., 2015) konnten zeigen, dass ein Einsatz von Videovignetten gut möglich und sinnvoll ist. Auf Grundlage dieser Erkenntnisse erfolgte die Erhebung der Professionellen Unterrichtswahrnehmung in dieser Studie anhand einer Videovignette. Diese wird in Abschnitt 7.1.3 näher vorgestellt.

Die Vignette wurde unter gleichen Bedingungen und Erhebungsmethoden, die im Folgenden beschrieben werden, sowohl vor als auch nach der Praxisphase eingesetzt. Erinnerungseffekte sind an dieser Stelle zwar nicht auszuschließen, durch den großen Zeitraum von sechs Monaten zwischen den einzelnen Erhebungen und unter Rekurs auf die Vermutung von Seidel und Stürmer (2014, S. 765 f.), dass durch ein wiederholtes Anschauen ohne Feedback keine Lerneffekte auftreten, werden mögliche Erinnerungseffekte jedoch als wenig bedeutsam eingestuft. Außerdem weisen Blömeke, König, Suhl, Hoth und Döhrmann (2015, S. 313) sowie Blömeke und Kaiser (2017, S. 792) darauf hin, dass der Forschungsstand zur Situationsabhängigkeit von Kompetenzen uneinheitlich ist und Blömeke und König et al. (2015, S. 323) stellen in ihrer Untersuchung mit drei Videovignetten bei einer Vignette eine gewisse Situationsabhängigkeit fest. Entsprechend war es hier vorrangig das Ziel, die Vergleichbarkeit der vor und nach der Praxisphase erhobenen Daten sicherzustellen. Die Möglichkeit von Erinnerungseffekten wurde daher weniger bedeutsam angesehen als die mögliche Situationsabhängigkeit der Professionellen Unterrichtswahrnehmung.

Zur Erhebung der Daten unter Verwendung einer Videovignette, die eine Untersuchung der potenziellen Entwicklung der Professionellen Unterrichtswahrnehmung ermöglichen sollte, erschien die Methode geeignet, die Jacobs und Morita (2002) in ihrer Studie mit japanischen und amerikanischen Lehrkräften

zur Erhebung von Vorstellungen über effektiven Mathematikunterricht eingesetzt hatten. Ihr Vorgehen beruhte auf der Annahme, dass das Beobachten eines
Unterrichts implizite kognitive Schemata oder Skripte einer Lehrkraft in Bezug
auf Unterricht aktiviert. Den teilnehmenden Lehrkräften wurden videografierte
Mathematikstunden gezeigt und sie erhielten die Aufforderung, das Video zu pausieren, sobald sie einen Kommentar zu diesem äußern wollten. Die Äußerungen
der Probandinnen und Probanden wurden aufgezeichnet und anschließend ausgewertet. Ein ähnliches Verfahren setzten bereits Carter et al. (1988, S. 27) ein. Bei
der Aufgabe „Stop and Talk with Me about Management and Instruction" sahen
sich die Probandinnen und Probanden Dias an, bei denen jederzeit die Möglichkeit bestand, die Sequenz zu unterbrechen, um über bestimmte Aufnahmen zu
sprechen. Diese Methode zeigt eine deutliche Verbindung zum Nachträglichen
Lauten Denken, das durch eine Modifikation des Lauten Denkens von Wagner
et al. (1977) entwickelt wurde. Ziel des Lauten Denkens sowie des Nachträglichen Lauten Denkens ist es, kognitive Prozesse sichtbar zu machen und somit
Einblicke in Gedanken, Empfindungen, Gefühle, Vorstellungen und Absichten der
denkenden Personen zu ermöglichen (Konrad, 2010, S. 476; Wagner et al., 1977,
S. 248; Wagner, 1981, S. 343). Da davon ausgegangen wird, dass es sich bei der
Professionellen Unterrichtswahrnehmung um einen kognitiven Prozess handelt
(Abschnitt 2.2.5), scheint diese Methode der Datenerhebung auch im gegebenen
Kontext angemessen und zielführend.

Wie beim Nachträglichen Lauten Denken und in der Studie von Jacobs und
Morita (2002) wurde auch den teilnehmenden Studierenden dieser Forschungsarbeit eine Videovignette gezeigt, in der eine Unterrichtssituation zu sehen ist.
Um der realen Situation des Unterrichts möglichst nahe zu kommen – im Unterricht hat die Lehrkraft nicht die Möglichkeit, Verhaltensweisen oder Reaktionen
von Schülerinnen und Schülern wiederholen zu lassen – konnte die Videovignette
nicht wiederholt oder zunächst vollständig angesehen werden. Anders als beim
Nachträglichen Lauten Denken handelt es sich bei diesem Einsatz der Videovignette jedoch nicht um einen „Stimulated recall" (Weidle & Wagner, 1982,
S. 81), da die Studierenden nicht ihren eigenen Unterricht sahen, zu dem nachträglich Gedanken formuliert werden konnten, sondern einen fremden Unterricht,
zu dem parallel zum Vorgang des Anschauens „gedacht" werden sollte. Mit diesem Vorgehen wurde folglich vielmehr ein Lautes Denken initiiert, stimuliert
durch eine Videovignette bzw. durch eine per Video gezeigte Unterrichtssituation. Durch diese Erhebungsmethode konnten somit Schwierigkeiten umgangen
werden, die aus der Nachzeitigkeit des Nachträglichen Lauten Denkens resultieren. So zeigt sich zwar, dass auch beim Nachträglichen Lauten Denken Gedanken
reproduziert werden können, dieses jedoch nicht unverfälscht und vollständig

möglich ist. Gesamteinschätzungen der Unterrichtsstunde, die entstehen, wenn die Stunde selbst bereits durchlebt wurde oder wenn das Video einer unbekannten Stunde zunächst ganz angesehen werden kann, können sich auf die Einschätzungen einzelner wahrgenommener Ereignisse auswirken und auf diese abfärben. Eine Unterrichtssituation wird somit eventuell anders bewertet, wenn man weiß, wie die ganze Stunde verlaufen ist, als wenn noch keine Informationen zum weiteren Verlauf vorhanden sind. Außerdem wäre es möglich, dass sich Gedanken, die sich während der Unterrichtssituation formiert haben, mit den Gedanken vermischen, die sich nur beim „Stimulated Recall" entwickeln (Wagner et al., 1977, S. 248 f.).

Bei der Methode des Nachträglichen Lauten Denkens über einen „Stimulated Recall" ist die methodische Entscheidung zu treffen, wer das Video stoppt, um die Gedanken zu diesem Ereignis zu erfassen. So wurde das Video bei Weidle und Wagner (1982) durch die Versuchsleitung gestoppt, während sich Borromeo Ferri (2004) dafür entschied, dass primär die teilnehmenden Personen das Video anhielten und sie nur dann eingriff, wenn die Personen an für die Studie relevanten Stellen nicht selbst stoppten. Auch wenn es sich bei dem Einsatz der Videovignette in dieser Arbeit nicht um einen „Stimulated Recall" handelt, war diese methodische Entscheidung für die Datenerhebung grundlegend. Es war zu entscheiden, ob die Ereignisse, in denen etwas wahrgenommen, interpretiert und entschieden werden sollte, von außen gesetzt oder diese Entscheidung durch die Versuchspersonen selbst getroffen werden konnte. Da das *Wahrnehmen* als eine der drei Subfacetten der Professionellen Unterrichtswahrnehmung ebenfalls erfasst werden sollte und davon ausgegangen wird, dass die Vorgabe eines bestimmten Ereignisses die Wahrnehmung bereits auf diese fokussieren würde, demnach kein eigenständiges Wahrnehmen erfolgt, erschien es zielführend, die Studierenden wie in der Studie von Jacobs und Morita (2002) dazu aufzufordern, die Videovignette selbstständig bei unterrichtsrelevanten Ereignissen zu unterbrechen und ihre Gedanken zu diesen Situationen zu äußern. Wie in Abbildung 7.2 symbolisch dargestellt ist, wurden die Studierenden durch einen Arbeitsauftrag, der während der Erhebung jeder Zeit einsehbar war, dazu aufgefordert zu begründen, warum sie die Videovignette an der jeweiligen Stelle gestoppt hatten, und sollten nach Möglichkeit Alternativen formulieren.

Abbildung 7.2 Ablauf der videobasierten Erhebung

Mit diesem Vorgehen konnten insbesondere die kognitiven Aktivitäten, die sich als die Subfacetten *Interpretieren* und *Entscheiden* bestimmen lassen, erhoben werden. Nachdem diese Äußerung getätigt wurde, konnten die Studierenden die Videovignette fortsetzen und an einer beliebigen folgenden Stelle stoppen. Alle Äußerungen der Studierenden wurden per Audiodatei aufgezeichnet und anschließend mit dem Programm f4 transkribiert. Der Transkriptionsleitfaden findet sich im Anhang.

Durch die Nutzung dieser Methode durch Jacobs und Morita (2002) wurde bereits bestätigt, dass diese sinnvoll und zielführend eingesetzt werden kann. Da bei der damaligen Erhebung jedoch nicht direkt das Erfassen der Professionellen Unterrichtswahrnehmung von Lehrkräften im Fokus stand[1], wurde die Methode im Sommersemester 2016 mit drei Studierenden pilotiert, um zu überprüfen, ob auf diese Weise zur Beantwortung der Forschungsfragen ausreichende und geeignete Daten gewonnen werden können. Zusätzlich wurde eine schriftliche Pilot-Erhebung durchgeführt, um festzustellen, ob eine Erhebung in schriftlicher Form ebenfalls möglich wäre. Bei dieser Pilotierung zeigte sich, dass ausführliche Daten gewonnen werden konnten, die detaillierten Aufschluss über die Professionelle Unterrichtswahrnemung der Studierenden bieten. Zugleich wurde deutlich, dass die schriftliche Erhebung deutlich weniger Daten lieferte und dass hier die Rückmeldung auf die Ereignisse der dargestellten bzw. wahrgenommenen Unterrichtssituation zeitverzögert erfolgte: Die Zeitspannen zwischen dem Stoppen der Videovignette und der Äußerung waren deutlich länger als bei der Erhebung mündlicher Daten, sodass ein längerer Denk- bzw. Reflexionsprozess ermöglicht wurde. Dieser Ansatz hätte jedoch der Intention widersprochen, eine möglichst unmittelbare Reaktion auf die dargestellte Unterrichtssituation zu erheben, da eine Lehrkraft im Unterricht auch unmittelbar wahrnehmen, interpretieren und entscheiden muss.

---

[1] Verbindungen zur Professionellen Unterrichtswahrnehmung können hergestellt werden, da bereits in diesem Artikel vom Wahrnehmen gesprochen wird (S. 155 f.). Ein direkter Bezug zum Konzept des Noticing ist jedoch noch nicht sichtbar.

Anzumerken ist, dass auch diese Methode in Anlehnung an das Laute Denken Einschränkungen unterliegt. So weist Duncker (1935) auf die Unvollständigkeit der so generierten Daten hin:

„Ein Protokoll ist [...] nur für das, was es positiv enthält einigermaßen zuverlässig, nicht dagegen für das, was ihm fehlt. Denn auch das gutwilligste Protokoll ist nur eine höchst lückenhafte Registrierung dessen, was wirklich geschieht." (S. 12)

Diese Unvollständigkeit kann unterschiedliche Ursachen haben: Die Gleichzeitigkeit der Bearbeitung der Aufgabe und der Verbalisierung des Gedachten kann sowohl den Prozess des Verbalisierens als auch den des Denkens negativ beeinflussen (Deffner, 1984, S. 2; Ericsson & Simon, 1980, S. 218). Durch das „Kapazitäts- und Auswahlproblem" (Deffner, 1984, S. 2; Weidle & Wagner, 1982, S. 84) muss die laut denkende Person bewusst oder auch unbewusst auswählen, was sie anspricht und teilweise kann das Gedachte auch als zu „flüchtig, zu provisorisch, zu tastend" (Duncker, 1935, S. 12) wahrgenommen werden, um es zu verbalisieren. Kaiser et al. (2015, S. 384) sprechen hier sogar von einer neuen Bewusstseinsebene.

Da es sich bei den Versuchspersonen um Studierende handelte, die sich durch die Einbindung in das fachdidaktische Begleitseminar indirekt in einer Bewertungssituation befanden, darf insbesondere der Aspekt, dass Gedachtes möglicherweise nicht ausgesprochen wird, da es banal oder möglicherweise falsch erscheint, nicht vernachlässigt werden. Entscheidend für die Einflussnahme dieses Aspektes auf die Äußerungsqualität ist vor allem der Einfluss der Versuchsleitung bei der Erhebung der Daten. So konstatieren Lincoln und Guba (1985), dass „[t]he inquirer and the 'object' of inquiry interact to influence one another [...]" (S. 94) und an anderer Stelle, dass "[o]bservation not only disturbs and shapes but is shaped by what is observed." (S. 98). Folglich ist neben dem Einfluss der erhebenden Person auf die Erhebungssituation und somit auf die teilnehmenden Studierenden auch umgekehrt der Einfluss der Studierenden auf die erhebende Person, in diesem Fall auch auf die auswertende Person, zu berücksichtigen. So könnte die Anwesenheit und das Verhalten der Forscherin während der Videoerhebung ungewollt die Studierenden verunsichern oder in anderer Weise beeinflussen. Mimik und Gestik können grundsätzlich als Signale der Zustimmung oder der

Missbilligung (fehl)interpretiert werden (Diekmann, 2014, S. 439).[2] Umgekehrt könnten durch die Forscherin beobachtete Verhaltensweisen der Studierenden später bei der Auswertung der Daten Einfluss nehmen. Hier ist eine Verfälschung denkbar, indem sich die Auswertung dann nicht mehr allein auf die transkribierten Daten beziehen, sondern gegebenenfalls Eindrücke der Erhebungssituation integrieren würde. Zusätzlich ist zu beachten, dass es, wie Deffner (1984, S. 22) betont, vielen Personen unangenehm ist, in Gegenwart anderer laut vor sich hin zu reden. Um die hier beschriebenen Risiken wechselseitiger Beeinflussung der teilnehmenden Personen und der erhebenden Person zu minimieren und die Scheu vor dem Lauten Denken zu reduzieren, wurde ein ruhig gelegener Erhebungsraum gewählt und die Studierenden während der Erhebung allein im Raum gelassen.

Da für eine videobasierte Erhebung die verwendete Videovignette als solche von erheblicher Bedeutung ist, wird die Auswahl der in dieser Studie genutzten Vignette begründet und diese analysiert.

7.1.3 Auswahl und Analyse der Videovignette

Wie im vorherigen Kapitel dargestellt, erschien für die Erhebung der Professionellen Unterrichtswahrnehmung ein videobasierter Zugang sinnvoll, da hierdurch Merkmale von Unterricht situativ abgebildet werden. Gleichzeitig wurde davon ausgegangen, dass der Einsatz derselben Videovignette zu zwei unterschiedlichen Messzeitpunkten die Vergleichbarkeit der Ergebnisse sicherstellen würde. Das Zurückführen möglicher Änderungen der Professionellen Unterrichtswahrnehmung auf unterschiedliche Erhebungssituationen konnte somit ausgeschlossen werden.

Die Auswahl der Videovignette orientierte sich am advokatorischen Ansatz von Oser et al. (2010, S. 8 ff.), nach dem die Erhebung der Kompetenz einer Person indirekt über die Beurteilung der Qualität einer videografierten Unterrichtssituation erfolgt. „Die vorgenommene Beurteilung lässt Aussagen über die Kompetenz der beurteilenden Person selbst zu, weil sie auf deren kognitiven Strukturen" (S. 9) basiert. Das für den Einsatz im Rahmen der Erhebung

---

[2]Diekmann bezieht diese Aussage auf die Durchführung eines Interviews und somit auf die Interaktion von interviewter und interviewender Person. Da diese Videoerhebung als Interviewsituation betrachtet werden kann, bei der ein Stimulus durch den Arbeitsauftrag und die Videosituation gegeben ist und eine Antwort von den teilnehmenden Studierenden erwartet wird, kann der Faktor der Beeinflussung der interviewenden Person auf die durchführende Person im Rahmen der Videoerhebung übertragen werden.

geeignete Video musste demnach das Handeln einer Lehrkraft innerhalb eines unterrichtlichen Kontextes darstellen.

Daneben war für die Auswahl der Videovignette die Entscheidung zwischen einer gestellten oder einer authentischen Sequenz relevant. Wie in der Studie TEDS-FU (z. B. Blömeke et al., 2014, S. 520), die die Professionelle Unterrichtswahrnehmung von Lehrkräften in der Berufseinstiegsphase untersuchte, sollte auch in dieser Erhebung der vollständige Verlauf einer Unterrichtsstunde gezeigt werden, da davon ausgegangen wird, dass sich die Professionelle Unterrichtswahrnehmung auf sämtliche Unterrichtsphasen (Einstieg, Arbeitsphase und Ergebnissicherung) bezieht. Gleichzeitig sollten die drei Basisdimensionen guten Unterrichts (Praetorius, Klieme, Herbert & Pinger, 2018, S. 408 ff.) und ausgewählte Aspekte von Unterrichtsqualität (z. B. Helmke, 2010, S. 168 f.) abgebildet werden. Da eine reale Unterrichtsstunde sehr lang ist und auch ein Zusammenschnitt einer Stunde nicht zwangsläufig alle Aspekte beinhaltet, erschien die Verwendung einer gestellten Videovignette angemessen.

Im Rahmen der Studie TEDS-FU wurden vier Videovignetten für die Sekundarstufe und vier Videovignetten für die Primarstufe in einem aufwendigen Verfahren erstellt. In diesem Prozess wurden intensive Diskussionen mit Expertinnen und Experten der Erziehungswissenschaft sowie der Mathematikdidaktik geführt und ausführliche Überlegungen zum Format (z. B. Länge, Kamerafokus) sowie den Inhalten der Videovignetten angestellt.[3] Da nur drei dieser spezifisch erarbeiteten Videovignetten für die Sekundarstufe für die Erhebung im Rahmen der Studie verwendet worden waren, bestand die Möglichkeit, die vierte, für Studienzwecke freigegebene Vignette im Rahmen der hier vorgestellten Forschungsarbeit zu verwenden. Diese Vignette erfüllte alle vorher formulierten Anforderungen und die optionale Entwicklung einer neuen Vignette im Rahmen dieser Arbeit hätte sicherlich nicht den Standard der Vignettenentwicklung in TEDS-FU erreichen können. Überdies bildete die Vignette den Unterricht einer Klasse in der Sekundarstufe I ab, sodass diese Vignette für alle Studierenden einsetzbar war, unabhängig von dem jeweils studierten Lehramt. Im Folgenden wird der Aufbau der Vignette erläutert und dargelegt, welche Aspekte von Unterrichtsqualität enthalten sind. Sodann folgt eine inhaltliche Analyse

---

[3] Eine ausführliche Darstellung des Verfahrens ist bei Kaiser, Busse, Hoth, König und Blömeke (2015, S. 375 ff.) zu finden. Das Verfahren des Expertenratings ist in Hoth, Schwarz et al. (2016) dargestellt.

zentraler Ereignisse, die hier gezeigt werden und im Zeichen einer Professionellen Unterrichtswahrnehmung wahrgenommen werden können.[4]

Die Videovignette zeigt eine Unterrichtsstunde aus dem mathematischen Teilgebiet der Algebra. Sie beruht auf einer Aufgabenstellung, die an die von Rosnick und Clement (1980, S. 4) verwendete Professoren-Studenten-Aufgabe angelehnt ist und im Verlauf die Fehlvorstellung von Variablen in den Vordergrund stellt:

> *Auf einem Bauernhof befinden sich Gänse und Kühe. Insgesamt sind es 105 Tiere, und es sind viermal so viele Gänse wie Kühe auf dem Hof. Wie viele Gänse und wie viele Kühe sind auf dem Hof?*

Die Videovignette kann in verschiedene Ereignisse unterteilt werden, die unterschiedliche fachdidaktische und erziehungswissenschaftliche Beobachtungen ermöglichen. So präsentiert die Lehrkraft die Aufgabe an der Tafel und fordert die Klasse dazu auf, eine erste Gleichung gemeinsam zu entwickeln (Ereignis 1). Drei Schülerinnen und Schüler melden sich, werden aufgerufen und sprechen sich alle für die gleiche Gleichung aus, $g + k = 105$, die durch die Lehrkraft an der Tafel notiert wird (Ereignis 2). Nach der Aufforderung der Lehrkraft, diese Gleichung zu erklären, was durch eine Schülerin übernommen wird (Ereignis 3), fragt die Lehrkraft nach Fragen oder Problemen, ohne seitens der Schülerinnen und Schüler eine Reaktion zu erhalten (Ereignis 4). Nun leitet die Lehrkraft in die Arbeitsphase in Einzelarbeit über, mit dem Arbeitsauftrag, die zweite Gleichung zur Textaufgabe aufzustellen (Ereignis 5). Während ein Großteil der Klasse zunächst auf die Hefte fixiert ist und eine Gleichung notiert, werden auch einzelne Schülerinnen und Schüler gezeigt, die ihren Blick nicht auf das Heft richten und nichts notieren (Ereignis 6). Gleichzeitig sind ein „Fertig"-Ruf und erste Gespräche hörbar. Während der Arbeitsphase erhöht sich der Lautstärkepegel der Schülergespräche und die Lehrkraft wird sitzend am Pult gezeigt (Ereignis 7). Im weiteren Verlauf sind weitere „Fertig"-Rufe zu hören und einzelne Schülerinnen und Schüler offenbar verstärkt im Gespräch. Während zunächst einzelne Lernende noch Stifte in der Hand halten und auf ihre Hefte zeigen (Ereignis 8), nimmt die Lautstärke weiter zu und bald ist die ganze Klasse in einem unruhigen Gesprächsmodus, ohne dass noch auf Hefte hingewiesen wird oder Stifte in der Hand gehalten werden (Ereignis 9). Diese Unruhe wird durch den Wurf eines Papierfliegers beendet, auf den einige Schülerinnen und Schüler mit Gelächter und Klatschen reagieren (Ereignis 10). Die Lehrkraft beendet diese Phase mit einem langgezogenen „Gut" und

---

[4]Dabei ist darauf hinzuweisen, dass an dieser Stelle keine vollständige Analyse durchgeführt werden kann, da diese immer von der Wahrnehmung und Interpretation der beobachtenden Person abhängig ist.

leitet mit einem „1–2–3, wie immer" die Ergebnissicherung ein. Die mit dieser Anrede ausgewählten drei Lernenden treten an die Tafel und notieren dort ihre Lösungen. Dabei wird zweimal die richtige Gleichung „4k = g" und einmal die falsche Gleichung „4 g = k" an der Tafel notiert (Ereignis 11). Nun nehmen die drei Lernenden an der Tafel eine Schülerin dran, die sich meldet. Diese Schülerin erklärt, warum eine der drei Gleichungen nicht richtig sein kann. Zunächst wird ein „Hä" von der Schülerin geäußert, die diese Gleichung angeschrieben hat, was von mehreren „Hä"-Ausrufen der Klasse gefolgt wird (Ereignis 12). Damit endet die in der Videovignette dargestellte Unterrichtssituation, sodass die Lehrkraft in dieser Ergebnissicherung nicht mehr in Erscheinung tritt.

Wie die oberflächliche Beschreibung der Videovignette bereits verdeutlicht, konstituiert sich die gezeigte Unterrichtssituation aus einer Fülle von Ereignissen, die wahrgenommen und interpretiert werden können und zu denen die Entwicklung (alternativer) Entscheidungen möglich ist. Dies soll im Folgenden beispielhaft dargestellt werden.

In den ersten beiden Ereignissen der Videovignette kann beispielsweise der Aspekt der kognitiven Aktivierung der Schülerinnen und Schüler wahrgenommen werden. Da die Aufgabe, die für die dargestellte Unterrichtsstunde leitend ist, zu Beginn der Stunde nur kurz an der Tafel gezeigt wird (Ereignis 1) und die Schülerinnen und Schüler anschließend direkt die Antworten auf die erste Frage liefern (Ereignis 2), wird hier keine umfassende kognitive Auseinandersetzung mit der Thematik für alle Lernenden initiiert. Der Denkprozesse über die Aufgabe wird durch die Lehrkraft nicht weiter angeregt, sodass davon auszugehen ist, dass bei einem Großteil der Lerngruppe keine kognitive Aktivierung erreicht werden kann.

Ein bedeutender und umfangreich dargestellter Aspekt, der vor allem in der mittleren Sequenz der Videovignette ersichtlich wird, ist die Leistungsheterogenität der Klasse sowie der Umgang der Lehrkraft mit diesen differenten Lernvoraussetzungen. Die Heterogenität wird insbesondere durch die unterschiedliche Bearbeitungsdauer in den Ereignissen 6 bis 8 deutlich. Die Schülerinnen und Schüler werden hier in der Arbeitsphase gezeigt. Während einzelne Lernende sehr schnell die Aufgabe erledigt zu haben scheinen, werden bei anderen Schwierigkeiten sichtbar, mit der Aufgabenbearbeitung zu beginnen. Auch die entstehende und kontinuierlich wachsende Unruhe (ab Ereignis 7) kann als Indiz für die Leistungsheterogenität der Klasse betrachtet werden. Die Handlungen und Reaktionen der Lehrkraft auf die Ereignisse lassen zusätzlich den Schluss zu, dass diese Heterogenität der Lerngruppe in der Unterrichtsplanung nicht berücksichtigt wurde und es erst dadurch zur Unruhe und den Unterrichtsstörungen in der Klasse kommt. Die Lehrkraft zeigt keine Bemühungen zur Differenzierung, sie setzt lediglich eine einzige Aufgabe ein, die kein Potenzial zu weiterführenden Gedanken oder Bearbeitungen liefert (Ereignis 5). Auch während der Arbeitsphase reagiert die Lehrkraft nicht auf das unterschiedliche Arbeitstempo, berücksichtigt nicht die unterschiedlichen Lernvoraussetzungen der Schülerinnen und Schüler, zeigt keine Reaktionen auf objektiv eindeutige Unterrichtsstörungen und die mangelnde Nutzung der zur Verfügung stehenden Lernzeit (Ereignis 7 bis 10). Anhand dieser Ereignisse ist es demnach ebenfalls möglich, auf die Aspekte konstruktive Unterstützung, effiziente Klassenführung, lernförderliches Klima und Umgang mit Störungen einzugehen.

Neben der Leistungsheterogenität der Klasse ist die fehlerhafte Grundvorstellung zum Variablenbegriff ein in der Videovignette deutlich dargestellter Aspekt in der Videovignette. Diese kann insbesondere in der Phase der Ergebnispräsentation (Ereignisse 11 und 12) wahrgenommen werden. Hier notiert eine Schülerin (Kira) eine falsche Gleichung und zeigt ihr Unverständnis für den Einwand ihrer Mitschülerin durch ein „Hä?". In dieser Handlung kann ein semantischer Fehler der Schülerin und somit mangelndes Wissen und Verstehen der semantischen Regeln der Algebra identifiziert werden. Eine mögliche Erklärung dieses Problems liegt in der Übersetzung des Textes in eine Gleichung über eine kognitive Zwischenkonstruktion. Malle (1993, S. 97 ff.) beschreibt den Übersetzungsprozess dabei als Dreischritt und sieht die Hauptschwierigkeit im zweiten Schritt, der Übersetzung in die abstrakt-formale Wissensstruktur, da hier eine direkte und damit fehlerhafte Übersetzung von der konkret-anschaulichen Wissensstruktur zur Gleichung erfolgt: Die Schülerin Kira versteht unter der Variablen g nicht die Anzahl der Gänse, sondern das Wort „Gans" und verwendet daher bei der Übersetzung in eine abstrakt-formale Wissensstruktur Variablen für die konkreten Objekte, hier die Gänse und die Kühe, nicht aber für die Anzahl der Objekte. Sie missachtet somit die Objekt-Zahl-Konvention, die besagt, dass Variablen „nicht die zugrundeliegenden konkreten Objekte, sondern gewisse diesen Objekten zugeordneten Zahlen" (Malle, 1993, S. 108) bedeuten. Statt der Objekte selbst, müsste die Schülerin verstehen, dass lediglich die Anzahl der beiden Objekte zu berücksichtigen ist und somit auch die Beziehung zwischen deren Anzahl: Es gibt viermal so viele Objekte A wie Objekte B.[5] Das Variablenverständnis wird bereits zu Beginn der Videovignette, in Ereignis 3, aufgegriffen, als die Lehrkraft nach einer Erklärung für die erste Gleichung fragt. Zwar wird an dieser Stelle das Verständnis der Schülerinnen und Schüler noch einmal abgesichert, die Erklärung

---

[5]Eine umfassendere Analyse dieses Fehlers findet sich neben Malle (1993, S. 96 ff.) zum Beispiel auch bei Clement (1982, S. 16 ff.) und MacGregor und Stacey (1993, S. 217 ff.).

der Schülerin in Ereignis 3 befördert das fehlerhafte Verständnis jedoch zusätzlich, da die Schülerin in ihrer Erklärung nicht von der Anzahl, sondern ebenfalls von Objekten spricht, und dieses nicht von der Lehrkraft korrigiert wird.

Neben den hier exemplarisch erläuterten Aspekten kann in der Vignette eine Vielzahl anderer Aspekte wahrgenommen werden. So ist es beispielsweise möglich, auf etablierte Routinen innerhalb der Klasse einzugehen (Ereignis 11), sprachliche Schwierigkeiten und Darstellungsarten der Textaufgabe zu thematisieren (Ereignis 1), oder auf das soziale Gefüge der Klasse näher einzugehen (Ereignisse 4 und 12). Insgesamt zeigt sich die Vielfalt integrierter erziehungswissenschaftlicher und fachdidaktischer Thematiken, die im Kontext der wahrnehmbaren Ereignisse angesprochen werden können. Sie eröffnen die Möglichkeit vielseitiger Zugänge in ihrer Interpretation und auch in den entsprechenden Entscheidungen.

Neben der Analyse der Professionellen Unterrichtswahrnehmung war ein weiteres Ziel dieser Arbeit, mögliche diesbezügliche Einflussfaktoren zu identifizieren. Dazu wurde zusätzlich ein leitfadengestütztes Interview durchgeführt, das im Folgenden näher erläutert wird.

7.1.4 Darstellung des leitfadengestützten Interviews

Um mögliche Einflussfaktoren auf die Entwicklung der Professionellen Unterrichtswahrnehmung während der Praxisphase zu identifizieren, wurden die Studierenden zu den Veränderungen und den subjektiv wahrgenommenen Ursachen dieser einzeln interviewt. Dieses Interview wurde direkt im Anschluss an die Posterhebung durchgeführt. Hierbei habe ich mich für die Methode des leitfadengestützten Interviews entschieden. Zum einen ist dies eine verbreitete und methodisch gut ausgearbeitete Methode, um qualitative Daten zu generieren (Helfferich, 2014, S. 559), zum anderen lässt sich hierdurch eine Vergleichbarkeit zwischen den Interviewergebnissen der einzelnen Studierenden herstellen (Friebertshäuser & Langer, 2010, S. 439). Der Leitfaden dieses Interviews orientierte sich an der Zielsetzung, die von den Studierenden subjektiv wahrgenommenen Ursachen für ihre veränderte Unterrichtswahrnehmung zu erfassen und beruhte somit auf einer limitierten Offenheit: „Eine Offenheit, die den Interviewten nicht die entsprechenden Stichworte liefert und die es ermöglicht, dass sie über alles Mögliche sprechen, nicht aber über die Themen der Forschung, erzeugt dann Daten, die für den konkreten Zweck letztlich nicht brauchbar sind" (Helfferich, 2014, S. 563). Die Entscheidung, Leitfragen für dieses Interview zu nutzen, wurde also bewusst unter Einschränkung der maximalen Offenheit genutzt, um die Äußerungen der Studierenden auf den Horizont des Forschungsinteresses zu fokussieren und zu begrenzen. Die Entwicklung eines Interviewleitfadens setzt dabei jedoch ein gewisses Vorverständnis aufseiten der interviewenden Person voraus, damit passende Gesprächsanlässe geschaffen werden können (Friebertshäuser & Langer, 2010, S. 439). Um den Gesprächsverlauf auf angemessene Weise zu steuern und Gesprächsanlässe gezielt auf Veränderungen in der Professionellen Unterrichtswahrnehmung zu richten, wurden die Äußerungen der videobasierten Posterhebung, die als Audiodatei vorlagen, umgehend nach jeder einzelnen Posterhebung mit den Äußerungen der Präerhebung, die bereits in transkribierter Form vorlagen, verglichen. Hier wurden Unterschiede herausgearbeitet, sodass diese im folgenden Interview als individuell generierte Erzählaufforderung dienen konnten.[6] Anzumerken ist, dass durch diese erzeugte eingeschränkte Offenheit im Interview allerdings die Gefahr besteht, dass durch die interviewende Person zu viel vorgegeben wird und dass es aufgrund von Suggestivfragen zu einer reinen Abfrage von Einschätzungen oder sogar bloßen Bestätigung von Erwartungen kommt (Friebertshäuser & Langer, 2010, S. 440; Helfferich, 2014, S. 562). Um dies zu vermeiden, erschien es sinnvoll, die Studierenden nicht direkt auf die herausgearbeiteten Unterschiede anzusprechen. Stattdessen wurden sie aufgefordert, die selbst wahrgenommenen Veränderungen hinsichtlich der Subfacetten der Professionellen Unterrichtswahrnehmung Wahrnehmen, Interpretieren und Entscheiden zu beschreiben und mögliche Ursachen oder Einflussfaktoren für die Veränderung zu benennen. Nur wenn seitens der Befragten keine Unterschiede benannt werden konnten oder diese ergänzt werden mussten, griff die interviewende Person ein. Gegebenenfalls wurden Erklärungen durch Nachfragen präzisiert formuliert oder durch konkrete Erfahrungen belegt (siehe Interviewleitfaden im Anhang).

Da das Interview mit den Studierenden durch die Forscherin selbst geführt wurde und diese auch in die Gestaltung und Leitung des Begleitseminars (Kapitel 5) eingebunden war, muss an dieser Stelle auf mögliche Einflüsse von sozialer Erwünschtheit hingewiesen werden. Helfferich (2014) benennt das asymmetrische Rollenverständnis der interviewten und der interviewenden Person und gibt zu bedenken, dass die interviewten Personen „das Setting, die eigene Rolle und ihr Verhältnis zu der interviewenden Person" (S. 560) deuten. Je stärker eine wahre Antwort von der vermeintlich erwarteten bzw. erhofften Antwort abweicht, desto eher ist mit einer Verzerrung durch soziale Erwünschtheit zu rechnen, da

---

[6]Die Herausarbeitung von bereits oberflächlich erkennbaren Unterschieden in den Ergebnissen der Prä- und der Posterhebung nahm etwa 30 bis 45 Minuten in Anspruch. Die Studierenden hatten in dieser Zeit eine Pause, bevor das Interview stattfand.

die Angabe der wahren Antwort als unangenehm empfunden wird (Diekmann,
2014, S. 447 f.). Da eine nachträgliche „Bereinigung" des Interviews nicht möglich ist, ist der Einfluss sozialer und kommunikativer Effekte nicht nur bei der
Interpretation der Interviewbeiträge, sondern bereits bei der Durchführung des
Interviews zu berücksichtigen (Helfferich, 2014, S. 573). Unter diesem Ansatz
wurde die Posterhebung und damit auch das Interview erst nach den Prüfungen
der Studierenden durchgeführt, sodass das Modul zum Kernpraktikum zu diesem
Zeitpunkt bereits abgeschlossen war. Um der Befürchtung negativer Auswirkungen schlechter Ergebnisse auf die Bewertung der Studienleistungen zusätzlich
entgegenzuwirken, wurde den Studierenden die Zielsetzung des Forschungsprojekts deutlich gemacht, das Modul zum Kernpraktikum weiterzuentwickeln, und
sie so Einfluss auf diese nehmen könnten. Es wurde außerdem darauf geachtet,
auf die Antworten der Studierenden möglichst weder zustimmend noch ableh-
nend zu reagieren, wobei festzuhalten ist, dass diese Neutralität in der praktischen
Kommunikationssituation nur sehr bedingt realisierbar ist, da sowohl Mimik als
auch Gestik der interviewenden Person als Missbilligung oder Unterstützung
interpretiert werden können (Diekmann, 2014, S. 439).

7.2   Die Datenauswertung

In den vorausgehenden Kapiteln wurden die videobasierte Erhebung und das
anschließende leitfadengestützte Interview zur Gewinnung von Daten, die eine
Beantwortung der Forschungsfragen dieser Studie ermöglichen, beschrieben.
Im Folgenden wird die Auswertung dieser Daten dargestellt. So wird in
Abschnitt 7.2.1 das Vorgehen der qualitativen Inhaltsanalyse, das sich an
der inhaltlich strukturierenden qualitativen Inhaltsanalyse nach Kuckartz (2018,
S. 97 ff.) orientiert, mit den hier herausgebildeten Kategoriensystemen beschrieben. In Abschnitt 7.2.3 erfolgt die Beschreibung einer ergänzenden Datenanalyse,
die die Auswertung mit der inhaltlich strukturierenden qualitativen Inhaltsanalyse
unterstützt. Abschließend wird in Abschnitt 7.2.4 die Methode der Typenbildung dargestellt, orientiert an der typenbildenden qualitativen Inhaltsanalyse nach
Kuckartz (2018, S. 143 ff.). Diese erfolgt aufbauend auf den Ergebnissen der
inhaltlich strukturierenden qualitativen Inhaltsanalyse. Alle Daten lagen bei der
Auswertung in transkribierter Form vor.

7.2.1 Inhaltliche strukturierende qualitative Inhaltsanalyse

Wie bereits in Abschnitt 6.2 dargestellt, handelt es sich bei der vorliegenden Arbeit um eine Vergleichsstudie zur Professionellen Unterrichtswahrnehmung von Studierenden mit Fokus auf einen potenziellen Entwicklungsprozess im Rahmen der Praxisphase an der Universität Hamburg. Flick (2019, S. 180) empfiehlt für vergleichbare Studiendesigns die Datenerhebung per Interviews und deren Auswertung über kodierende Verfahren. Dieser Empfehlung wurde hier im weitesten Sinne durch die videobasierte Erhebung gefolgt. Wie Flick außerdem betont, ist für einen Prä-Post-Vergleich immer auch die Auswahl der Dimensionen entscheidend. Hier erschien die qualitative Inhaltsanalyse geeignet, da diese systematisch sowie regelgeleitet vorgeht und somit dem Kriterium der intersubjektiven Nachvollziehbarkeit entspricht (Abschnitt 6.3). Wie in Abschnitt 6.3 expliziert, werden unter dem Begriff der qualitativen Inhaltsanalyse mehrere mögliche Verfahren subsumiert. So schlägt Mayring (2019, Absatz 3) acht Techniken vor, die durch weitere Mischtechniken ergänzt werden können, und Kuckartz (2018, S. 97 ff.) stellt drei verschiedene Verfahren zur Auswahl. Gemeinsam ist allen die strenge Regelgeleitetheit.

Da im Zuge dieser Forschungsarbeit das Material systematisch mit Blick auf einzelne Aspekte der Professionellen Unterrichtswahrnehmung ausgewertet werden sollte, habe ich mich für das Verfahren der inhaltlich strukturierenden qualitative Inhaltsanalyse entschieden. Deren Kern liegt laut Schreier (2014b) darin, „am Material ausgewählte inhaltliche Aspekte zu identifizieren, zu konzeptualisieren und das Material im Hinblick auf solche Aspekte systematisch zu beschreiben" (Absatz 8). Da Mayring (2015, S. 97) für dieses Verfahren fordert, die Strukturierungsdimensionen direkt aus der Fragestellung abzuleiten und erst in den nächsten Schritten auszudifferenzieren, das Verfahren also als verstärkt theoriegeleitet ansieht (siehe auch Schreier (2014b, Absatz 2)), habe ich mich im Zuge der Auswertung für das Verfahren der inhaltlich strukturierenden qualitativen Inhaltsanalyse nach Kuckartz (2018) entschieden, der die Möglichkeiten zur Kategorienbildung deutlich offener lässt (S. 97). Außerdem ermöglicht die explizit für dieses Verfahren entwickelte QDA-Software (Qualitative-Data-Analysis-Software) MAXQDA eine digitale und nachvollziehbare Analyse der Daten, die im Unterschied zu anderer Analysesoftware bereits auf die Typenbildung im Sinne von Max Weber angelegt ist. Unabhängig davon weisen die Verfahren beider Autoren eine große Ähnlichkeit auf.

Sowohl die aus der videobasierten Erhebung generierten Daten in Form von transkribierten Äußerungen zum Video als auch die Daten des leitfadengestützten

Interviews, in denen die Studierenden subjektiv empfundene Ursachen für die Veränderung ihrer Professionellen Unterrichtswahrnehmung angaben, wurden mit der inhaltlich strukturierenden qualitativen Inhaltsanalyse nach Kuckartz (2018) ausgewertet. Bevor im Folgenden das genauere Verfahren im Auswertungsprozess beschrieben wird, sei darauf hingewiesen, dass sich eine Inhaltsanalyse immer nur auf die vorliegenden Daten beziehen kann. Die Feststellung nach Duncker (1935, S. 12), dass nur ausgewertet werden kann, was enthalten ist, nicht aber das, was fehlt, ist im gegebenen Kontext keineswegs banal, denn die Studierenden können hier durchaus Ereignisse wahrgenommen, sich aber nicht dazu geäußert haben. Gedanken, die die Studierenden de facto nicht äußerten, konnten demnach in der Inhaltsanalyse nicht berücksichtigt werden. Für die Erfassung der Professionellen Unterrichtswahrnehmung bedeutet dies, dass nur die Ereignisse als wahrgenommen berücksichtigt werden können, zu denen auch etwas geäußert wurde. Außerdem ist festzustellen, dass nicht zwangsläufig alle drei Subfacetten in den Äußerungen der Studierenden abgebildet sind. Während in Abschnitt 2.2.5 dargelegt wird, dass es sich bei der Professionellen Unterrichtwahrnehmung um einen annähernd linearen Prozess handelt, in dem auf das *Wahrnehmen* das *Interpretieren* und anschließend das *Entscheiden* folgt, können die erhobenen Daten gegebenenfalls nicht das *Entscheiden* oder *Interpretieren* abbilden, wenn zu diesen Subfacetten keine Äußerungen getätigt wurden.

Die inhaltlich strukturierende qualitative Inhaltsanalyse gliedert sich nach Kuckartz (2018, S. 100) in sieben Phasen, die den Ablauf der Analyse ausgehend von der Forschungsfrage beschreiben (Abbildung 7.3). Die Positionierung der Forschungsfrage im Zentrum des Ablaufschemas ist dabei besonders bedeutsam, da sie die Perspektive auf die Daten und somit auch die Struktur des entwickelten Kategoriensystems bestimmt.

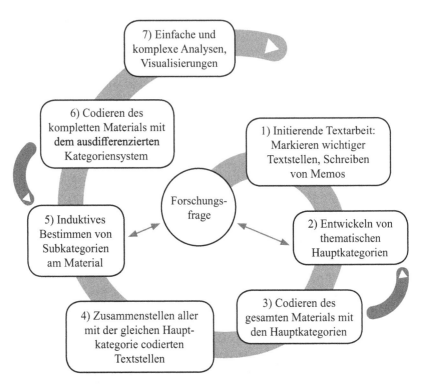

Abbildung 7.3 Ablaufschema der inhaltlich strukturierenden qualitativen Inhaltsanalyse (adaptiert von Kuckartz, 2018, S. 100)

In einer ersten Phase, der initiierenden Textarbeit, beginnt die Auseinandersetzung mit dem vorliegenden Textmaterial, in diesem Fall mit den transkribierten Äußerungen der Studierenden zur Videovignette sowie den Interviewtranskripten. Diese Phase umfasste in dem hier präsentierten Forschungsprozess insbesondere ein mehrmaliges Lesen der Transkripte, das Markieren wichtiger Textpassagen und das Notieren erster Auffälligkeiten.

Diese erste Auseinandersetzung mit den Texten leitete in die zweite Phase über, die auf die Entwicklung von Hauptkategorien abzielte, also den ersten Schritt zur Erstellung eines Kategoriensystems, das das Hauptinstrument des Auswertungsprozesses bildet (z. B. Kuckartz, 2019b, S. 182; Ramsenthaler, 2013, S. 24; Schreier, 2014a, S. 173). Dieser für den weiteren Analyseprozess entscheidende Schritt der Kategorienbildung kann auf unterschiedliche Art und Weise erfolgen. So beschreibt Kuckartz (2019b, S. 184 f.) drei Wege, um Kategorien zu entwickeln:

- die theoriegesteuerte Bildung von Kategorien (deduktiv), in der die Kategorien aus bekannten Theorien, der Literatur oder aus Aspekten der Forschungsfrage gebildet werden.
- die empirisch gesteuerte Bildung von Kategorien (induktiv), bei der die Kategorien direkt am Material gebildet werden.
- die theoretisch und empirisch gesteuerte Bildung von Kategorien (deduktiv-induktiv), die beide oben beschriebenen Wege miteinander verbindet. Den Ausgangspunkt bilden dabei meist Hauptkategorien, die theoriegesteuert entwickelt wurden, für die dann direkt am Material induktiv Subkategorien gebildet werden.

Für diese Studie erschien mir die dritte verbindende Variante sinnvoll, sodass die Kategorienbildung sowohl theoretisch als auch empirisch gesteuert erfolgte. Durch die erste Forschungsfrage zur Entwicklung der Professionellen Unterrichtswahrnehmung sowie deren Konzeptualisierung (Abschnitt 2.2.5) konnten bereits erste Hauptkategorien zu den Subfacetten *Wahrnehmen*, *Interpretieren* und *Entscheiden* abgeleitet werden. Und auch die zweite Forschungsfrage zu den möglichen Einflussfaktoren auf die Kompetenzentwicklung bzw. die Auseinandersetzung mit den bestehenden Einflüssen in der Praxisphase, ermöglichte es mir bereits im Vorfeld erste Hauptkategorien zu bilden und die Einflussfaktoren in universitäre und schulbezogene Faktoren zu differenzieren. Die Kategoriensysteme werden nach der Darstellung des Verfahrens am Ende dieses Kapitels genauer dargestellt und sind vollständig im Anhang abgedruckt. Gemäß der Konzeption des Analyseverfahrens nach Kuckartz (2018, S. 101) resultierte aus der intensiven Auseinandersetzung mit den transkribierten Interviews sowohl die Ausdifferenzierung dieser ersten Kategorien, d. h. die Einführung weiterer Hauptkategorien, als auch später, im fünften Schritt, die Entwicklung von Subkategorien. Für diesen zweiten Schritt, der Bildung der Hauptkategorien, und den später folgenden fünften Schritt, in dem diese durch Subkategorien ausdifferenziert werden, ist festzuhalten, dass es sich hierbei um einen iterativen Prozess handelt, da erst durch wiederholte Prüfung und Reflexion ein wirklich angemessenes Kategoriensystem entwickelt werden kann. So wurden im Zuge des hier dargestellten Forschungsprozesses die Schritte 2 und 3 sowie 5 und 6 mehrmals durchlaufen, bis ein zufriedenstellendes Ergebnis vorlag. Nach dem Codieren der Textstellen mit den entsprechenden Hauptkategorien wurden die Textstellen einer Hauptkategorie gemäß Schritt 4 zusammengestellt und dahingehend überprüft, ob eine

Ausdifferenzierung in Subkategorien ebenfalls sinnvoll war (Schritt 5). Dem folgte ein erneutes Codieren des kompletten Materials auf Grundlage des nun vollständig ausdifferenzierten Kategoriensystems.

Wie in der Darstellung der Gütekriterien qualitativer Forschung (Abschnitt 6.4) bereits erläutert, ist insbesondere die Sicherstellung der intersubjektiven Nachvollziehbarkeit ein zentrales Qualitätskriterium. Da in der qualitativen Inhaltsanalyse nach Kuckartz (2018) „Codierungen aufgrund von Interpretationen, Klassifikationen und Bewertungen vorgenommen" werden, somit also „die Textauswertung und -codierung [...] an eine menschliche Verstehens- und Interpretationsleistung geknüpft" (S. 27) ist, gilt diese Nachvollziehbarkeit vor allem für den kategorienbildenden und -anwendenden Prozess als bedeutsam.

Im Rahmen dieser Studie wurde neben den methodischen Überlegungen zur Datenerhebung der zweijährige Auswertungsprozess durch zwei Gruppen von Expertinnen und Experten kontinuierlich begleitet und unterstützt. Dies umfasste neben dem Prozess des Codierens der erhobenen Daten auch die Erstellung und stetige Anpassung bzw. Verbesserung der Kategoriensysteme. Die Mitglieder beider Gruppen waren nicht unmittelbar in das Forschungsvorhaben eingebunden, sodass zu jedem Zeitpunkt die nötige Distanz bestand. Gleichzeitig waren sie, wie Lincoln und Guba (1985, S. 308 f.) fordern, inhaltlich sowie methodisch ausreichend integriert und verfügten über die notwendige Expertise in den Bereichen der Mathematikdidaktik und der Professionellen Unterrichtswahrnehmung. Während sich die erste Gruppe aus zehn bis maximal 15 Fachdidaktikerinnen und Fachdidaktikern der Mathematik zusammensetzte, mit der etwa halbjährlich das Kategoriensystem bzw. die Codierungen diskutiert wurde, setzte sich die zweite Gruppe aus vier Fachdidaktikerinnen zusammen, davon drei anderer Fächer, die sich in ihren jeweiligen Forschungsarbeiten ebenfalls mit dem Konzept der Professionellen Unterrichtswahrnehmung befassten. In dieser zweiten Gruppe wurden die Prozesse und jeweiligen Teilergebnisse etwa vierwöchentlich diskutiert. Alle Treffen umfassten einen Zeitraum von rund drei Zeitstunden.

Die Treffen mit den Gruppen der Expertinnen und Experten sicherten demnach auf zwei Ebenen die Qualität der Arbeit. Zum einen konnte das Kategoriensystem unter Berücksichtigung mehrerer Perspektiven nachvollziehbar und mit engem Bezug zum Forschungsvorhaben kritisch reflektiert entwickelt werden, zum anderen gelang es, eine hohe Übereinstimmung der Codierungen zu erzielen und somit die angestrebte intersubjektive Nachvollziehbarkeit herzustellen. Darüber hinaus entspricht diese Form der freien, offenen und vertrauensvollen Diskussion über das eigene Forschungsvorhaben der Forderung von Baur und Blasius (2014, S. 47) nach Selbstreflexion sowie Prozess- und Qualitätskontrolle in einem Forschungsteam mit erfahrenen Personen und somit guter Forschungspraxis. So wurde in beiden Arbeitsgruppen immer wieder die Reflexion über den eigenen Forschungsprozess angeregt. Gleichzeitig bildete der Austausch die Quelle für weitere Überlegungen und förderte die tiefe Auseinandersetzung mit der Methode (inhaltlich strukturierende und typenbildende qualitative Inhaltsanalyse) und ihrer Anwendbarkeit.

Da das Kategoriensystem mit dem Begriff von Schreier (2014b, Absatz 4) auch als „Herzstück" der qualitativen Inhaltsanalyse zu bezeichnen ist, werden die in dieser Arbeit entwickelten Kategoriensysteme und deren Entstehungsprozess im folgenden Kapitel genauer erläutert.

7.2.2 Darstellung und Erklärung der gewonnenen Kategoriensysteme

Im Folgenden werden die im Zuge des iterativen Auswertungsprozesses gewonnenen Kategoriensysteme dargestellt. Da die Qualität der Auswertung und somit auch die Ergebnisse einer qualitativen Inhaltsanalyse maßgeblich durch das verwendete Kategoriensystem beeinflusst wird (Berelson, 1952, S. 147; Kuckartz, 2018, S. 29), sollte diese Darstellung möglichst genau und nachvollziehbar sein. Da eine Darstellung der vollständigen Kategoriensysteme mit den entsprechenden Anwendungsdefinitionen und Ankerbeispielen jedoch zu umfassend wäre, erfolgt an dieser Stelle eine Überblicksdarstellung. Das ausführliche Kategoriensystem ist im Anhang wiedergegeben. Da es sich bei der videobasierten Erhebung und dem leitfadengestützten Interview um zwei unterschiedliche Methoden der Datenerhebung handelt, die auch zur Beantwortung zweier unterschiedlicher Forschungsfragen herangezogen wurden, werden die entwickelten Kategoriensysteme getrennt voneinander vorgestellt. Zunächst erfolgt die Darstellung der Kategoriensysteme zur videobasierten Erhebung, die zur Beantwortung der Frage nach einer Entwicklung der Professionellen Unterrichtswahrnehmung der Studierenden dienten. Anschließend wird das Kategoriensystem zu den Daten aus den leitfadengestützten Interviews erläutert, anhand dessen die Frage nach möglichen Ursachen für die Veränderungen in der Professionellen Unterrichtswahrnehmung der Studierenden beantwortet werden sollte.

Kategoriensysteme zur videobasierten Erhebung der Professionellen Unterrichtswahrnehmung
Für die Daten, die durch die videobasierte Erhebung gesammelt werden konnten und die Einblicke in die Professionelle Unterrichtswahrnehmung der Studierenden ermöglichten, wurden verschiedene Kategoriensysteme entwickelt. Angelehnt

an die von Sherin und van Es (2009, S. 24) formulierten „Dimensions of
Analysis" (Abschnitt 2.2.1) wurden Kategoriensysteme zu den Bereichen „Ak-
teurinnen und Akteure" (bei Sherin und van Es ebenfalls als „actor" zu finden),
„Wahrnehmungstiefe" (bei Sherin und van Es als „stance" bezeichnet) und „Wahr-
nehmungsbreite" (bei Sherin und van Es enger gefasst als „topic") gebildet. Diese
Kategoriensysteme werden im Folgenden näher dargestellt.

Das Kategoriensystem „Akteurinnen und Akteure" wurde durch die Orientierung an dem genannten Kategoriensystem von Sherin und van Es bereits vor der
Bearbeitung des Materials in die Hauptkategorien „Lehrkraft" und „Lernende"
differenziert. Während der Auseinandersetzung mit den vorliegenden Transkripten
zeigte sich jedoch, dass diese Einteilung nicht passgenau war, da die Studierenden fast nie ausschließlich die Schülerinnen und Schüler wahrnahmen, sondern
meist in Kombination mit der Lehrkraft. Umgekehrt nahmen die Studierenden
die Lehrkraft auch ohne gleichzeitige Wahrnehmung der Lernenden war. Daher
habe ich mich entschieden, als neue Hauptkategorien zwischen „Nur Lehrkraft"
und „Lehrkraft und/oder Lernende" zu unterscheiden. Durch die Zuordnung der
Textstellen entsprechend den beiden Hauptkategorien und die weitere Arbeit am
Material zeigte sich zusätzlich, dass die Hauptkategorie „Lehrkraft und/oder Lernende" durch Subkategorien ausdifferenziert werden konnte. So nahmen einige
Studierende die Schülerinnen und Schüler lediglich als undifferenzierte Gruppe
wahr, andere Studierende hatten bereits die Heterogenität der Klasse erkannt und
bei wiederum anderen war die Wahrnehmung auf bestimmte Kleingruppen oder
einzelne Lernende gerichtet. Die hieraus formulierten drei Subkategorien sind
Tabelle 7.1 zu entnehmen.

Tabelle 7.1 Vereinfachte Darstellung des Kategoriensystems „Akteurinnen und Akteure"	Hauptkategorien	Subkategorien
	Nur Lehrkraft	*Zu dieser Hauptkategorie wurden keine Subkategorien gebildet*
	Lehrkraft und/oder Lernende	Lernende als undifferenzierte Gruppe
		Lernende als differenzierte Gruppe
		Lernende als Individuen

Auch das Kategoriensystem „Wahrnehmungstiefe" wurde bereits vor der Auswertung theoriegeleitet in Hauptkategorien differenziert. Diese leiteten sich aus

der Konzeptualisierung der Professionellen Unterrichtwahrnehmung in die drei Subfacetten *Wahrnehmen, Interpretieren* und *Entscheiden* ab (Abschnitt 2.2.5). Da, wie in Abschnitt 2.2.5 bereits erläutert, ein Interpretieren und Entscheiden ohne ein vorheriges Wahrnehmen nicht möglich ist, wurden nur die beiden Subfacetten *Interpretieren* und *Entscheiden* als Wahrnehmungstiefe aufgefasst und als Hauptkategorien übernommen. Während der Arbeit am Material konnte die weitere Hauptkategorie „Beschreiben" entwickelt werden. Hier wurden Äußerungen zu den wahrgenommenen Ereignissen der Videovignette subsumiert, die weder Interpretationen noch Entscheidungen enthielten, sondern die wahrgenommenen Ereignisse lediglich deskriptiv wiedergaben. Die Bildung von Subkategorien erfolgte für die Hauptkategorie „Entscheiden" rein empiriegeleitet. In der Literatur fanden sich hierzu keine geeigneten Ausdifferenzierungen, es war jedoch eine Unterscheidung der Äußerungen dahingehend möglich, ob es sich um eine situative, also spontane Reaktion handelt, oder ob die Studierenden methodisch-didaktische Entscheidungen formulierten, die bereits in der Unterrichtsplanung berücksichtigt werden sollten. Die Ausdifferenzierung der Hauptkategorie „Interpretation" erfolgte hingegen theoriegeleitet mit spezifischen Anpassungen an das vorliegende Material. Hier bot die Einteilung von Kersting (2008, S. 849), Kersting et al. (2010, S. 174), Sherin und van Es (2009, S. 24) sowie van Es (2011, S. 138 f.) Orientierung, sodass drei Subkategorien gebildet wurden. Diese differenzieren die Äußerung danach, ob sie rein bewertend oder subjektiv beschreibend ist, ob die Studierenden bereits kurze Begründungen oder Vermutungen zu Ursachen und Intentionen angaben oder ausführlichere Begründungen formulierten, diverse Aspekte beachteten bzw. Bezüge zu anderen Ereignissen oder auch zu didaktischen Prinzipien herstellten. Die Hauptkategorien dieses Kategoriensystems und deren Ausdifferenzierung zeigt Tabelle 7.2.

Tabelle 7.2 Vereinfachte Darstellung des Kategoriensystems „Wahrnehmungstiefe"

Hauptkategorien	Subkategorien
Beschreibung	*Zu dieser Hauptkategorie wurden keine Subkategorien gebildet*
Interpretation	Bewertung oder subjektive Beschreibung (Art I)
	Begründung (Art II)
	Umfassende Begründung (Art III)
Entscheidung	Situative Entscheidung
	Didaktisch-methodische Entscheidung

Das letzte Kategoriensystem zur Auswertung der videobasierten Erhebung orientiert sich an der Dimension „topic" von Sherin und van Es (2009, S. 24), es wurde jedoch fast ausschließlich durch die Arbeit am Material entwickelt. Entstanden sind zwei Systeme, die gemeinsam die „Wahrnehmungsbereite" abbilden. Da in der Videovignette unterschiedliche Ereignisse identifiziert werden konnten, wurde vor der Arbeit am Material ein Kategoriensystem entwickelt, aus dem ersichtlich wird, welche dieser Ereignisse die Studierenden wahrgenommen haben, sodass sich die Subfacette *Wahrnehmen* dadurch abbilden ließ. Durch die Arbeit am Material ließ sich zusätzlich ein Kategoriensystem zu den Perspektiven herausbilden, die die Studierenden auf die wahrgenommenen Ereignisse einnehmen. So wurde deutlich, dass sich viele Äußerungen auf didaktische Überlegungen bezogen, die das Lehren und Lernen fokussierten, aber keinen fachlichen Bezug implizierten. Andere Äußerungen bezogen sich hingegen auf fachdidaktische Aspekte oder auf das Classroom Management. Diese beiden Kategoriensysteme sind vereinfacht in Tabelle 7.3 dargestellt.

Tabelle 7.3 Vereinfachte Darstellung der Kategoriensysteme zur „Wahrnehmungsbreite"	Kategoriensysteme	Kategorien
	Ereignisbezug	Ereignis 1: Gleichung aufstellen
		Ereignis 2: Schülerantworten
		…
	Perspektive	Ohne didaktischen Bezug
		Didaktischer Bezug
		Fachdidaktischer Bezug

Kategoriensystem zum leitfadengestützten Interview bezüglich der Einflüsse der Praxisphase auf die Professionelle Unterrichtswahrnehmung

Da die Frage nach den subjektiv empfundenen Ursachen für die Veränderung in der Professionellen Unterrichtswahrnehmung einen spezifischen Aspekt fokussiert, war für die Auswertung dieses Datenmaterials, anders als für die Daten der videobasierten Erhebung, nur ein Kategoriensystem zu erstellen. Zunächst wurden theoriebasiert, also deduktiv, die beiden Hauptkategorien „Schulische Erfahrungen" und „Begleitveranstaltungen" gesetzt, da eindeutig war, dass die Einflussfaktoren im Rahmen des Kernpraktikums in diesen beiden Bereichen situiert sein würden. Es wurde zunächst davon ausgegangen, dass die Studierenden sowohl durch die Praxis (regelmäßigen Schulbesuche, Hospitationen sowie die eigenen Unterrichtsversuche) beeinflusst sein würden als auch durch die begleitenden Seminarangebote. Bei der Auseinandersetzung mit den transkribierten Interviews stellte sich jedoch heraus, dass diese ersten Hauptkategorien ergänzt werden konnten, da unabhängig von diesen beiden Bereichen auch ganz allgemein das Planen und Reflektieren sowie der Austausch und damit verbundene Rückmeldungen als Ursachen für die Veränderung der Professionellen Unterrichtswahrnehmung angeführt wurden. Außerdem war eine Ausdifferenzierung der Hauptkategorien in Subkategorien möglich, wodurch sich weitere Einblicke eröffneten. So war festzustellen, dass die schulischen Erfahrungen, die die Studierenden als mögliche Ursachen für die Veränderung ihrer Professionellen Unterrichtswahrnehmung angaben, von ihnen häufig sehr differenziert auf Erfahrungen während des eigenen Unterrichts, aber auch auf Erfahrungen aus Hospitationen bezogen wurden. Die dritte Subkategorie „undefiniert" wurde vergeben, wenn aus den Äußerungen nicht hervorging, ob sich diese auf die eigenen Unterrichtsversuche oder Hospitationen bezogen.

Ähnliches zeigte sich auch in der Hauptkategorie „Begleitveranstaltungen": Die Studierenden benannten explizit Seminare und unterschieden die Vorbereitung der mündlichen Prüfung, die im Rahmen des fachdidaktischen Begleitseminars durchgeführt wurde, von dem eigentlichen Seminar. Tabelle 7.4 zeigt das Kategoriensystem in einer Übersicht.

Tabelle 7.4 Vereinfachte Darstellung des Kategoriensystems „Subjektiv empfundene Ursachen für die Veränderung der Professionellen Unterrichtswahrnehmung"

Hauptkategorien	Subkategorien
Schulische Erfahrungen	Eigener Unterricht
	Hospitieren
	Undefiniert
Begleitveranstaltungen	Fachdidaktisches Begleitseminar
	Reflexionsseminar
	Vorbereitung Abschlussprüfung
	Andere universitäre Seminare

(Fortsetzung)

Tabelle 7.4 (Fortsetzung)

Hauptkategorien	Subkategorien
Austausch und Rückmeldungen	Mentorin oder Mentor
	Tandempartnerin oder -partner
	Andere Personen
Planen und Reflektieren	*Zu dieser Hauptkategorie wurden keine Subkategorien gebildet*
Sonstiges	*Zu dieser Hauptkategorie wurden keine Subkategorien gebildet*

Die Bildung der Kategoriensysteme und das Codieren mit diesen, also die Zuordnung von Textstellen zu den entsprechenden Kategorien, wurde mithilfe der QDA-Software MAXQDA 2018 durchgeführt. Die Codiereinheiten und Besonderheiten der einzelnen Kategoriensysteme sind in ihrer ausführlichen Darstellung dem Anhang zu entnehmen. Die Ergebnisse, die durch die Auswertung mit diesen Kategoriensystemen gewonnen wurden, werden in den Kapiteln 8 und 9 präsentiert.

Wie bis hierhin deutlich geworden ist, können sowohl mit der empiriegeleiteten als auch mit der theoriegeleiteten Kategorienbildung handhabbare Kategoriensysteme generiert werden, mit denen sich das umfängliche Textmaterial analytisch strukturieren lässt, indem Textstellen kategorial zugeordnet werden. Durch diese systematische Arbeit mit Kategorien, bietet sich nach Mayring (2001, Absatz 16) zusätzlich eine Auffassung dieser Zuordnung von Textstellen als Daten an. Die inhaltlich strukturierende qualitative Inhaltsanalyse wird daher durch weitere Datenanalysen ergänzt. Diese werden im folgenden Kapitel beschrieben.

7.2.3 Ergänzende Datenanalyse

Die inhaltlich strukturierende qualitative Inhaltsanalyse mit der Zuordnung von Aussagen zu den entwickelten Kategorien und der Auffassung dieser Zuordnungen als Daten generiert Zahlenwerte und somit Häufigkeiten. Dies wird insbesondere durch die Nutzung von unterstützenden Computerprogrammen möglich, wie hier durch das Programm MAXQDA. Ergänzend soll daher das im vorangegangenen Kapitel dargestellte Verfahren der inhaltlich qualitativen Inhaltsanalyse durch das Verfahren einer quantitativ ausgerichteten Datenanalyse unterstützt werden.

Hierbei besteht grundsätzlich die Möglichkeit

- „die Kategorien nach der Häufigkeit ihres Auftauchens im Material zu ordnen, Prozentangaben zu berechnen;
- solche Häufigkeitslisten zwischen verschiedenen Materialteilen (z. B. Interviews) zu vergleichen;
- auch einfache ordinale Kategoriensysteme (hoch – mittel – niedrig) einzusetzen, Maße der zentralen Tendenz zu berechnen, Vergleiche zwischen Materialgruppen anzustellen" (Mayring, 2001, Absatz 16).

Die so generierten Zahlenwerte können „Argumentationen verdeutlichen, als Indiz für Theorien und als Unterfütterung für Verallgemeinerungen gelten" (Kuckartz, 2018, S. 54). In der folgenden Ergebnisdarstellung (Kapitel 8) sollen diese Möglichkeiten für die zusätzliche Auswertung der qualitativ gewonnenen Daten genutzt und folgende quantitative Kennwerte bzw. Methoden angewendet werden:

- der Mittelwert: „zur Kennzeichnung der zentralen Tendenz der Verteilung" (Bortz & Schuster, 2010, S. 25) bezogen auf die unterschiedlichen Kategorien und Erhebungsgruppen;
- die Standardabweichungen: „als „repräsentative" Abweichung vom Zentrum der Verteilung" (Bortz & Schuster, 2010, S. 31), um die ggf. vorhandene Unterschiedlichkeit der Ergebnisse innerhalb einer Erhebungsgruppe darzustellen;
- ein Signifikanztest: zur Absicherung der Veränderungen zwischen den zwei Erhebungszeitpunkten gegen den Zufall;
- die Effektstärke: zur Bewertung der praktischen Bedeutsamkeit bei signifikanten Unterschieden.

Um die Veränderungen der Ergebnisse von der Prä- zur Posterhebung auf Signifikanz zu überprüfen, ist es sinnvoll, den Mittelwertunterschied zwischen den Stichproben als Kennwert heranzuziehen. Da in diesem Fall Werte aus zwei Erhebungen – der Prä- und der Posterhebung – miteinander verglichen wurden, handelt es sich um einen Vergleich zweier Stichproben, die abhängig bzw. verbunden sind (Bortz & Schuster, 2010, S. 124). Abhängig bedeutet dabei, „dass jeweils ein Wertepaar aus beiden Stichproben sinnvoll und eindeutig einander zugeordnet werden kann" (Zöfel, 2003, S. 123). Diese Abhängigkeit und folglich eindeutige Zuordnung besteht in den hier vorliegenden Daten, da mit einer Stichprobe zwei Messungen durchgeführt wurden. Die Studierenden, die an der Prä- und Posterhebung teilgenommen haben, können demnach paarweise einander zugeordnet werden. Zusätzlich handelt es sich bei den qualitativ gewonnenen Daten um intervallskalierte und hinreichend normalverteilte Daten. Unter Beachtung dieser Kriterien war der t-Test für Beobachtungspaare bzw. abhängige Stichproben auszuwählen. Der t-Test hat dabei das Ziel, Unterschiede in der Ausprägung der abhängigen Variable, zwischen den zwei verbundenen Gruppen zu identifizieren, indem überprüft wird, ob die Nullhypothese $H_0 : \mu_1 = \mu_2$ widerlegt werden kann (Bortz & Schuster, 2010, S. 117; Zöfel, 2003, S. 128). Im Folgenden wird die Durchführung des Tests beispielhaft anhand der Anzahl von Äußerungen der Studierenden[7] (Tabelle 7.5) dargestellt.

Tabelle 7.5 Anzahl der geäußerten Kommentare zur Videovignette pro Studierende/Studierenden

Studierende	Anzahl der Äußerungen vor der Praxisphase	Anzahl der Äußerungen nach der Praxisphase	Differenz d
1	9	11	-2
2	7	7	0
3	7	6	1
4	6	7	-1
5	6	6	0
6	6	12	-6
7	5	6	-1
8	15	18	-3
9	4	10	-6
10	3	12	-9
11	2	6	-4
12	4	5	-1
13	5	2	3
14	3	10	-7
15	8	11	-3
16	8	6	2
17	3	5	-2
18	3	8	-5
19	7	12	-5
20	7	11	-4
Summe	118	171	-53

[7]Diese Werte werden in der Ergebnisdarstellung nicht verwendet und dienen ausschließlich der beispielhaften Veranschaulichung des Tests.

Überprüft wird die Nullhypothese $H_0 : \mu_1 = \mu_2$. Als Indikator für einen möglichen bestehenden Unterschied dient die Differenz der Mittelwerte jedes einzelnen Beobachtungspaars

$$d_i = x_{i1} - x_{i2}.$$

Die Stichprobe wird demnach als Gruppe von Differenzwerten aufgefasst.

Da die Differenz der Mittelwerte bzw. der Mittelwert der Differenzen auf Signifikanz überprüft werden sollen, werden zunächst die Mittelwerte $\bar{x}_1$ und $\bar{x}_2$ der Äußerungen

$$\bar{x}_1 = \frac{118}{20} = 5,90$$

$$\bar{x}_2 = \frac{171}{20} = 8,55$$

und die Differenz dieser Mittelwerte $\bar{d}$ für jede Stichprobe, also für die Prä- und die Posterhebung, berechnet:

$$\bar{d} = \bar{x}_1 - \bar{x}_2 = \frac{\sum_{i=1}^{n} d_i}{n} = -2,65.$$

Zusätzlich ist die Standardabweichung s zu berechnen:

$$s = \sqrt{\frac{\sum_{i=1}^{n} d_i^2 - \frac{(\sum_{i=1}^{n} d_i)^2}{n}}{n-1}} = \sqrt{\frac{327 - \frac{(-53)^2}{20}}{20-1}} \approx 3,13344.$$

Die Prüfgröße t dieses Tests ist durch seine Voraussetzungen (Schätzung der Standardabweichung durch die Stichprobenstandardabweichung s) t-verteilt und kann mit

$$t = \frac{|\bar{d}| \cdot \sqrt{n}}{s}$$

in diesem Fall durch

$$\frac{2,65 \cdot \sqrt{20}}{3,13344} \approx 3,782$$

berechnet werden.

Die t-Verteilung ist abhängig von der Anzahl der Freiheitsgrade und besitzt n-1 Freiheitsgrade, was in diesem Rechenbeispiel 19 Freiheitsgraden entspricht. Der so ermittelte t-Wert kann nun mit der Verteilungsfunktion der t-Verteilung für die gegebenen Freiheitsgrade verglichen werden, um das entsprechende Signifikanzniveau zu bestimmen (Bortz & Schuster, 2010, S. 124 f.; Zöfel, 2003, S. 128 f.). Die Berechnungen des Signifikanzniveaus erfolgten mittels des Programms SPSS. Im Folgenden gelten Veränderungen dann als signifikant, wenn sie mindestens auf einem 5 %-Niveau signifikant sind.

Um bei signifikanten Veränderungen zu überprüfen, wie groß der Effekt – also die praktische Bedeutsamkeit der Änderung – ist, wird neben dem t-Test für abhängige Stichproben auch die Effektstärke nach Cohen (1988, S. 19 ff.) berechnet. Diese lässt sich für Beobachtungspaare mit

$$\delta = \frac{\mu_d}{\sigma_d}$$

berechnen. Dabei spricht man ab einer Effektstärke von $\delta = 0,2$ von einer kleinen, ab $\delta = 0,5$ von einer mittleren und ab $\delta = 0,8$ von einer großen praktischen Bedeutsamkeit (Bortz & Schuster, 2010, S. 108 f.).

Die hier dargestellte ergänzende Datenanalyse bezieht sich auf Kategorien der inhaltlich strukturierenden qualitativen Inhaltsanalyse. Aufbauend auf diese Kategorien kann auch ein typenbildendes Verfahren angewendet werden, das die Ergebnisdarstellung ebenso wie die hier beschriebene ergänzende Datenanalyse bereichern kann. Das Verfahren der Typenbildung, das sich an der typenbildenden qualitativen Inhaltsanalyse nach Kuckartz (2018, S. 143 ff.) orientiert, wird im Folgenden erläutert.

7.2.4   Typenbildende qualitative Inhaltsanalyse

Die in Abschnitt 7.2.2 dargestellten Kategoriensysteme verdeutlichen die Vielfalt und Komplexität des Konstrukts der Professionellen Unterrichtswahrnehmung. Diese ist unabdingbar, um dem Gegenstand gerecht zu werden, führt jedoch zu einer erschwerten Erfassung des Gegenstandsbereichs. Die typenbildende qualitative Inhaltsanalyse unterstützt durch die Erarbeitung mehrdimensionaler Muster die Übersichtlichkeit sowie das Verständnis komplexer Gegenstandsbereiche. Gleichzeitig können die Vielfalt und Breite sowie das Typische des Themenfelds (Kelle & Kluge, 2010, S. 10 f.; Kuckartz, 2018, S. 143) und eine Entwicklung der Studierenden übersichtlicher abgebildet werden. Die typenbildende qualitative Inhaltsanalyse wird daher auch als ein zentrales Ziel der qualitativen Datenanalyse angesehen (Kuckartz, 2018, S. 143):

> *„Typenbildenden Verfahren können im Forschungsprozeß nämlich sowohl deskriptive als auch hypothesengenerierende Funktionen zukommen. Zunächst helfen sie bei der Beschreibung sozialer Realitäten durch Strukturierung und Informationsreduktion. Die Einteilung eines Gegenstandsbereichs in wenige Gruppen oder Typen erhöht dessen Übersichtlichkeit, wobei sowohl die Breite und Vielfalt des Bereichs dargestellt als auch charakteristische Züge, eben das ‚Typische' von Teilbereichen hervorgehoben wird. Durch die Bildung von Typen und Typologien kann deshalb eine komplexe soziale Realität auf wenige Gruppen bzw. Begriffe reduziert werden, um sie greifbar, und damit begreifbar zu machen."* (Kelle Kluge 1999, S. 9)

Es lag demnach nahe, mit einem Teil der durch die inhaltlich strukturierende qualitativen Inhaltsanalyse gewonnenen Ergebnisse eine Typenbildung durchzuführen, um ein besseres Verständnis der Professionellen Unterrichtswahrnehmung als komplexes Phänomen zu ermöglichen und deren Entwicklung bei den Studierenden prägnanter darstellen zu können.

In der Literatur (Kelle & Kluge, 2010, S. 94; Kuckartz, 2018, S. 143; Schreier, 2014b, Absatz 34) wird vorgeschlagen, bei der typenbildenden qualitativen Inhaltsanalyse direkt auf einer vorausgehenden, inhaltlich strukturierenden qualitativen Inhaltsanalyse aufzubauen. Da diese eine systematische Beschreibung der notwendigen Merkmale und deren Ausprägungen liefert, können die somit bereits bestehende Kategorien und Subkategorien zur Entwicklung des Merkmalsraums und dessen Ausprägungen dienen. Durch die Kombination der einzelnen Merkmale wird so ein Merkmalsraum konstruiert, innerhalb dessen Unterschiede und Ähnlichkeiten der einzelnen Fälle entdeckt werden können. Diese Entwicklung und die damit einhergehende Definition des aufzuspannenden Merkmalsraums ist grundlegend für die Typenbildung, da mit diesem nicht nur die verschiedenen Typen identifiziert werden, sondern dessen Merkmale und Merkmalsausprägungen die entstandenen Typen auch charakterisieren. Dabei sollte die Entwicklung eines Merkmalraums sowohl theoretisch als auch empirisch geleitet sein und eine Definition der Merkmale sowie deren Ausprägungen sollte bereits vor der eigentlichen Typenbildung erfolgen (Kelle & Kluge, 2010, S. 83; Kuckartz, 2016, S. 35). Der Merkmalsraum selbst sollte dabei durch mindestens zwei Merkmale aufgespannt werden, die die Achsen eines n-dimensionalen Raums bilden (Kuckartz, 2018, S. 146; Schreier, 2014b, Absatz 34). Diese Merkmale können dabei aus der vorherigen strukturierenden qualitativen Inhaltsanalyse abgeleitet

(Kuckartz, 2018, S. 143) und ihre Ausprägungen durch die entwickelten Subkategorien definiert werden (Kelle & Kluge, 2010, S. 83; Schreier, 2014b, Absatz 34). Innerhalb dieses Merkmalsraums gelingt es dann, durch Kontrastierung und Vergleiche die einzelnen Fälle zusammenzufassen und abzugrenzen, sodass sich „besonders prägnante Kombinationen von Merkmalsausprägungen, die untereinander ähnlich, von anderen Kombinationen von Merkmalsausprägungen jedoch deutlich abgrenzbar und unterscheidbar sind" (Schreier, 2014b, Absatz 34) identifizieren lassen und zu einzelnen Typen zusammengefasst werden können. Das Ergebnis dieses Gruppierungsprozesses führt somit zur Typologie, die durch die Gesamtheit aller entwickelter Typen entsteht (Kelle & Kluge, 2010, S. 85; Kluge, 1999, S. 26; Kuckartz, 2018, S. 146; Schreier, 2014b, Absatz 34). Dabei sollte zum einen eine „interne Homogenität auf der Ebene des Typus" erreicht werden, zum anderen eine „externe Heterogenität auf der Ebene der Typologie" (Kelle & Kluge, 2010, S. 85). Vereinfacht gesagt bedeutet dies, dass sich die Fälle innerhalb eines Typs möglichst stark gleichen und dass sich die einzelnen Typen innerhalb der Typologie gleichzeitig möglichst klar unterscheiden sollten.

Für eine nachvollziehbare und methodisch kontrollierte Durchführung der Datenauswertung wurde das Verfahren der typenbildenden qualitativen Inhaltsanalyse nach Kuckartz (2018) gewählt. Da sich auch die diversen regelgeleiteten Verfahren zur Typenbildung ähneln, die Darstellung bei Kuckartz (2018) sehr strukturiert ist und bereits das Vorgehen nach Kuckartz für die inhaltlich strukturierende qualitative Inhaltsanalyse (Abschnitt 7.2.1) optimal erschien, war die Entscheidung für dieses Verfahren naheliegend. Wie in Abbildung 7.4 dargestellt, gliedert Kuckartz (2018) den Prozess der typenbildenden qualitativen Inhaltsanalyse in acht Schritte.

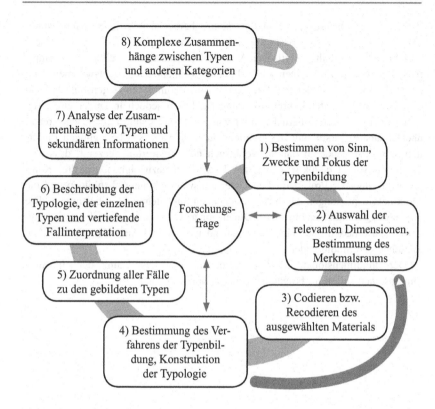

Abbildung 7.4 Ablaufschema der typenbildenden qualitativen Inhaltsanalyse (adaptiert von Kuckartz, 2018, S. 153)

Schritt 2, der kaum losgelöst von Schritt 1 auszuführen ist, umfasst die Auswahl der relevanten Dimensionen, mit denen der Merkmalsraum aufge-spannt wird. In diesem Schritt wird das Material darauf hin überprüft, inwieweit die relevanten Informationen bereits herausgearbeitet wurden. Hierfür können auch die im Rahmen eines vorherigen Analyseprozesses generierten Katego-rien und Subkategorien dahingehend überprüft werden, ob sie als Merkmale und deren Ausprägungen nutzbar sind, oder ob neue Kategorien zur Bildung eines Merkmalsraums entwickelt werden müssen. Im vorliegenden Fall waren die beste-henden Kategorien und Subkategorien der vorherigen inhaltlich strukturierenden qualitativen Inhaltsanalyse (Abschnitt 7.2.1 und 7.2.2) funktional, sodass auf die-ser Grundlage ein dreidimensionaler Merkmalsraum, der die drei Subfacetten

Wahrnehmen, Interpretieren und *Entscheiden* berücksichtigt, aufgespannt wurde (Abbildung 7.5). Die Fokussierung auf diese drei Aspekte lässt sich kongruent zum bisherigen inhaltsanalytischen Vorgehen sowohl theoretisch als auch empirisch begründen: Zum einen stellt die Professionelle Unterrichtswahrnehmung durch die Einbindung der drei Subfacetten einen komplexen Gegenstandsbereich dar, der zentral in der Lehrerausbildung ist, bisher jedoch in keiner empirisch basierten Typenbildung berücksichtigt wurde.[8] Damit kann die hier angestrebte, überschaubare Darstellung des Bereichs auch für weitere Überlegungen förderlich sein. Zum anderen hat die vorausgehende Auswertung gezeigt, dass sich die induktiv und deduktiv gebildeten Kategorien dazu eignen, die drei Kompetenzfacetten der Professionellen Unterrichtswahrnehmung abzubilden und die Merkmalsausprägungen durch die bestehenden Subkategorien zu bestimmen. Die Art bzw. Quantität der einzelnen Dimensionen lassen sich anhand dieser Kategorien gut erfassen und zeigen ausreichend Unterschiede und Gemeinsamkeiten zwischen den Studierenden.

Der dreidimensionale Merkmalsraum und die Ausprägung der einzelnen Dimensionen sollen im Folgenden näher erläutert werden.

---

[8] Van Es (2011, S. 139) entwickelte vier Level, in die sie ihre Probandinnen und Probanden einteilte. Diese beinhaltet unter anderem aber keine differenzierte Betrachtung von Entscheidungen (siehe auch Abschnitt 2.2.3).

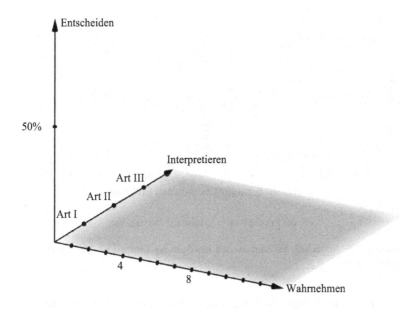

Abbildung 7.5 Aufgespannter Merkmalsraum zur Typenbildung

Dimension 1: Wahrnehmen

Die erste Dimension „Wahrnehmen" wird durch die Anzahl der wahrgenomme-nen Ereignisse determiniert. Demnach zeigt diese Dimension eine Ausprägung der absoluten Häufigkeit, die sich von null bis zwölf wahrgenommenen Ereig-nissen der Vignette erstrecken kann (Abschnitt 7.1.3). Dabei zählt ein Ereignis als wahrgenommen, sobald die teilnehmende Person eine Interpretation oder Ent-scheidung zu diesem Ereignis geäußert hat. Hierbei wird nicht berücksichtigt, ob auch eine Interpretation und/oder eine Entscheidung formuliert wurde, da davon ausgegangen wird, dass ein Ereignis wahrgenommen wurde, sobald eine diesbe-zügliche Äußerung erfolgt (Abschnitt 7.2). Abbildung 7.6 zeigt die Verteilung der 20 Studierenden bezogen auf die Anzahl der wahrgenommenen Ereignisse im Vergleich der Prä- und der Posterhebung.

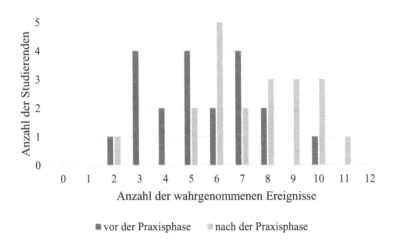

■ vor der Praxisphase   ■ nach der Praxisphase

Abbildung 7.6 Verteilung der Studierenden innerhalb der Dimension „Wahrnehmen" im Prä-Post-Vergleich

Da ein Ziel der Typenbildung die Komplexitätsreduktion ist, wurden die Ausprägungen dieser Dimension auf eine handhabbare Anzahl reduziert. In diesem Schritt resultierte aufgrund der vorliegenden Daten eine Einteilung in drei Ausprägungen, die für den weiteren Bildungsprozess der Typologie zielführend war. In Tabelle 7.6 sind drei Häufungen um drei, sechs und zehn wahrgenommene Ereignisse erkennbar. Zusätzlich zeigt sich, dass bei bis zu vier wahrgenommenen Ereignissen mit einer Ausnahme nur Fälle der Präerhebung vorkommen, bei fünf bis acht Ereignissen ein gemischtes Auftreten der Fälle aus der Prä- und Posterhebung vorliegt und dass mit einer Ausnahme nur in der Posterhebung Fälle mit mindestens neun wahrgenommenen Ereignissen auftreten.

Tabelle 7.6 Verteilung der Studierenden innerhalb der Dimension „Wahrnehmen"

Anzahl der wahrgenommenen Ereignisse	Studierende						
2	Prä11	Post13					
3	Prä10	Prä14	Prä17	Prä18			

(Fortsetzung)

Tabelle 7.6 (Fortsetzung)

Anzahl der wahrgenommenen Ereignisse	Studierende					
4	Prä9	Prä12				
5	Prä2	Prä5	Prä7	Prä13	Post12	Post17
6	Prä4	Prä6	Post3	Post5	Post7	Post11	Post16
7	Prä1	Prä3	Prä19	Prä20	Post2	Post4
8	Prä15	Prä16	Post1	Post14	Post18	
9	Post9	Post10	Post20			
10	Prä8	Post6	Post15	Post19		
11	Post8					

Die insgesamt 40 untersuchten Fälle aus der Prä- und der Posterhebung ließen sich demnach gut durch eine Einteilung der Dimension in drei Ausprägungen abbilden. Die Dimension 1 „Wahrnehmen" wurde in folgende Ausprägungen differenziert:

- Geringe Anzahl wahrgenommener Ereignisse: null bis vier wahrgenommene Ereignisse
- Durchschnittliche[9] Anzahl wahrgenommener Ereignisse: fünf bis acht wahrgenommene Ereignisse
- Hohe Anzahl wahrgenommener Ereignisse: neun bis zwölf wahrgenommene Ereignisse

Die individuelle Verteilung der Studierenden innerhalb dieser Dimension kann Tabelle 7.7 entnommen werden.

---

[9]Das arithmetische Mittel beträgt 6,4 wahrgenommene Ereignisse pro Studierende bzw. Studierenden.

Tabelle 7.7 Verteilung der Studierenden innerhalb der Merkmalsausprägungen der Dimension „Wahrnehmen"

Ausprägung der Dimension 1	Studierende			
Geringe Anzahl wahrgenommener Ereignisse (0 bis 4)	Prä9	Prä10	Prä11	Prä12
	Prä14	Prä17	Prä18	Post13
Durchschnittliche Anzahl wahrgenommener Ereignisse (5 bis 8)	Prä1	Prä2	Prä3	Prä4
	Prä5	Prä6	Prä7	Prä13
	Prä15	Prä16	Prä19	Prä20
	Post1	Post2	Post3	Post4
	Post5	Post7	Post11	Post12
	Post14	Post16	Post17	Post18
Hohe Anzahl wahrgenommener Ereignisse (9 bis 12)	Prä8	Post6	Post8	Post9
	Post10	Post15	Post19	Post20

Dimension 2: Interpretieren

Um die zweite Subfacette der Professionellen Unterrichtswahrnehmung abzubilden, bezieht sich die zweite Dimension auf das Interpretieren der wahrgenommenen Ereignisse. Da die Anzahl der wahrgenommenen Ereignisse und die Anzahl der Ereignisse, zu denen Interpretationen geäußert wurden, kaum variiert, war eine Betrachtung der Quantität der Interpretationen in dieser Dimension nicht sinnvoll, da diese bereits in Dimension 1 mit abgebildet wird und somit eine Dopplung dargestellt hätte. Dem Aspekt der Quantität wäre so eine übermäßige Bedeutung zugewiesen worden. Daher wurde die Häufigkeit der Interpretationen innerhalb dieser Dimension nicht berücksichtigt.

Die Ausprägung der Dimension 2 wird durch die Subkategorien der Kategorie „Interpretation" – Bewertung oder subjektive Beschreibung (Art I), Begründung (Art II) und umfassende Begründung (Art III) – bestimmt. Hierbei wurden die Studierenden nach einem Regelsystem, das auf der Anzahl von Interpretationen einer bestimmten Art basiert, den drei Interpretationsarten zugeordnet. Das komplexe Regelsystem mit der jeweiligen Zuordnung ist in Abbildung 7.7 als Entscheidungsdiagramm dargestellt.

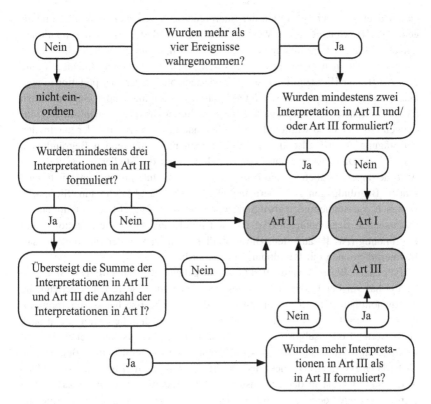

Abbildung 7.7 Entscheidungsdiagramm zur Einordnung in der Dimension „Interpretieren"

Für Studierende, die in Dimension 1 nur wenige Ereignisse (0 bis 4) wahrgenommen haben, wurde keine Zuordnung vorgenommen, da eine genauere Betrachtung der Interpretationsarten bei so wenigen Interpretationen nicht sinnvoll erschien. Da viele Studierende insbesondere in der Interpretationsart II und III, die über eine Bewertung oder subjektive Beschreibung hinausgehen, nur eine Interpretation geäußert haben und davon ausgegangen wird, dass dies auch zufällig geschehen kann, wurden alle Studierenden, die maximal eine Interpretation mit Begründung (Art II) und umfassender Begründung (Art III) getätigt haben, in dieser Dimension der Art I zugeordnet. Dabei kann jede Art einmal erreicht worden sein. Anschließend wurden die Interpretationen der übrigen Studierenden darauf überprüft, bei wie vielen der Interpretationen sie umfassende Begründungen (Art III) geäußert haben. Wenn Studierende mindestens drei Interpretationen mit umfassenden Begründungen formuliert haben, wenn zusätzlich die Summe der Interpretationen, die über die Bewertung oder Beschreibung hinausgeht, sie also Art II oder III zuzuordnen sind, mindestens 50 % aller Interpretationen ausmacht und wenn die Anzahl der Interpretationen mit umfassenden Begründungen (Art III) mindestens so groß ist wie die Anzahl der Interpretationen mit Begründungen (Art II), dann wurden diese Studierenden in Dimension 2 der maximalen Ausprägung Art III, also den Interpretationen mit umfassenden Begründunen, zugeordnet. Dies erfolgte unter der Annahme, dass die Studierenden, die diese Anforderungen erfüllen, generell in der Lage sind, Interpretationen mit umfassenden Begründungen zu äußern und dies entsprechend häufig tun. Sie waren demnach von Studierenden abzugrenzen, die weniger als drei Interpretationen mit umfassenden Begründungen (Art III) und mindestens zwei Interpretationen mit Begründung (Art II) äußerten. Diese Studierenden wurden der Interpretationsart II, Interpretationen mit Begründungen, zugeordnet.

Folgendes Beispiel verdeutlicht das Vorgehen im Einzelfall: Die Studentin Carina hat vor der Praxisphase insgesamt zehn Ereignisse in der Videovignette wahrgenommen (Dimension 1). Zu neun dieser Ereignisse hat sie Interpretationen formuliert. In der vorherigen Inhaltsanalyse waren drei dieser Interpretationen als bewertend oder subjektiv beschreibend (Art I), vier als Interpretationen mit Begründung (Art II) und zwei als Interpretationen mit umfassender Begründung (Art III) einzuordnen. Da mehr als eine Interpretation Art II bzw. III zuzuordnen war, konnte Carina in der Dimension 2 „Interpretieren" nicht Art I zugeordnet werden. Da außerdem keine drei Interpretationen mit umfassender Begründung (Art III) formuliert wurden, konnte hier ebenfalls nicht die Ausprägung Art III festgestellt werden. Somit war dieser Fall in dieser Dimension der Art II, Interpretation mit Begründung, zuzuordnen.

Die daraus entstandene Verteilung der Studierenden innerhalb der Dimension „Interpretieren" ist Abbildung 7.8 zu entnehmen. Die individuelle Verteilung der einzelnen Studierenden zeigt Tabelle 7.8.[10]

---

[10]In der Abbildung und der Tabelle 7.8 sind die folgenden Probandinnen und Probanden nicht aufgenommen, da diese in Dimension 1 nur wenige Ereignisse (0 bis 4) wahrgenommen haben und demnach eine Zuordnung in der Dimension 2 nicht zielführend war: Prä9, Prä10, Prä11, Prä12, Prä14, Prä17, Prä18, Post13.

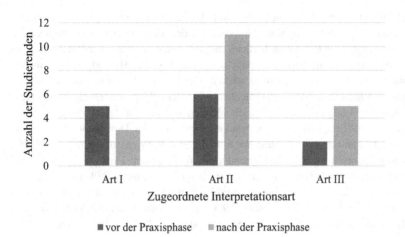

Abbildung 7.8 Verteilung der Studierenden innerhalb der Merkmalsausprägungen der Dimension „Interpretieren" im Prä-Post-Vergleich

Tabelle 7.8 Verteilung der Studierenden innerhalb der Merkmalsausprägungen der Dimension „Interpretieren"

Ausprägung der Dimension 2	Studierende					
Art I	Prä2	Prä5	Prä6	Prä7	Prä16	Post12
	Post17	Post20				
Art II	Prä1	Prä3	Prä4	Prä8	Prä15	Prä20
	Post1	Post2	Post3	Post4	Post5	Post7
	Post9	Post11	Post14	Post16	Post18	
Art III	Prä13	Prä19	Post6	Post8	Post10	Post15
	Post19					

Dimension 3: Entscheiden
Als dritte Subfacette der Professionellen Unterrichtswahrnehmung wurde in Abschnitt 2.2.5 das *Entscheiden* definiert. Daher wird im Rahmen der Typenbildung die dritte Dimension durch die formulierten Entscheidungen zu den wahrgenommenen Ereignissen determiniert. Da die Anzahl der Entscheidungen im Gegensatz zu der Anzahl der Interpretationen teilweise deutlich von der Anzahl der wahrgenommenen Ereignisse abweicht, war eine Betrachtung der

Häufigkeiten an dieser Stelle sinnvoll. Da in Dimension 1 jedoch bereits die wahrgenommenen Ereignisse dargestellt werden, die Anzahl hier deutlich variiert und auch bereits Ereignisse berücksichtigt wurden, zu denen nur Entscheidungen formuliert wurden, hätte die Betrachtung der absoluten Häufigkeit der Entscheidungen abermals eine teilweise stärkere Gewichtung der Dimension 1 bedeutet. Daher schien in diesem Zusammenhang eine Betrachtung der relativen Häufigkeit sinnvoll: Die Quantität der Entscheidungen wurde in Relation zu den wahrgenommenen Ereignissen als Dimensionsausprägung der Dimension 3 gefasst. Es erfolgte somit eine Zuordnung der Studierenden bezogen auf die relative Häufigkeit der Entscheidungen. Studierende, die in Dimension 1 nur wenige Ereignisse wahrgenommen haben, wurden auch in dieser Dimension nicht berücksichtigt, da dies auch hier bei der geringen Anzahl von wahrgenommenen Ereignissen nicht sinnvoll erscheint. In Abbildung 7.9 ist die Verteilung der relativen Häufigkeit formulierter Entscheidungen der Studierenden in 5 %-Intervallen dargestellt[11].

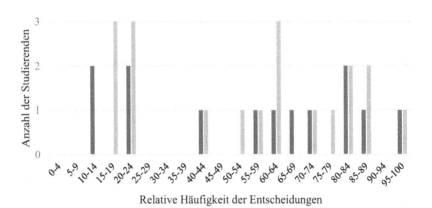

Abbildung 7.9 Verteilung der Studierenden innerhalb Dimension „Entscheiden" im Prä-Post-Vergleich

---

[11]In der Abbildung und der folgenden Tabelle 7.9 sind die folgenden Probandinnen und Probanden nicht aufgenommen, da diese in Dimension 1 nur wenige Ereignisse (0 bis 4) wahrgenommen haben und demnach eine Zuordnung in Dimension 3 nicht zielführend war: Prä9, Prä10, Prä11, Prä12, Prä14, Prä17, Prä18, Post13.

Tabelle 7.9 Verteilung der Studierenden innerhalb der Merkmalsausprägungen der Dimension „Entscheiden"

Ausprägung der Dimension 3	Studierende						
Zu maximal 50 % Entscheidungen	Prä5	Prä7	Prä15	Prä19	Prä20	Post5	Post7
	Post9	Post11	Post14	Post15	Post17	Post20	
Zu mehr als 50 % Entscheidungen	Prä1	Prä2	Prä3	Prä4	Prä6	Prä8	Prä13
	Prä16	Post1	Post2	Post3	Post4	Post6	Post8
	Post10	Post12	Post16	Post18	Post19		

Da eine genauere Betrachtung der Ausprägung in Dimension 3 „Entscheiden" für die Typenbildung nicht praktikabel war und sich insbesondere zwei Häufungspunkte abzeichneten, wurde die Ausprägung dieser Dimensionen auf zwei Gruppen beschränkt. Dabei umfasst die eine Gruppe die Fälle, die zu maximal 50 % der wahrgenommenen Ereignisse Entscheidungen geäußert haben, die andere diejenigen, bei denen dies bei mehr als 50 % der wahrgenommenen Ereignisse der Fall war. Die daraus resultierende Verteilung der Studierenden auf diese zwei Gruppen ist in Tabelle 7.9 dargestellt.

Da bereits in Schritt 2 des Ablaufschemas der typenbildenden qualitativen Inhaltsanalyse die drei Dimensionen des Merkmalsraums und ihre Ausprägungen auf Grundlage der durch die inhaltlich strukturierende qualitative Inhaltsanalyse entstandenen Kategorien und Subkategorien definiert wurden, konnte das in Schritt 3 nach Kuckartz (2018) geforderte Codieren bzw. Recodieren des Materials an dieser Stelle entfallen.

Schritt 4 mit der „Bestimmung des Verfahrens der Typenbildung" und der „Konstruktion der Typologie" bildet in dieser Studie, neben dem Aufspannen des Merkmalsraums, das Herzstück der typenbildenden qualitativen Inhaltsanalyse. In diesem Schritt werden der Umfang und die Struktur der entstehenden Typologie konfiguriert, sodass in dieser Phase der Typenbildung zu entscheiden ist, welche Konstruktion am ehesten für die Beantwortung der Forschungsfrage zielführend ist. Um hier ein optimales Ergebnis sicherzustellen, erfolgte die Konstruktion der Typologie unter Berücksichtigung der Forschungsfrage und der Bestimmung des Merkmalsraums (Schritt 2) in einem interativen Prozess der Reflexion und Modifikation. Kritische und problematische Aspekte, die sich unter anderem in Beratungssituationen herauskristallisierten, wurden berücksichtigt und der aufgespannte Merkmalsraum passend zur Konstruktion der Typologie modifiziert, um schließlich eine maximal passende Typologie zu konstruieren. Es zeigt sich demnach, dass es sich bei dem modellierten Ablauf nach Kuckartz (2018, S. 153) nur bedingt um eine lineare Abfolge der Schritte zur Typenbildung handelt, sondern vielmehr um ein zirkuläres Vorgehen, das bei komplexen Untersuchungsgegenständen zwingend erscheint.

Grundsätzlich gelingt die Konstruktion des Merkmalsraums im Anschluss an die Dimensionalisierung der Kategorien, „indem die relevanten Untersuchungskategorien (= Merkmale) miteinander kombiniert werden" (Kelle & Kluge, 1999, S. 78). Dabei kann die Nutzung einer Kreuztabelle (auch Mehrfeldertafel) als heuristische Strategie dienen, diesen Vorgang übersichtlich darstellen und sich einen Überblick über alle möglichen Kombinationen zu verschaffen (Kelle & Kluge, 2010, S. 87). Da eine Darstellung der drei Dimensionen – die Betrachtung der einzelnen Merkmale und ihrer Ausprägungen – die bereits die entsprechende Zuordnung der einzelnen Fälle enthält, in einer einfachen Kreuztabelle nicht übersichtlich möglich gewesen wäre, wurden in Tabelle 7.10 die drei Merkmale in den Spalten und die Ausprägungen in den entsprechenden Zeilen abgetragen.

Tabelle 7.10   Zuordnung der Studierenden zu den Ausprägungen der Dimensionen des Merkmalsraums

Dimension 1: Wahrnehmen	Dimension 2: Interpretieren	Dimension 3: Entscheiden	
Geringe Anzahl wahrgenommener Ereignisse Prä9, Prä10, Prä11, Prä12, Prä14, Prä17, Prä18, Post13	Eine genauere Betrachtung der Interpretationsarten und des Anteils der Entscheidung an den wahrgenommenen Ereignissen erfolgt nicht, da die Anzahl der wahrgenommenen Ereignisse zu gering ist.		
Durchschnittliche Anzahl wahrgenommener Ereignisse Prä1, Prä2, Prä3, Prä4, Prä5, Prä6, Prä7, Prä13, Prä15, Prä16, Prä019, Prä020, Post1, Post2, Post3, Post4, Post5, Post7, Post11, Post12, Post14, Post16, Post17, Post18	Art I Prä2, Prä5, Prä6, Prä7, Prä16, Post12, Post17	Maximal 50 % Prä5, Prä7, Post17	
		Über 50 % Prä2, Prä6, Prä16, Post12	
	Art II Prä1, Prä3, Prä4, Prä15, Prä20, Post1, Post2, Post3, Post4, Post5, Post7, Post11, Post14, Post16, Post18	Maximal 50 % Prä15, Prä20, Post5, Post7, Post11, Post14	
		Über 50 % Prä1, Prä3, Prä4, Post1, Post2, Post3, Post4, Post16, Post18	
	Art III Prä13, Prä19	Maximal 50 % Prä19	
		Über 50 % Prä13	
Hohe Anzahl wahrgenommener Ereignisse Prä8, Post6, Post8, Post9, Post10, Post15, Post19, Post20	Art I Post20	Maximal 50 % Post20	
		Über 50 % ---	
	Art II Prä8, Post9	Maximal 50 % Post9	
		Über 50 % Prä8	
	Art III Post6, Post8, Post10, Post15, Post19	Maximal 50 % Post15	
		Über 50 % Post6, Post8, Post10, Post19	

Bei der Typenbildung kann generell zwischen der Bildung von Idealtypen und von Realtypen unterschieden werden (Kuckartz, 2010, S. 556), wobei die Bildung von Idealtypen wie bereits erläutert auf Max Weber zurückgeht (Abschnitt 6.3).

Der Idealtypus wird als ein Gedankenbild beschrieben, das weder Wirklichkeit wiedergibt noch Schema darstellen soll, in das die Wirklichkeit eingeordnet wird, sondern durch das eine verstärkte Beachtung einzelner Gesichtspunkte angestrebt wird (Weber, 1922 (1985), S. 194 f.). „In seiner begrifflichen Reinheit ist dieses Gedankenbild nirgends in der Wirklichkeit empirisch vorfindbar, es ist eine Utopie" (Weber, 1922 (1985), S. 191). Diese Typenbildung impliziert also immer auch eine gewisse Überzeichnung der Realität. Da das Ziel dieser Typenbildung auch die Beantwortung der Forschungsfrage nach Veränderungen der Professionellen Unterrichtswahrnehmung ist, erschien die Bildung von Idealtypen nicht zielführend. Stattdessen erfolgte eine Bildung von Realtypen, die so auch in den vorliegenden Daten empirisch vorfindbar waren (Kuckartz, 2010, S. 556)[12].

Für das weitere Vorgehen erwies sich die Bildung merkmalshomogener Typen mit dem Ergebnis einer Typologie, bei der alle „Elemente eines Typs identische Merkmalsausprägungen besitzen" (Kuckartz, 2018, S. 148) als ungeeignet. Zum einen ist diese Art der Typenbildung eher theoriebasiert sinnvoll, wenn kein direkter Bezug zur empirischen Realität beabsichtigt ist. Zum anderen hätte das Vorgehen durch den Merkmalsraum mit drei Dimensionen und mehreren Ausprägungen eine hochkomplexe Typologie mit einer Vielzahl von Typen produziert[13] und somit dem Ziel der Reduktion zur besseren Übersichtlichkeit und Verständlichkeit widersprochen. Als deutlich geeigneter zeigte sich eine Kombination der „Typenbildung durch Reduktion" und der „Bildung merkmalsheterogener Typen" (Kuckartz, 2018, S. 149 f.). Im Zuge dieses Vorgehens lässt sich die große Anzahl merkmalshomogener Typen durch eine von Lazarsfeld (1937, S. 132 ff.) dargestellte funktionale und pragmatische Reduktion verringern. So konnte eine Typologie entwickelt werden, die lediglich aus sechs Typen besteht. Diese sind merkmalsheterogen und konnten in dieser Form nur aus den empirisch vorliegenden Daten gebildet werden.

Die Zuordnung der einzelnen Studierenden zu den in der Kreuztabelle generierten Zellen ermöglichte es, zusammenhängende Gruppen zu identifizieren und erleichterte somit das Bilden einzelner Typen, indem sich eine Häufung und Zusammengehörigkeit einzelner Fälle erkennen ließ. Zugleich wurden auch Kombinationen von Merkmalsausprägungen sichtbar, die nur selten bzw. gar nicht auftraten (Tabelle 7.10): Waren die Fälle in der Dimension „Interpretieren" in

---

[12]Der Begiff Realtyp ist dabei nicht zu verwechseln mit dem Begriff Prototyp. Während der Realtyp aus den empirischen Daten gebildet wird und einen eigenen Typ abbildet, ist der Prototyp ein realer Fall, der die Charakteristika eines meist Idealtyps repräsentiert (Bikner-Ahsbahs (2003, S. 215), Kelle und Kluge (2010, S. 105)).

[13]Die drei Dimensionen enthalten zwei bzw. drei Ausprägungen, sodass bei dieser Vorgehensweise 18 Merkmalskombinationen entstanden wären.

Art III, Interpretationen mit umfassender Begründung, einzuordnen, haben sie überwiegend auch mehr als acht Ereignisse der Videovignette wahrgenommen. Lediglich zwei der sieben Studierenden (Ulli, Prä13; Mohammad, Prä19), die in der Dimension „Interpretieren" Art III zugeordnet wurden, zeigten in der Dimension „Wahrnehmen" nicht die maximale Ausprägung (über acht Ereignisse), sondern nahmen lediglich fünf bis acht Ereignisse wahr. Gleichzeitig wurde deutlich, dass Studierende, die mehr als acht Ereignisse wahrgenommen haben, in der Dimension „Wahrnehmen" demnach die höchste Ausprägung zeigten, nur selten nicht den maximalen Ausprägungen in den Dimensionen 2 „Interpretieren" und 3 „Entscheiden" zuzuordnen waren. Lediglich für drei der acht Fälle, die in Dimension 1 „Wahrnehmen" die maximale Ausprägung zeigten, war dies in den Dimensionen 2 (Carina, Prä8; Arne, Post9; Merle, Post20) und 3 (Arne, Post9; Merle, Post20) nicht der Fall. Von den fünf Fällen, für die in den Dimension 1 und 2 die maximale Ausprägung festgestellt wurde, war lediglich Annette nach der Praxisphase (Post15) nicht der maximalen Ausprägung der Dimension 3 „Entscheiden" zuzuordnen.

Durch diese Zusammenfassung der Merkmalsausprägungen konnte nach mehreren Durchläufen, in denen immer auch eine Anpassung des Merkmalsraums erfolgte, eine passende Typologie mit einer überschaubaren Anzahl von Typen generiert werden. Eine genauere Beschreibung dieser bietet Abschnitt 8.2.

In Schritt 5 wurden die teilnehmenden Studierenden im System der Typologie einem der sechs Typen zugeordnet. Dabei war eine eindeutige Zuordnung sicherzustellen. Hierzu wurde ein Entscheidungsdiagramm entwickelt, um eine kontrollierte Zuordnung vorzunehmen (Abschnitt 8.2.1).

Die Schritte 6 bis 8 des Ablaufschemas zur Typenbildung beinhalten die Beschreibung der einzelnen Typen im Kontext der typologischen Abgrenzung, die Analyse der Zusammenhänge innerhalb der existierenden Typen sowie gegebenenfalls die Untersuchung komplexerer Zusammenhänge mit anderen existierenden Kategorien. Die Schritte 5 bis 8 werden im Ergebnisteil (Abschnitt 8.2) ausführlicher dargestellt.

Um die Gütekriterien qualitativer Forschung (Abschnitt 6.4) auch bei der typenbildenden qualitativen Inhaltsanalyse adäquat zu berücksichtigen, wurde wie bei der Bildung des Kategoriensystems und dessen Anwendung der gesamte Prozess der Ausarbeitung durch die in Abschnitt 7.2.1 beschriebenen Arbeitsgruppen stetig begleitet. Insbesondere dank der regelmäßigen Diskussion mit drei Fachdidaktikerinnen konnte der Prozess der Typenbildung immer wieder reflektiert, überprüft und optimiert werden.

Die anhand dieser in Abschnitt 7.2 dargestellten Methoden erlangten Ergebnisse werden in den folgenden Kapiteln 8 und 9 ausführlich präsentiert.

Teil IV
Darstellung der Ergebnisse

Ergebnisse zur Veränderung der Professionellen Unterrichtswahrnehmung

8

Zur Beantwortung der Forschungsfrage (A) „Verändert sich die Professionelle Unterrichtswahrnehmung der Studierenden in der Praxisphase des Masterstudiums und wenn ja, wie?" wurde die inhaltlich strukturierende und die typenbildende qualitative Inhaltsanalyse genutzt. Im folgenden Abschnitt 8.1 werden zunächst die Ergebnisse der inhaltlich strukturierenden qualitativen Inhaltsanalyse dargestellt, deren Datengrundlage mittels der videobasierten Erhebung gewonnen wurde, geordnet entsprechend der Forschungsfragen (A1) bis (A3) nach den drei Subfacetten der Professionellen Unterrichtswahrnehmung. Dem schließt sich in Abschnitt 8.2 die Darstellung der Ergebnisse der typenbildenden qualitativen Inhaltsanalyse an. Sie beruht auf einer Typologie mit sechs Typen zur der Professionellen Unterrichtswahrnehmung, denen die Studierenden jeweils in Prä- und der Posterhebung zugeordnet wurden, sodass anhand des Vergleichs die Entwicklung in jedem Einzelfall genau bestimmt werden konnte. Sowohl die Ergebnisse zu den drei Subfacetten als auch die Entwicklung innerhalb der Typologie zeigt eine deutliche Entwicklung der Professionellen Unterrichtswahrnehmung im Rahmen der Praxisphase.

8.1 Ergebnisse zu den Subfacetten der Professionellen Unterrichtswahrnehmung

„ehm (..) also beim beim 1. mal [...] da war mir tatsächlich wichtig dass man da in diese situation reingeht und das auch vor allem unterbindet während ich jetzt halt tatsächlich eher darauf geachtet habe ok waRUM kommt es überhaupt zu dieser situation und wie kann ich so eine situation vielleicht im voraus verhindern" (Carla, Interview2)

© Der/die Autor(en), exklusiv lizenziert durch Springer Fachmedien Wiesbaden GmbH, ein Teil von Springer Nature 2021
A. B. Orschulik, *Entwicklung der Professionellen Unterrichtswahrnehmung*, Perspektiven der Mathematikdidaktik, https://doi.org/10.1007/978-3-658-33931-9_8

Die zitierte Äußerung der Studentin Carla[1] stammt aus dem Interview, das sich an die Erhebung nach der Praxisphase anschloss. Sie lässt eine Veränderung der Professionellen Unterrichtwahrnehmung vermuten, die sich zum einen auf die Subfacette *Interpretieren* bezieht (*„warum kommt es überhaupt zu dieser situation"*), zum anderen auf das *Entscheiden* (*„und wie kann ich so eine situation vielleicht im voraus verhindern"*). Auch wenn es sich bei dieser Aussage lediglich um eine Selbsteinschätzung der Studierenden handelt, gehen hieraus die empirischen Befunde zur Veränderung der Professionellen Unterrichtswahrnehmung im Zuge der Praxisphase recht genau hervor. Diese zeigte sich in der Auswertung der videobasierten Erhebung in allen drei Subfacetten.

Im Folgenden werden die Ergebnisse separat für jede der Subfacetten *Wahrnehmen, Interpretieren* und *Entscheiden* vorgestellt.

8.1.1 Ergebnisse zur Subfacette Wahrnehmen

Die anfangs erwähnte Selbsteinschätzung der Studentin Carla scheint lediglich eine Entwicklung in den Subfacetten *Interpretieren* und *Entscheiden* nahezulegen. Wie die Auswertung der videobasierten Erhebung jedoch zeigte, veränderte sich die Professionelle Unterrichtswahrnehmung bei den Studierenden während der Praxisphase auch hinsichtlich der Subfacette *Wahrnehmen*. Die Wahrnehmung von unterrichtlichen Ereignissen wurde in der beschriebenen Erhebung durch das selbstgesteuerte Stoppen der Videovignette und das Formulieren von Äußerungen zu den wahrgenommenen Ereignissen erhoben (Abschnitt 7.1.2). Dabei wurde festgestellt, dass die Studierenden nach der Praxisphase mehr Ereignisse in der gezeigten Unterrichtssituation wahrnahmen und dass sich das Wahrnehmen bezüglich der Akteurinnen und Akteure veränderte, da nach der Praxisphase der Fokus deutlich häufiger auf die Schülerinnen und Schüler gerichtet wurde. Diese Ergebnisse werden im Folgenden genauer erläutert.

Wahrgenommene Ereignisse
In Abbildung 8.1 wird deutlich, dass fast alle der 20 Studierenden nach der Praxisphase mehr Ereignisse der Videovignette wahrnahmen als vorher. 17 der 20 Studierenden äußerten sich nach der Praxisphase zu mehr Ereignissen der Videovignette, lediglich drei Studierende nahmen hier weniger Ereignisse wahr. Auffällig ist dabei, dass Studierende, die vor der Praxisphase nur wenige

---

[1]Im Folgenden werden für die 20 Studierenden, die an der Erhebung teilgenommen haben, sowie für die Lehrkraft aus der Videovignette Pseudonyme genutzt.

Ereignisse wahrgenommen hatten, nun deutlich mehr Ereignisse kommentierten. So nahmen von den sieben Studierenden, die vor der Praxisphase maximal vier Ereignissen wahrgenommen hatten, fünf Studierende mindestens fünf Ereignisse wahr. Unter den übrigen 13 Studierenden dieser Erhebung gab es nur einen Fall (Carlotta), bei der ein solcher Anstieg der Anzahl wahrgenommener Ereignisse festgestellt wurde. Grundsätzlich wurde jedoch deutlich, dass auch Studierende, die bereits vor der Praxisphase viele der Ereignisse der Videovignette wahrnahmen, diese Fähigkeit im Zuge der Praxisphase verbesserten.

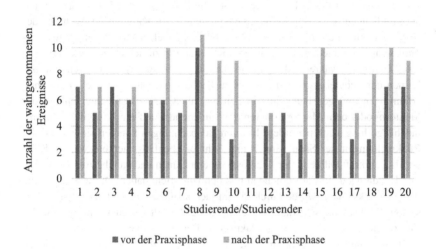

Abbildung 8.1   Anzahl wahrgenommener Ereignisse pro Studierende/Studierenden

Diese Entwicklung im Wahrnehmen wird auch deutlich, wenn man die Mittelwerte der Anzahl der wahrgenommenen Ereignisse vor und nach der Praxisphase miteinander vergleicht. So nahmen die 20 Studierenden vor der Praxisphase im Schnitt 5,4 der zwölf Ereignisse der Videovignette wahr (sd = 2,1), während nach dieser im Schnitt 7,4 Ereignisse (sd = 2,2) wahrgenommen wurden.

Diese Veränderung konnte durch den in 7.2.3 dargestellten t-Test für abhängige Stichproben auf Signifikanz überprüft werden. Der Test ergab, dass die Zunahme von im Durchschnitt zwei wahrgenommenen Ereignissen während der sechsmonatigen Praxisphase signifikant ist und eine hohe praktische Bedeutsamkeit hat (p = 0,001, d = 0,86).

Es kann vermutet werden, dass die Zunahme der Anzahl wahrgenommener Ereignisse mit den schulischen Praxiserfahrungen der Studierenden sowie mit dem universitär durchgeführten Begleitseminar in Zusammenhang stehen. Diese Vermutung kann beispielhaft anhand eines Ereignisses gestützt werden, das nach der Praxisphase deutlich häufiger wahrgenommen wurde als zuvor. Das Ereignis zeigt die Lehrkraft während der Arbeitsphase am Pult sitzend. Er schaut in die Klasse, die bis auf einen Schüler im Hintergrund nicht zu sehen ist. Es sind Gespräche und Lachen zu hören. Sieben Studierende nahmen dieses Ereignis vor der Praxisphase wahr, nach der Praxisphase waren es 15 der 20 Studierenden. Dieses Ereignis stellt die Rolle der Lehrkraft, die Bedeutung von Unterstützung und die Möglichkeit der Diagnose in Arbeitsphasen in den Vordergrund. Während der Hospitationen hatten die Studierenden vielfältige Gelegenheiten, ihre Aufmerksamkeit auf verschiedene Ereignisse im Klassenraum zu richten und das Verhalten einer Lehrkraft während der Arbeitsphasen sowie die Auswirkungen auf das Lernen der Schülerinnen und Schüler zu beobachten. Durch eigene Unterrichtserfahrungen und gegebenenfalls in den anschließenden Besprechungen mit der Mentorin oder dem Mentor konnten die Studierenden auf diesbezügliche Zusammenhänge hingewiesen werden. In ihren Beobachtungen konnten sie anhand der Rückmeldungen der Schülerinnen und Schüler ebenfalls merken, welche Rolle sie als Lehrkraft während der Arbeitsphase einnehmen und welche Auswirkungen ihre Handlungen auf die Lernenden und den Unterricht haben. Diese Ausrichtung der Aufmerksamkeit wurde durch die im fachdidaktischen Begleitseminar eingesetzten Beobachtungsaufträge (Abschnitt 5.2.2) gezielt gesteuert und unterstützt. Zusätzlich wurde in dem fachdidaktischen Begleitseminar die Rolle der Lehrkraft, der Umgang mit Fehlern sowie die Wichtigkeit der Diagnose in sämtlichen Unterrichtsphasen, so auch in Arbeitsphasen, thematisiert. Wie das beispielhaft erläuterte Ereignis zeigt, kann begründet angenommen werden, dass die Veränderung in der Wahrnehmung der Ereignisse darauf zurückgeht, dass theoretisches Wissen zu den spezifischen Aspekten aufgebaut und durch Praxiserfahrungen vertieft werden konnte.

Wahrgenommene Akteurinnen und Akteure
Neben der bereits beschriebenen deutlichen Ausweitung der Professionellen Unterrichtwahrnehmung der Studierenden auf mehrere Ereignisse der gezeigten Unterrichtssituation konnte durch die Auswertung bezüglich der Subfacette *Wahrnehmen* ebenfalls eine Entwicklung bezogen auf die von den Studierenden wahrgenommenen Akteurinnen und Akteure festgestellt werden.

„und hatte auch das gefühl so ein bisschen auch vom praktikum hat man noch so einen weiteren blick bekommen dass ich eben dann auch mEHr auf die schüler an sich geachtet habe und weniger also nicht weniger aber nicht nUr darauf was der lehrer macht" (Carlotta, Interview6)

Die Äußerung der Studentin Carlotta entstammt dem leitfadengestützten Interview, das nach der zweiten videobasierten Erhebung durchgeführt wurde. Auch diese Selbsteinschätzung zur Veränderung der eigenen Professionellen Unterrichtswahrnehmung gibt die Entwicklung bezüglich der wahrgenommenen Akteurinnen und Akteure im Zuge der sechsmonatigen Praxisphase passend wieder: Die 20 Studierenden richteten ihre Aufmerksamkeit nach der Praxisphase verstärkt auf die Schülerinnen und Schüler und nahmen diese häufiger und meist nicht nur als gesamte Klasse, sondern verstärkt als Gruppe von Individuen wahr. Dieses Ergebnis soll im Folgenden näher erläutert werden.

Anhand der Datenauswertung der Präerhebung wurde deutlich, dass viele Studierende verstärkt die Lehrkraft Herrn Schülke wahrnahmen, während die Schülerinnen und Schüler in vielen Ereignissen offenbar überhaupt nicht wahrgenommen wurden. So ist beispielsweise bezeichnend, dass die Studentin Mathilde in einer Phase, in der die Lernenden auf eine Frage der Lehrkraft antworten – also aktiv am Unterrichtsgeschehen teilhaben – ausschließlich auf Herrn Schülke einging und die Schülerinnen und Schüler nicht wahrnahm:

„[...] woBEI der lehrer zumindest bisher keine rückmeldung gibt zu den antworten> sondern einfach den nächsten drannimmt (..) wahrscheinlich um noch nichts vorzusagen aber ich denke spätestens nach der 3. bevor er anschreibt könnte er (.) irgendeine art von wertschätzendem feedback geben um die motivation aufrechtzuerhalten" (Mathilde, Prä1).

Bezogen auf dasselbe Ereignis rückte auch bei dem Studenten Lennart das fehlende Feedback in den Fokus der Wahrnehmung, nach der Praxisphase integrierte er jedoch zusätzlich die Schülerinnen und Schüler und hatte wahrgenommen, wie viele sich meldeten und wie sich die Lernenden im Unterricht verhielten:

„[...] in dem moment kann man auf jeden fall mal loben [...] darüber dass wirklich viele mitarbeiten [...] weil es gab 3 oder ne noch mehr meldungen und 3 (.) ja aussagen dann die waren auch alle richtig [...] allein schon weil die schülerinnen und schüler relativ (.) oder eigentlich nicht nur relativ sondern (.) sehr ruhig und diszipliniert da sitzen und mitarbeiten" (Lennart, Post4).

Diese Veränderung der Wahrnehmung kann durch die Anzahl der Äußerungen, die sich ausschließlich auf Herrn Schülke bezogen oder eben auch die

Schülerinnen und Schüler berücksichtigten in Tabelle 8.1 verdeutlicht werden. Vor der Praxisphase waren knapp 50 % aller Äußerungen lediglich auf Herrn Schülke bezogen, die Lernenden wurden in diesen Äußerungen nicht berücksichtigt und demnach auch nicht von den Studierenden wahrgenommen.

Tabelle 8.1 Ergebnisse zur Wahrnehmung der Akteurinnen und Akteure

Hauptkategorien zum Kategoriensystem „Akteur"	Anzahl der Äußerungen vor der Praxisphase		Anzahl der Äußerungen nach der Praxisphase
Nur Lehrkraft	56 (48%)	+16%	65 (38%)
Lehrkraft und/oder Lernende	61 (52%)	+74%	106 (62%)
Summe Äußerungen	117		171

Aufgrund der gesteigerten Anzahl wahrgenommener Ereignisse nach der Praxisphase ist es nachvollziehbar, dass sich auch die Äußerungen, die sich auf Herrn Schülke und/oder die Klasse bezogen, gestiegen sind.

Dabei ist jedoch ersichtlich, dass sich die Anzahl der Äußerungen, die sich ausschließlich auf Herrn Schülke bezogen, nach der Praxisphase nur leicht erhöht hat (+16 %), während insbesondere die Anzahl der Äußerungen, die zeigen, dass auch die Schülerinnen und Schüler wahrgenommen wurden, deutlich gestiegen ist (+74 %).

Die Ausweitung der Professionellen Unterrichtswahrnehmung auf die Schülerinnen und Schüler wird somit auch durch das Verhältnis zwischen den Äußerungen unterstrichen, die sich nur auf die Lehrkraft bezogen und denen, die zugleich die Lernenden berücksichtigten. Während vor der Praxisphase in nahezu 50 % der Äußerungen nur Herr Schülke wahrgenommen wurde, reduzierte sich dieser Anteil nach der Praxisphase auf 38 % und impliziert somit, dass nach der Praxisphase in über 60 % der Äußerungen auch die Lernenden wahrgenommen wurden.

Diese Zahlen belegen die Entwicklung hinsichtlich der wahrgenommenen Akteurinnen und Akteure zunächst auf Gruppenebene, können aber auch auf Individualebene übertragen werden. So erhöhte sich die Anzahl der Äußerungen, die die Lernenden einbezogen, innerhalb der sechs Monate der Praxisphase bei 16 der 20 Studierenden. Dabei nahm die Anzahl dieser Äußerungen bei zehn der 16 Studierenden sogar um mindestens drei Äußerungen zu. Eine ähnliche Tendenz zeigte sich auch im Verhältnis zwischen den Äußerungen, die sich nur auf

Herrn Schülke bezogen oder zugleich die Klasse berücksichtigten. Bei 14 der 20 Studierenden veränderte sich diese Relation zugunsten der Wahrnehmung der Schülerinnen und Schüler.

Auch die Veränderung bezüglich der wahrgenommenen Akteurinnen und Akteure wurde auf Signifikanz überprüft. Da durch die erhöhte Anzahl wahrgenommener Ereignisse davon ausgegangen werden konnte, dass sich auch die Anzahl der Äußerungen zu der Lehrkraft und den Lernenden erhöhte, wurde zur Überprüfung des absoluten Anstiegs der Äußerungen ein einseitiger t-Test für abhängige Stichproben durchgeführt. Dieser ergab, dass der absolute Anstieg der Äußerungen, die sich auch auf die Schülerinnen und Schüler bezogen, signifikant ist und eine hohe praktischer Bedeutsamkeit hat ($p = 0{,}0005$, $d = 0{,}84$). Für den Anstieg der Anzahl der Äußerungen, die ausschließlich die Lehrkraft fokussierten, ist die Veränderung hingegen nicht signifikant. Die Veränderung des Verhältnisses beider Arten von Aussagen wurde mit einem zweiseitigen Signifikanztest überprüft, da im Voraus keine Vermutung über die Verhältnisänderung aufgestellt werden konnte. Es zeigte sich jedoch, dass der relative Anstieg der Anzahl der Äußerungen, die die Lernenden miteinbezogen bzw. die relative Abnahme der Anzahl der Äußerungen, die sich nur auf Herrn Schülke bezogen, nicht signifikant ist.

Bei genauerer Auswertung der Äußerungen, aus denen die Wahrnehmung der Schülerinnen und Schüler hervorging, ließen sich qualitative Veränderungen feststellen. So gab es Äußerungen, in denen deutlich wurde, dass die Studierenden die Schülerinnen und Schüler lediglich als Klassenverband, als undifferenzierte Gruppe und nicht als individuelle Personen wahrnahmen, während andere Äußerungen eine Differenzierung der Gruppe erkennen ließen oder sogar zeigten, dass die Lernenden als Individuen wahrgenommen wurden (Abschnitt 7.2.2). Insgesamt schienen die 20 Studierenden nach der Praxisphase die in der Videovignette dargestellten Schülerinnen und Schüler deutlich genauer wahrzunehmen. Anders als die beiden Studierenden Nastasija und Cemal vor der Praxisphase nahmen sie diese nicht nur als Klassenverband bzw. den Schüler oder die Schülerin nicht als Einzelperson wahr:

„allerdings hat sich gerade keiner gemeldet" (Nastasija, Prä11),

„das heißt die schüler die reden die sagen die antwort" (Cemal, Prä14).

Vielmehr sahen sie, wie die Äußerungen der Studierenden Lennart und Josip nach der Praxisphase verdeutlichen, differenzierter auf die Lernenden, indem sie Gruppen oder sogar einzelne Schülerinnen oder Schüler fokussierten.

„in dem moment wo jetzt da sich nur 2 meldungen befinden (.) oder eine meldung und eine sehr zögerliche meldung sieht man ja dass die anderen schüler (.) teilweise mitarbeiten manche schreiben irgendetwas ins heft ab oder ob die die aufgabe abschreiben" (Lennart, Post4),

„Auch hier hat man wieder gesehen dass in der 1. reihe (.) ehm die [...] nicht so schaut als ob sie die unterrichtssituation wirklich versteht oder ob sie die inhalte die in dieser situation jetzt gerade behandelt werden versteht" (Josip, Post10).

Wie bereits erläutert konnten die Äußerungen, die zeigten, dass die Studierenden neben der Lehrkraft auch die Schülerinnen und Schüler wahrnahmen, in drei Gruppen differenziert werden. Die Verteilung der Äußerungen auf diese Gruppen (Tabelle 8.2) verdeutlicht die Aussage, dass die Studierenden die Schülerinnen und Schüler nach der Praxisphase verstärkt als Individuen wahrgenommen haben und somit weniger als undifferenzierte Gruppe. Da sich wie oben dargestellt die Anzahl der Äußerungen, in denen auch die Lernenden thematisiert wurden, nach der Praxisphase erhöht hat, erklärt sich auch die Zunahme der Äußerungen insgesamt, unabhängig davon, ob die Lernenden als undifferenzierte Gruppe oder als Individuen wahrgenommen wurden.

Tabelle 8.2 Ergebnisse zur Wahrnehmung der Schülerinnen und Schüler

Subkategorien zur Hauptkategorie „Lehrkraft und/oder Lernende"	Anzahl der Äußerungen vor der Praxisphase		Anzahl der Äußerungen nach der Praxisphase
Lernende als undifferenzierte Gruppe	25 (41%)	+40%	35 (33%)
Lernende als differenzierte Gruppe	20 (33%)	+80%	36 (34%)
Lernende als Individuen	16 (26%)	+119%	35 (33%)
Summe Äußerungen	61		106

Allerdings zeigen sich deutliche Unterschiede in den Entwicklungen dieser Äußerungen als Folge der Praxisphase: Während sich die Anzahl der Äußerungen, aus denen hervorgeht, dass die Studierenden die Lernenden als undifferenzierte Gruppe wahrnahmen, um 40 % erhöhte, stieg die Anzahl der Äußerungen, in denen die Studierenden die Schülerinnen und Schüler fokussierten und differenziert wahrnahmen, um mehr als das Doppelte (+119 %). Das Verhältnis der

Anzahl der Äußerungen der Prä- und der Posterhebung unterstreicht die verstärkte individuelle Wahrnehmung ebenfalls. Im Unterschied zur Erhebung vor der Praxisphase, in der überwiegend das Wahrnehmen der Klasse als Ganzes festgestellt werden konnten, reduzierte sich dieser Anteil von 41 % auf 33 % zugunsten der individuellen Wahrnehmung einzelner Schülerinnen und Schüler, deren Anteil sich von 26 % auf 33 % erhöhte.

Das Ergebnis, dass sich bei den Studierenden insbesondere die individuelle Wahrnehmung der Lernenden während der Praxisphase entwickelte, kann auch anhand der Anzahl der Studierenden gestützt werden. So haben vor der Praxisphase lediglich neun Studierende die Schülerinnen und Schüler als Individuen wahrgenommen, diese Fähigkeit war demnach nur bei wenigen ausgebildet. Nach der Praxisphase war die Fähigkeit, die Lernenden auch differenziert wahrzunehmen, bei den Studierenden deutlich weiterentwickelt. Nun formulierten 15 Studierende Äußerungen dieser Art. Die Anzahl der Studierenden, die die Lernenden als undifferenzierte Gruppe wahrnahmen oder erste Differenzierungen in dieser Gruppe vornahmen, erhöhte sich ebenfalls im Laufe der Praxisphase, aber weniger deutlich: Die Anzahl der Studierenden, die die Lernenden als undifferenzierte Gruppe wahrnahmen, erhöhte sich von 13 auf 16, die derer, die die Lernende als differenzierte Gruppe wahrnahmen, von 15 auf 18.

Wie die Veränderung der Wahrnehmung von Herrn Schülke und seiner Schülerinnen und Schüler wurde auch die Veränderung, bezogen auf die Art und Weise wie diese wahrgenommen wurden, auf Signifikanz untersucht. Auch hier wurde bei der Überprüfung der Veränderung der absoluten Anzahlen ein einseitiger t-Test durchgeführt. Dieser Test ergab, dass der Anstieg der Äußerungen, die die Schülerinnen und Schüler als undifferenzierte Gruppe beschrieben, nicht signifikant ist. Der Anstieg der Äußerungen in den anderen beiden Kategorien, Lernende als differenzierte Gruppe und Lernende als Individuen, ist hingegen jeweils mit mittlerer praktischer Bedeutsamkeit signifikant (p = 0,011, d = 0,56; p = 0,012, d = 0,55). Aus dem zweiseitigen t-Test zur Überprüfung des relativen Anstiegs der individuellen Wahrnehmung bzw. der relativen Abnahme der Wahrnehmung als undifferenzierte Gruppe resultierte, dass diese Veränderung nicht signifikant ist.

Zusammenhang der Ergebnisse mit den in der Videovignette gezeigten Ereignissen
Da in der Videovignette bereits durch die Kameraführung ein Fokus auf die unterschiedlichen Akteurinnen und Akteure gelegt wird, so ist in einzelnen Einstellungen ausschließlich die Lehrkraft zu sehen, in anderen wird die ganze Klasse oder auch nur einzelne Schülerinnen oder Schüler gezeigt, schien es sinnvoll, die bis dahin vorliegenden Ergebnisse zur Wahrnehmung der Akteurinnen und

Akteure in Bezug zu den in der Vignette enthaltenen Ereignissen zu setzen. Dabei konnte festgestellt werden, dass die Wahrnehmung der Akteurinnen und Akteure vor der Praxisphase deutlicher durch die Kameraführung bestimmt war und nach der Praxisphase neben den visuellen Reizen offenbar auch auditive Reize die Wahrnehmung der Studierenden beeinflussten. Dies soll an einzelnen Ereignissen des Videos erläutert werden, in denen entweder Herr Schülke oder die Klasse durch die Kameraführung im Fokus steht.

In den Ereignissen 1, 3, 4 und 5 der Videovignette ist der Fokus der Kamera verstärkt auf Herrn Schülke gerichtet, da dieser in der Einstiegsphase des Unterrichts mehrere Arbeitsaufträge formuliert. So fordert er die Lernenden in Ereignis 1 auf, eine erste Gleichung aufzustellen, in Ereignis 3 sollen sie diese erklären, in Ereignis 4 fragt er die Schülerinnen und Schüler nach Fragen oder Einwänden und in Ereignis 5 fordert er sie zum Aufstellen der zweiten Gleichung auf. In all diesen ersten Ereignissen werden die Schülerinnen und Schüler als reaktive Akteurinnen und Akteure dargestellt. Drei Lernende nennen die erste Gleichung, die Schülerin Lara erklärt diese, und die Schülerinnen und Schüler werden auf die Nachfrage der Lehrkraft schweigend gezeigt. Dieser Fokus der Kamera auf Herrn Schülke spiegelt sich in der Wahrnehmung der Studierenden deutlich wider. 17 der 20 Studierenden nahmen sowohl vor als auch nach der Praxisphase mindestens bei einem dieser Ereignisse nur die Lehrkraft wahr. Aus ihren Äußerungen geht keine Wahrnehmung der Schülerinnen und Schüler hervor. Außerdem konnte nur bei vier Studierenden festgestellt werden, dass sie vor der Praxisphase die Schülerinnen und Schüler in mindestens einem dieser Ereignisse wahrnahmen. Anhand des Prä-Post-Vergleichs kann somit gesagt werden, dass sich die Studierenden vor der Praxisphase sehr deutlich an der Fokussierung durch die Kamera orientierten und dass ihre Wahrnehmung gerade zu Beginn der Unterrichtsstunde, in der Herr Schülke den Ablauf bestimmt, fast ausschließlich auf die Lehrkraft gerichtet war.

Interessant ist auch das Ergebnis für die Aussagen bezogen auf Ereignis 2, das Reaktionen der Schülerinnen und Schüler auf den Arbeitsauftrag der Lehrkraft zeigt. Obwohl die Kameraperspektive überwiegend auf die Klasse gerichtet ist, bezog sich vor der Praxisphase lediglich die Studentin Nadine in ihrer Äußerung zu diesem Ereignis auf die Lernenden:

„[...] und ehm die variablen werden jetzt von den schülern einfach genannt es wird nicht erklärt woher sie jetzt diese variablen haben (.) die beiden schüler die sich die danach drankamen haben einfach der 1. person zugestimmt hier ist unklar ob das wirklich so ist oder ob sie ehm an der haltung des lehrers einfach festgestellt haben dass die erste antwort wohl richtig war (.) [...]" (Nadine, Prä18).

Die anderen elf Studierenden, die sich zu diesem Ereignis äußerten, nahmen lediglich auf Herrn Schülke Bezug:

> *„irgendwie habe ich das Gefühl dass äh die lehrkraft sehr schnell jemanden drannimmt und den schülern nicht unbedingt ehm die möglichkeit LÄSSt nachzudenken (.) [...]"* *(Mathilde, Prä1).*

Nach der Praxisphase erschien dieses Bild jedoch aufgebrochen, indem die Wahrnehmung der unterschiedlichen Akteurinnen und Akteure nicht mehr so stark an die Fokussierung der Kamera gebunden war. Zwar nahmen noch immer 17 Studierende bei mindestens einem Ereignis ausschließlich die Lehrkraft wahr, was allerdings auch durch die leitende Rolle von Herrn Schülke erklärt werden kann. Elf der 20 Studierenden nahmen nun aber in mindestens einem Ereignis zusätzlich die Schülerinnen und Schüler wahr. Wie in Tabelle 8.3 ersichtlich, ist diese Veränderung der Wahrnehmung bezogen auf fast alle Ereignissen zu erkennen.[2]

Tabelle 8.3 Ergebnisse zum Zusammenhang der Wahrnehmung von Akteurinnen und Akteuren und den Ereignissen der Videovignette (Unterrichtseinstieg, Ereignisse 1 bis 5)

Ereignisse des Videos	Anzahl der Studierenden vor der Praxisphase		Anzahl der Studierenden nach der Praxisphase	
	Nur Lehrkraft	Lehrkraft und/oder Lernende	Nur Lehrkraft	Lehrkraft und/oder Lernende
(1) Gleichung aufstellen	5	0	10	0
(2) Schülerantworten	11	1	8	9
(3) Gleichung erklären	6	2	6	6
(4) Fragen, Einwände, Anmerkungen	7	1	9	3
(5) Zweite Gleichung aufstellen	3	0	4	2
Ereignisse 1 bis 5	17	4	17	11

---

[2]Da im Ereignis 1, in dem die Lehrkraft die Textaufgabe vorstellt und die Schülerinnen und Schüler auffordert, eine erste passende Gleichung aufzustellen, die Lernenden noch nicht gezeigt werden, kann laut Definition der Kategorie „Lehrkraft und/oder Lernende" keine Äußerung dieser Kategorie zugeordnet werden, weshalb Ereignis 1 im Rahmen dieser Zuordnung zu vernachlässigen ist.

Insbesondere bei den Ereignissen 2 und 3, in denen die Schülerinnen und Schüler auf die Aufgabenstellung der Lehrkraft reagieren, stieg die Anzahl der Studierenden, die in diesen Ereignissen auch die Lernenden wahrnahmen. So nahmen nach der Praxisphase neun Studierende die Schülerinnen und Schüler bei der Nennung der ersten Gleichung wahr, vor der Praxisphase war das ausschließlich die Studentin Nadine. Bei Ereignis 3 (Erklärung der Gleichung durch die Schülerin Lara) nahmen nun sechs statt zuvor zwei Studierende die Schülerinnen und Schüler wahr.

Die folgenden Äußerungen der Studierenden Carina und Lennart zu den Ereignissen 2 bzw. 3 veranschaulichen zusätzlich, dass die Schülerinnen und Schüler nach der Praxisphase nicht nur überhaupt in die Wahrnehmung der Studierenden rückten, sondern teilweise auch sehr differenziert wahrgenommen wurden:

„also es gibt hier 3 meldungen (.) ähm er fragt ob jemand eine idee hat ich sehe jetzt dass ähm 3 schüler auf das arbeitsblatt gucken ich weiß nicht ob sie das vorher abgeschrieben haben auf jeden fall gucken sie auf den tisch ähm 3 melden sich auf jeden fall sind die im bild ähm er hat die frage gestellt und nimmt dann relativ schnell dran wenn ich das gerade richtig gehört habe mal sehen" (Carina, Post8),

„in dem moment wo jetzt da sich nur 2 meldungen befinden (.) oder eine meldung und eine sehr zögerliche meldung sieht man ja dass die anderen schüler (.) teilweise mitarbeiten manche schreiben irgendetwas ins heft ob oder ob die die aufgabe abschreiben aber bei 4 zeichen an der tafel müssten die damit auch fertig sein ehm könnte man vielleicht überlegen ob man ein kleines think pair share da hereingibt wo die dann nochmal (..) den austausch peer to peer haben um genug (.) selbstvertrauen zu entwickeln oder sicherheit zu entwickeln die aussage vor der ganzen klasse treffen zu können" (Lennart, Post4).

Es wird demnach abermals deutlich, dass die Studierenden ihre Wahrnehmung für die Schülerinnen und Schüler geöffnet haben.

Nach dieser Einstiegsphase in den Unterricht, die in den Ereignissen 1 bis 5 dargestellt wird und bei der überwiegend Herr Schülke im Fokus der Kamera steht, zeigen die anschließenden Ereignisse die Arbeitsphase des Unterrichts. Hier sind im Unterschied zu den ersten fünf Ereignissen, mit Ausnahme von Ereignis 7, ausschließlich die Schülerinnen und Schüler zu sehen. Dabei werden zwei Schülerinnen und ein Schüler einzeln mit der Kamera fokussiert (Ereignis 6), oder es wird ein großer Teil der Klasse gezeigt (Ereignisse 8, 9 und 10). In diesen Ereignissen der Arbeitsphase nahmen alle 20 Studierenden sowohl vor als auch nach der Praxisphase mindestens einmal die Schülerinnen und Schüler wahr, was die Bedeutung der Kameraeinstellung unterstreicht: Im Gegensatz zu den Ereignissen der Einstiegsphase ließen nun alle Studierenden die Fähigkeit erkennen, die

Lernenden wahrzunehmen. Trotz des Einflusses des Kamerafokus auf die Wahrnehmung der Studierenden bezüglich der Akteurinnen und Akteure und der schon vor der Praxisphase erfolgten Wahrnehmung der Schülerinnen und Schüler, zeigten sich auch bei diesen Ereignissen Entwicklungen bezüglich der Wahrnehmung der Akteurinnen und Akteure. So rückten die Lernenden nach der Praxisphase noch häufiger in den Wahrnehmungsfokus der Studierenden. Wie die Aufstellung in Tabelle 8.4 verdeutlicht, hat sich die Anzahl der Studierenden, die auch die Lernenden wahrgenahmen, insbesondere bezogen auf die Ereignisse 7 und 10 deutlich verändert.

Tabelle 8.4 Ergebnisse zum Zusammenhang der Wahrnehmung von Akteurinnen und Akteuren und den Ereignissen der Videovignette (Arbeitsphase, Ereignisse 6 bis 10)

Ereignisse des Videos	Anzahl der Studierenden vor der Praxisphase		Anzahl der Studierenden nach der Praxisphase	
	Nur Lehrkraft	Lehrkraft und/oder Lernende	Nur Lehrkraft	Lehrkraft und/oder Lernende
(6) Drei Lernende	0	7	0	10
(7) Lehrer am Pult	4	3	1	13
(8) Gemischte Arbeitsphase	1	5	1	4
(9) Keiner arbeitet mehr	0	14	1	13
(10) Papierflieger	2	11	2	17
Ereignisse 6 bis 10	6	20	5	20

Während sich die Veränderung bezüglich Ereignis 10, in dem der Papierflieger geworfen wird, durch die Wahrnehmung des Ereignisses begründen ließ – zwölf Studierende haben dieses Ereignis vor, 17 haben es nach der Praxisphase wahrgenommen –, konnte die gesteigerte Wahrnehmung der Schülerinnen und Schüler in Ereignis 7 nicht ausschließlich mit einer häufigeren Wahrnehmung dieses Ergebnisses nach der Praxisphase begründet werden. In diesem Ereignis wird die Lehrkraft während der Arbeitsphase am Pult sitzend gezeigt. Herr Schülke schaut in die Klasse, die bis auf einen Schüler im Hintergrund nicht zu sehen ist, es sind jedoch Gespräche und Lachen zu hören. Die Anzahl der Studierenden, die dieses Ereignis wahrnahmen, war nach der Praxisphase deutlich höher als vor dieser (Abschnitt 8.1.1). Während aber von den sieben Studierenden, die dieses Ereignis schon in der Präerhebung wahrgenommen hatten, nur drei auch die

Lernenden wahrnahmen, konnte in der Posterhebung hingegen festgestellt werden, dass dies bei fast allen Studierenden der Fall war.

Da für beide Erhebungen dieselbe Videovignette verwendet wurde und das Ereignis 7 somit unverändert geblieben ist, kann zum einen erneut begründet angenommen werden, dass die Schülerinnen und Schüler im Zuge der Praxisphase verstärkt in die Wahrnehmung der Studierenden gerückt sind und sich das Wahrnehmen dabei nicht nur durch visuelle Reize, sondern auch durch auditive Reize begründen lässt:

> *„ähm an dieser stelle sieht man jetzt dass [...] oder man beziehungsweise man hört vielmehr dass viele halt einfach am reden sind und sich wahrscheinlich nicht mehr so wahnsinnig viele ähm mit der aufgabe beschäftigen entweder sie sind schon fertig oder sie beschäftigen sich halt einfach anderweitig ähm (.) da hätte man vielleicht einfach weniger zeit geben sollen dass nicht so eine unruhe aufkommt"* (Annette, Post15).

Diese Sensibilisierung der Wahrnehmung für auditive Reize ist mit den Praxiserfahrungen der Studierenden in Zusammenhang zu bringen. Sie hatten hier die Möglichkeit, verschiedenste Klassen während ihrer Hospitationen und bei ihren eigenen Unterrichtsversuchen zu erleben. Dabei lernten sie Ausdrucksformen und Handlungsweisen von Schülerinnen und Schülern kennen und konnten deren Bedeutung für den Unterricht und in diesem Zusammenhang besonders die Auswirkungen von Unruhe im Unterricht erfahren. Sie konnten so ihre Sensibilität für die Bedürfnisse und Ausdrucksweisen der Lernenden weiterentwickeln und unter anderem lernen, zwischen produktiver Unruhe und fehlender Arbeitsatmosphäre zu unterscheiden.

Die Vermutung dieses Kompetenzerwerbs im Zuge der Praxiserfahrungen wird durch die Wahrnehmung von Ereignis 10 unterstützt. In diesem Ereignis wirft ein Schüler, begleitet durch einen lauten Ausruf, einen Papierflieger und klatscht anschließend in die Hände. Weitere Schülerinnen und Schüler lachen und klatschen ebenfalls. Wie oben beschrieben, konnte in der Posterhebung eine deutlich erhöhte Anzahl von Studierenden festgestellt werden, die dieses Ereignis wahrgenommen haben. Da hier in der Videovignette eine deutliche Unterrichtsstörung dargestellt ist und sechs Studierende erst nach der Praxisphase auf dieses Ereignis reagierten, kann ebenfalls davon ausgegangen werden, dass die Studierenden nun sensibler für Lautstärke, Unruhe sowie Unterrichtsstörungen geworden sind und somit auch die Wahrnehmung dieser auditiven Reize zugenommen hat.

Zu der Frage, ob die Lernenden eher als undifferenzierte Gruppe oder individuell wahrgenommen wurden, konnten in Bezug auf die einzelnen wahrgenommenen Ereignisse keine Aussagen getroffen werden. Wie bereits erläutert wurde zwar deutlich, dass die Studierenden die Lernenden nach der Praxisphase stärker als Individuen wahrnahmen, diese Veränderung ließ sich jedoch nicht an einzelne Ereignisse knüpfen, sondern konnte bezogen auf fast alle Ereignissen konstatiert werden.

Zusammenfassend ist festzuhalten, dass sich die Wahrnehmung der Studierenden nicht nur bezüglich Anzahl der wahrgenommenen Ereignisse der Videovignette veränderte, sondern auch in Bezug auf deren Akteurinnen und Akteure. Nach der Praxisphase berücksichtigten die Studierenden die Lernenden in den Äußerungen zu den einzelnen Ereignissen häufiger, nahmen also nicht nur den Lehrer Herrn Schülke wahr. Zusätzlich nahmen sie die Lernenden weniger als undifferenzierte Gruppe, sondern verstärkt als Gruppe mehrerer Individuen wahr. Außerdem kann eine Entwicklung der auditiven Sensibilität vermutet werden, da die Studierenden häufiger auf von den Lernenden verursachte Unruhe und den Lautstärkepegel in der Klasse reagierten.

Wie bereits als Begründung angeführt, liegt es nahe, dass diese Entwicklung insgesamt auf die Praxisphase und insbesondere die Praxiserfahrungen in der Schule zurückgeht. In vielen Unterrichtshospitationen hatten die Studierenden die Möglichkeit die Wahrnehmung auf die Schülerinnen und Schüler zu lenken. Gleichzeitig konnten sie in ihren eigenen Unterrichtsversuchen erfahren, dass Unterricht nur in Abhängigkeit von den Lernenden durchgeführt werden kann, welchen Einfluss Schülerantworten sowie Schülerbeteiligung, der Umgang mit Fehlern und Arbeitsergebnissen sowie die Diagnose der Lernenden haben, sodass ihre Wahrnehmung auf diese einzelnen Akteurinnen und Akteure zu richten ist. Neben dieser Begründung der Kompetenzentwicklung durch die Praxiserfahrungen der Studierenden ist auch der Einfluss des fachdidaktischen Begleitseminars und des Reflexionsseminars als Begründung zu nennen. Wie in Abschnitt 5.2.1 dargelegt, wurden im Begleitseminar videobasierte Unterrichtssequenzen unter fachdidaktischen Fragestellungen analysiert und diskutiert. Hierbei standen immer auch die Lernenden im Fokus, sodass ein klarer Bezug zur Bedeutung dieser hergestellt und somit die Wahrnehmung explizit auf die Lernenden gerichtet wurde. Zusätzlich wurden im fachdidaktischen Begleitseminar wie auch im Reflexionsseminar kontinuierlich die kognitive Beteiligung der Schülerinnen und Schüler sowie die Diagnosekompetenz von Lehrkräften und die Förderung der Lernenden mit Fokus auf eine konstruktive Lernatmosphäre thematisiert. Neben den Themen und Aufgaben innerhalb der Seminarsitzungen verfolgten auch einige der durch die Leitung des Begleitseminars formulierten Beobachtungsaufträge (Abschnitt 5.2.2) das Ziel, die Wahrnehmung der Studierenden explizit auf die Schülerinnen und Schüler zu lenken. So waren die Studierenden auch durch diese dazu angehalten, die Lernenden wahrzunehmen und nicht nur die Lehrkraft in den Fokus der Wahrnehmung zu stellen.

Bis hierhin wurden die Veränderungen innerhalb der ersten Subfacette der Professionellen Unterrichtswahrnehmung – *Wahrnehmen* – dargestellt. Nahmen die Studierenden Ereignisse in der Videovignette wahr, war die Voraussetzung gegeben, um hierzu Interpretationen und Entscheidungen zu formulieren. In den folgenden beiden Kapiteln werden die Ergebnisse zu den Veränderungen innerhalb dieser beiden Subfacetten – *Interpretieren* und *Entscheiden* – erläutert.

8.1.2 Ergebnisse zur Subfacette Interpretieren

Wie im vorherigen Kapitel dargelegt, konnte für die Professionelle Unterrichtswahrnehmung der Studierenden während der Praxisphase im Masterstudium bezüglich der Subfacette *Wahrnehmen* eine Entwicklung herausgearbeitet werden. Auch für die zweite Subfacette, das Interpretieren, waren Veränderungen im Zuge der Praxisphase festzustellen. Erstens erhöhte sich die Anzahl der Interpretationen in Abhängigkeit von der Anzahl der wahrgenommenen Ereignisse, zweitens entwickelte sich die Art der Interpretationen von rein subjektiven Beschreibungen oder Bewertungen der wahrgenommenen Ereignisse zu Interpretationen, die Begründungen und Vermutungen enthielten.

Die folgenden Aussagen des Studenten Torge können die Veränderungen der Subfacette *Interpretieren* passend illustrieren. Torge stoppte die Videovignette in der Erhebung vor und nach der Praxisphase zu fast identischen Zeitpunkten und bezog sich somit in beiden Fällen auf das gleiche Ereignis, Ereignis 9. In diesem werden mehrere Schülerinnen und Schüler während der Arbeitsphase gezeigt, die sich unterhalten, lachen, in die Luft oder auf die Uhr im Klassenraum schauen. In der Präerhebung äußerte sich Torge lediglich interpretativ beschreibend zu diesem Ereignis und interpretierte anhand des Verhaltens der Lernenden, dass diese sich nicht mehr mit der Aufgabe beschäftigen:

„die schüler scheinen sich nicht mehr mit der aufgabe zu beschäftigen" (Torge, Präs5).

In der Posterhebung konstatierte er dies ebenfalls, führte seine Überlegungen jedoch weiter aus und suchte Gründe für das Verhalten der Schülerinnen und Schüler. Er stellte einen Bezug zur Aufgabe her und bewertet diese indirekt hinsichtlich ihres Differenzierungspotenzials:

„die schüler sind nicht mehr am arbeiten viele haben schon gesagt sie sind fertig im prinzip fehlt es dieser aufgabe an differenzierung (..) gute schüler können nicht mehr machen als die aufgabe zu finden und schwächere schüler brauchen einfach länger oder finden die lösung einfach GAr nicht" (Torge, Post5).

So ist festzuhalten, dass Torge sowohl vor als auch nach der Praxisphase eine Interpretation zu dem wahrgenommenen Ereignis äußerte. Es zeigt sich jedoch, dass er in seiner Äußerung nach der Praxisphase über eine subjektive Beschreibung hinausgehen konnte und sich seine Fähigkeit, wahrgenommene Ereignisse zu interpretieren, im Zuge der Praxisphase weiterentwickelt hat.

Wie aus Tabelle 8.5 hervorgeht, nahm die Anzahl der Interpretationen wie die der wahrgenommenen Ereignisse im Laufe der Praxisphase zu. Während in der Präerhebung von den 20 Studierenden 101 Interpretationen geäußert wurden, waren es nach der Praxisphase bereits 148. Im Schnitt interpretierten die Studierenden vor der Praxisphase also etwa fünf Ereignisse (sd = 2,68), im Anschluss etwas mehr als sieben Ereignisse (sd = 3,53). Dies entspricht in beiden Fällen etwa der Anzahl der im Schnitt bei dieser Erhebung wahrgenommenen Ereignisse.

Tabelle 8.5 Ergebnisse zu den geäußerten Beschreibungen und Interpretationen

Art der Äußerung	Anzahl der Äußerungen vor der Praxisphase	Anzahl der Äußerungen nach der Praxisphase
Beschreibung	4	5
Interpretation	101	148

Diese Entwicklung kann auch auf Individualebene bestätigt werden. 13 der 20 Studierenden äußerten nach der Praxisphase mehr Interpretationen als zuvor. Bei lediglich vier Studierenden verringerte sich diese Anzahl und bei drei Studierenden war keine Veränderung hinsichtlich der Anzahl der Interpretationen erkennbar.

Nach dem Prinzip, dass eine Interpretation immer nur dann formuliert werden konnte, wenn ein Ereignis überhaupt wahrgenommen wurde, steht die Anzahl der Interpretationen somit in Abhängigkeit der Anzahl wahrgenommener Ereignisse. Da sich Letztere, wie in Abschnitt 8.1.1 dargestellt, infolge der Praxisphase erhöhte, muss die Entwicklung der Anzahl der Interpretationen im Verhältnis zu diesem Ergebnis betrachtet werden. So ist anzumerken, dass von den vier Studierenden, die nach der Praxisphase weniger Interpretationen geäußert haben, drei Studierende auch weniger Ereignisse wahrnahmen. Darüber hinaus haben die drei Studierenden, bei denen sich die Anzahl der Interpretationen im Prä-Post-Vergleich nicht verändert hat, nach der Praxisphase lediglich ein Ereignis mehr wahrgenommen. Auf die Gruppe der Studierenden bezogen ist außerdem zu notieren, dass sowohl vor als auch nach der Praxisphase fast jedes wahrgenommene Ereignis von den Studierenden auch interpretiert wurde. Die Studierenden waren demnach bereits vor der Praxisphase in der Lage, die Ereignisse, die sie wahrgenommen haben, auch zu interpretieren. Zusätzlich wird in Tabelle 16 aber auch deutlich, dass es neben Äußerungen, die als Interpretationen einzustufen waren, auch objektive Beschreibungen der Studierenden zu den wahrgenommenen Ereignissen gab. In diesen Fällen äußerten sich die Studierenden zu der Videovignette, taten dies aber nicht wertend oder interpretativ. Sie beschrieben lediglich das Ereignis, wie es in der Vignette zu sehen war. Da sowohl bei der Prä- als auch bei der Posterhebung nur sehr wenige objektive Beschreibungen und außerdem lediglich von zwei bzw. drei Studierenden geäußert wurden, waren diese Äußerungen in der weiteren Auswertung zu vernachlässigen. Angesichts der sehr geringen Anzahl objektiver Beschreibungen auch nach der Praxisphase kann jedoch festgehalten werden, dass eine gesteigerte Wahrnehmung – hier nachgewiesen durch eine höhere Anzahl wahrgenommener Ereignisse – nicht mit einer lediglich objektiven Beschreibung der Ereignisse einhergeht. Die Studierenden waren demnach in der Lage, auch die in der Posterhebung neu wahrgenommenen Ereignisse zu interpretieren.

Die Zunahme der Interpretationen im Zuge der Praxisphase wurde ebenfalls durch den t-Test für abhängige Stichproben auf Signifikanz überprüft. Da aufgrund der gestiegenen Anzahl wahrgenommener Ereignisse von einer ebenfalls gestiegenen Anzahl der Interpretationen ausgegangen werden konnte, handelte es sich hierbei um einen einseitigen Test. Dieser ergab einen signifikanten Anstieg der Anzahl formulierter Interpretationen im Anschluss an die Praxisphase, der eine mittlere praktische Bedeutsamkeit aufweist ($p = 0{,}004$, $d = 0{,}67$).

Wie an der einleitend zitierten Äußerung des Studenten Torge deutlich wird, wurde von den Studierenden nicht nur mehr Ereignisse interpretiert, sondern es veränderte sich auch die Art wie sie diese Ereignisse interpretierten. Die Interpretationen der Studierenden ließen sich dabei drei Kategorien zuordnen: von rein subjektiven Beschreibungen oder einfachen Bewertungen ohne Begründungen bis hin zu Interpretationen mit umfassenden Begründungen oder Vermutungen, die zum Beispiel mehrere Sichtweisen enthalten oder auch Verbindungen zu anderen Ereignissen oder didaktischen Prinzipien herstellen (Abschnitt 7.2.2). Hierbei zeigte sich, dass insbesondere die Interpretationen, die Überlegungen zu Gründen und Ursachen enthielten und die somit über rein subjektive Beschreibungen ohne begründete Bewertung hinausgingen, nach der Praxisphase deutlich zugenommen hatten. Dies konnte auch anhand der Äußerungen der Studentin Melanie festgestellt werden. In der Präerhebung formulierte Melanie mit einer Ausnahme ausschließlich sehr kurz bewertende Äußerungen ohne den Ansatz einer Begründung:

> *„[...] ich finde an der unterrichtssituation relevant dass eh der lehrer sehr frontal agiert (..)" (Melanie, Prä7),*

> *„in dem moment finde ich es gut dass der lehrer einfach die lösung der schüler aufnimmt und dann fragt wer das erklären kann" (Melanie, Prä7),*

> *„(..) ich finde ehm es gut dass der lehrer gleich 3 schüler also gleichzeitig an die tafel holt (...)" (Melanie, Prä7).*

In der Posterhebung formulierte sie hingegen nur noch teilweise rein subjektiv beschreibende oder bewertende Äußerungen und zusätzlich Interpretationen, die deutlich ausführlicher waren und Begründungen und Ursachen benannten:

> *„allerdings kommen (.) relativ wenig unterschiedliche ergebnisse dazu zustande weil die ergebnisse einfach gesammelt werden und nicht ehm jeder für sich denkt oder sich mit dem partner austauscht und dadurch dann einfach nur ein ja das habe ich auch und ich habe das auch" (Melanie, Post7),*

> *„hier ist zu sehen dass die schüler sehr unterschiedlich lange dafür brauchen ehm die 2. gleichung aufzustellen abgesehen davon muss man das eher nicht in 2 (.) gleichungen lösen sondern kann es auch gleich in einer lösen naja auf jeden fall dadurch dass alle (.) unterschiedlich schnell sind ehm (.) wird die klasse unruhig und ehm die schüler die schon fertig sind haben eigentlich keine weiteren arbeitsaufträge" (Melanie, Post7).*

Die Daten in Tabelle 8.6 belegen die durch das Beispiel skizzierten Veränderungen zusätzlich. Wie bereits auch für die Gesamtzahl der Interpretationen dargestellt, verzeichnete infolge der Praxisphase auch die Anzahl der Äußerungen aller Arten von Interpretationen einen Zuwachs. Eindeutig wurden jedoch nach der Praxisphase insbesondere mehr Interpretationen formuliert, die über eine reine Bewertung oder subjektive Beschreibung hinausgehen, aber noch keine umfassenden Begründungen enthalten. Während sich die Anzahl der Bewertungen und subjektiven Beschreibungen sowie die Anzahl der Interpretation mit umfassenden Begründungen lediglich um 23 % bzw. 28 % erhöhte, war bei der Anzahl der mittleren Interpretationsart nahezu eine Verdopplung festzustellen. Folglich kann zusammenfassend konstatiert werden, dass nach der Praxisphase Interpretationen, die Begründungen enthielten, mit 61 % den größten Anteil der Interpretationen ausmachten.

Tabelle 8.6 Ergebnisse zu den Interpretationsarten

Subkategorien zur Hauptkategorie „Interpretation"	Anzahl der Äußerungen vor der Praxisphase		Anzahl der Äußerungen nach der Praxisphase
Bewertung oder subjektive Beschreibung	47 (47 %)	+23 %	58 (39 %)
Begründung	30 (30 %)	+97 %	59 (40 %)
Umfassende Begründung	24 (24 %)	+29 %	31 (21 %)
Summe Äußerungen	101		148

Es ist jedoch darauf hinzuweisen, dass die Interpretationen, die umfassendere Begründungen enthielten, bei denen einzelne Aspekte ausgeführt wurden, die mehrere Aspekte beachteten oder Verbindungen zu anderen Ereignissen herstellten, keine deutliche Veränderung zeigten. Zwar stieg auch deren Anzahl, dies war jedoch nur bei acht der 20 Studierenden der Fall. Das Formulieren von Interpretationen mit umfassenden Überlegungen zu Gründen und Ursachen war für die Studierenden demnach eine anspruchsvolle Aufgabe.

Auch das Resultat des einseitig durchgeführten t-Tests für abhängige Stichproben belegt die bis hierhin nachgezeichnete Entwicklung innerhalb der Subfacette *Interpretieren*. Während die Zunahme der reinen Bewertungen und subjektiven Beschreibungen sowie der Interpretationen mit umfassenden Begründungen nicht signifikant ist, stieg die Anzahl der Interpretationen, die erste Begründungen für die wahrgenommenen Ereignisse liefern, signifikant an und die Ergebnisse weisen eine hohe praktische Bedeutsamkeit auf (p = 0,0005, d = 0,87). Auch die Veränderung der relativen Häufigkeit – hier die Verteilung der Interpretationen auf die drei Interpretationsarten – ist signifikant. Da keine Vermutung über die Veränderung der relativen Häufigkeiten angestellt werden konnte, wurde dieser Test zweiseitig durchgeführt. Der Test ergab, dass der Anteil der Interpretationen, die erste Begründungen lieferten, ohne dabei besonders umfassend zu sein, ebenfalls mit mittlerer praktischer Bedeutsamkeit signifikant zunimmt (p = 0,01, d = 0,64).

Zusammenhang der Interpretationen bezogen auf die in der Videovignette wahrgenommenen Akteurinnen und Akteure
In der Analyse der hier dargestellten Interpretationsarten in Verbindung mit den wahrgenommenen Akteurinnen und Akteuren des dargestellten Unterrichts

konnten Zusammenhänge festgestellt werden: Zum einen bezog sich die erhöhte Anzahl von Interpretationen nach der Praxisphase fast ausschließlich auf Ereignisse, in denen die Studierenden auch die Schülerinnen und Schüler wahrgenommen haben. Wurde nur die Lehrkraft wahrgenommen, war nahezu keine Veränderung der Anzahl an Interpretationen infolge der Praxisphase erkennbar. Das Verhalten von Herrn Schülke wurde demnach nicht häufiger interpretiert. Zum anderen zeigt sich, dass die Art der Interpretation nach der Praxisphase dadurch beeinflusst wurde, ob die Schülerinnen und Schüler als undifferenzierte Gruppe oder als Individuen wahrgenommen wurden. In Tabelle 8.7 ist zu erkennen, dass die bewertenden und subjektiv beschreibenden Interpretationen vor der Praxisphase unabhängig davon, wie die Schülerinnen und Schüler wahrgenommen wurden, den überwiegenden Anteil, mindestens 50 Prozent der Interpretationen bildeten.

Tabelle 8.7 Ergebnisse zum Zusammenhang der Interpretationsart und der Wahrnehmung der Akteurinnen und Akteure vor der Praxisphase

Äußerungen vor der Praxisphase	Lernende als undifferenzierte Gruppe	Lernende als differenzierte Gruppe	Lernende als Individuum
Bewertung oder subjektive Beschreibung	13 (54 %)	10 (50 %)	8 (62 %)
Begründung	7 (29 %)	3 (15 %)	3 (23 %)
Umfassende Begründung	4 (17 %)	7 (35 %)	2 (15 %)
Summe	24	20	13

Im Vergleich dazu reduzierte sich der Anteil der rein bewertenden oder subjektiv beschreibenden Äußerungen nach der Praxisphase umso stärker, je mehr die Lernenden als Individuen wahrgenommen wurden. Begründungen wurden insbesondere dann formuliert, wenn die Studierenden die Schülerinnen und Schüler nicht nur als undifferenzierte Gruppe wahrnahmen (Tabelle 8.8).

Tabelle 8.8 Ergebnisse zum Zusammenhang der Interpretationsart und der Wahrnehmung der Akteurinnen und Akteure nach der Praxisphase

Äußerungen nach der Praxisphase	Lernende als undifferenzierte Gruppe	Lernende als differenzierte Gruppe	Lernende als Individuum
Bewertung oder subjektive Beschreibung	19 (57 %)	13 (41 %)	11 (31 %)
Begründung	9 (27 %)	11 (34 %)	13 (37 %)
Umfassende Begründung	5 (15 %)	8 (25 %)	11 (31 %)
Summe	33	32	35

Im leitfadengestützten Interview nach der zweiten Erhebung beschrieb Mohammad (Student 19) seine Selbsteinschätzung zur Veränderung innerhalb der Praxisphase:

> „ja aber ich denke dass ich auf vielmehr sachen achten die für mich früher kleinigkeiten waren was wäre das zum beispiel ähm (.) ähm das gesamtbild der klasse also wer wer hat eventuell lust zu lernen und nicht so die ganze klasse als laut die klasse ist ja nun mal laut und nicht die als gesamtes zu sehen zu sagen ey die ist jetzt komplett doof und laut sondern auch einfach darauf zu achten wer hat wirklich interesse oder wie hat sich das überhaupt entwickelt dass es ähm so laut geworden ist aber eher wer wer hätte eventuell noch interesse wirklich zu lernen oder oder ist da wirklich potential in der klasse und nicht einfach die abzuschreiben als schlechte (.) klasse [...]" (Mohammad, Interview19).

Mit dieser Äußerung beschrieb der Student recht genau die in Abschnitt 8.1.1 dargestellte Veränderung hinsichtlich der Wahrnehmung der Schülerinnen und Schüler. Gleichzeitig geht aus seiner Beschreibung der Zusammenhang zwischen der Wahrnehmung der Akteurinnen und Akteure und der Art der Interpretation hervor. Indem er nicht mehr die „ganze Klasse" als laut oder „als schlechte (.) Klasse" wahrnahm, scheint er eher auf einzelne Lernende geachtet zu haben. Nun war es ihm möglich, sich zu einzelnen Schülerinnen und Schülern Fragen zu stellen, die nicht mehr nur durch reine Bewertungen oder subjektive Beschreibungen beantwortet werden konnten, sondern zu tiefergehenden Interpretationen anregten. Daher liegt die Vermutung nahe, dass es den Studierenden nach der Praxisphase umso leichter fiel, in ihren interpretativen Äußerungen auch (umfassende) Begründungen zu formulieren, je stärker sie die einzelnen Schülerinnen und Schüler als Individuen wahrnahmen. Kurz gesagt: Eine individuelle Wahrnehmung der Schülerinnen und Schüler regte die Studierenden zu tiefergehenden Interpretationen an.

Perspektiven der Interpretationen
Bei der Auswertung der Interpretationen unter der möglichen Frage, welche Ereignisse die Studierenden interpretierten und auf welchen thematischen Fokus sich ihre Interpretationen richteten, kann keine einheitliche Aussage getroffen werden, da sich mit Ausnahme eines Ereignisses die Anzahl der Interpretationen zu allen Ereignissen der Vignette erhöhten und eine Vielzahl von Themen gleichgewichtig angesprochen wurde.

Die Interpretationen der Studentin Carina können jedoch exemplarisch veranschaulichen, dass sich hinsichtlich der Perspektive, aus der die Interpretationen getätigt wurden, ob sich diese zum Beispiel auf didaktische oder fachdidaktische Aspekte des Unterrichts bezogen (Abschnitt 7.2.2), etwas veränderte. Vor der Praxisphase interpretierte Carina viele Aspekte, ohne einen Bezug zum Lehren oder dem Lernen der Schülerinnen und Schüler herzustellen. Sie bezog sich in ihren Interpretationen überwiegend auf pädagogische Aspekte, so etwa auf die Klasse als soziales Gefüge, das Sozial- und Interaktionsverhalten von Herrn Schülke oder der Klasse und das Durchsetzen von Regeln. So auch in ihrer Interpretation zu der Arbeitsphase, in der sie auf das Verhalten eines Schülers, der auf seinem Stuhl kippelt, einging und dies als unangebrachtes Verhalten bewertete:

„ok hier kippelt ein schüler (.) mit händen in dem pulli also abgesehen davon sie sollen gar nicht kippeln und dann auch noch mit händen in dem pulli das ist ehm ein absolut unangebrachtes verhalten in der klasse [...] wegen dem verletzungsrisiko die stühle gehen dabei kaputt also (.) das geht gar nicht (..)" (Carina, Präβ).

Nach der Praxisphase nahm Carin hingegen häufiger Bezug zum Lehren und Lernen, stellte also didaktische, in einzelnen Interpretationen sogar fachdidaktische Bezüge her. So bezog sie sich in einer ihrer Interpretationen im Rahmen der Posterhebung beispielsweise auf die Bedeutung der Variablen und stellte die Vermutung an, dass das Verständnis für die Bedeutung der Variablen bei leistungsschwächeren Schülerinnen und Schülern möglicherweise noch nicht vorhanden sei:

„so nach dem er die tafel äh die gleichung an die tafel geschrieben hat ähm fragt er nach einer erklärung was mir jetzt auffällt ist $g+k=105$ (.) vielleicht hätte man noch sagen können dass das g für die gänse steht und das k für die kühe ähm damit auch wirklich jeder schüler gerade weiß woran man arbeitet weil so ist es vielleicht (.) für

sehr leistungsschwache schüler nicht ganz klar ähm worum es sich jetzt hier <<Wort wird abgebrochen> glei> eigentlich handelt" (Carina, Post8).

Zwar erhöhte sich bei einigen Studierenden auch die Anzahl von Interpretationen ohne didaktischen Bezug nach der Praxisphase, alle 20 Studierenden äußerten nach der Praxisphase aber verstärkt Interpretationen mit (fach-) didaktischem Bezug. Diese Entwicklung kann durch die Werte in Tabelle 8.9 verdeutlicht werden.

Tabelle 8.9 Ergebnisse zu den eingenommenen Perspektiven bei Interpretationen

Kategorien zum Kategoriensystem „Perspektive"	Anzahl der Interpretationen vor der Praxisphase		Anzahl der Interpretationen nach der Praxisphase
Ohne didaktischen Bezug	23 (23 %)	+ 26 %	29 (18 %)
Mit didaktischem Bezug	54 (55 %)	+ 76 %	95 (59 %)
Mit fachdidaktischem Bezug	21 (21 %)	+ 76 %	37 (23 %)

Da die Anzahl der Interpretationen insgesamt gestiegen ist, war zu erwarten, dass sich auch die Interpretationen aus unterschiedlichen Perspektiven erhöhen. Allerdings ist zu konstatieren, dass sich nach der Praxisphase jedoch weniger die Anzahl der Interpretationen ohne didaktischen Bezug als vielmehr die mit einem didaktischen Bezug erhöhten. Dabei wird aber auch sichtbar, dass trotz der deutlich erhöhten Anzahl fachdidaktischer Interpretationen diese im Verhältnis nicht an Gewicht gewannen und es demnach für die Studierenden sowohl vor als auch nach der Praxisphase offenbar schwierig war, Interpretationen mit einem fachdidaktischen Bezug zu formulieren.

Außerdem zeigten die Daten beider Erhebungen kaum Interpretationen, die sich auf den fachlichen Kern der Videovignette, das fehlerhafte Verständnis der Bedeutung von Variablen bzw. das falsche Aufstellen der Gleichung, bezogen (Abschnitt 7.1.3). Hier ist anzumerken, dass die bereits in mindestens einer Lehrveranstaltung des Bachelorstudiums thematisierte Didaktik der Algebra im Begleitseminar nicht nochmals angesprochen worden war. Wie das Ergebnis zeigt, konnten die Studierenden das Wissen zu diesem späteren Zeitpunkt nicht aktivieren. Da Grundvorstellungen konstrukt- und kontextspezifisch sind, konnte auch die Thematisierung von Grundvorstellungen zu anderen Inhalten im Seminar die Interpretationen zu dieser Thematik nicht anregen. Eine explizite Thematisierung und Wissensvermittlung scheint für eine entsprechende Interpretation daher unabdingbar.

Trotz dieser Schwierigkeit ist darauf hinzuweisen, dass nach der Praxisphase 17 der 20 Studierenden mindestens ein Ereignis aus einer fachdidaktischen Perspektive interpretierten, während es vor dieser nur zehn Studierende waren. Daher kann eine Entwicklung der Wahrnehmung für fachliche Bezüge der Unterrichtssituation im Laufe der Praxisphase festgestellt werden.

Die Überprüfung der Veränderungen auf Signifikanz unterstützt die hier beschriebene Veränderung hinsichtlich der Perspektive, unter der die Interpretationen formuliert wurden. Es wurde auch hier ein einseitiger t-Test für abhängige Stichproben durchgeführt, da insgesamt von einem Anstieg der Anzahl der unterschiedlichen Interpretationen ausgegangen werden konnte. Der Test ergab, dass der Anstieg der Interpretationen mit didaktischem Bezug mit mittlerer praktischer Bedeutsamkeit signifikant ist ($p = 0,0025$, $d = 0,72$), während die Zunahme der Interpretationen ohne didaktischen Bezug bzw. mit fachdidaktischem Bezug nicht signifikant ist.

Die hier dargestellten Ergebnisse legen die Vermutung nahe, dass die Professionelle Unterrichtswahrnehmung bezüglich der Subfacette *Interpretieren* durch die Praxisphase gestärkt werden konnte. Zwar wird deutlich, dass Interpretationen mit umfassenden Begründungen sowie Interpretationen mit fachdidaktischen Bezügen nach wie vor eine Herausforderung für die Studierenden darstellten und eine Förderung der Kompetenz auf dieser Ebene in der Praxisphase in der Masterphase nur in Ansätzen möglich war. Dennoch ist der absolute und relative Anstieg der Anzahl der Interpretationen, die erste Begründungen für die wahrgenommenen Ereignisse der Unterrichtssituation lieferten, sowie die erhöhte Anzahl an Studierenden, die diese unter einem fachdidaktischen Bezug interpretierten, ein Hinweis darauf, dass die Studierenden die Fähigkeit, wahrgenommene Ereignisse zu interpretieren, im Rahmen der Praxisphase entwickeln konnten. Es wurden verstärkt Begründungen gegeben, Vermutungen über Intentionen der Lehrkraft und der Schülerinnen und Schüler angestellt sowie Annahmen über mögliche Folgen von Handlungen geäußert. Zusätzlich weist diese Entwicklung darauf hin, dass die Studierenden ihre Professionelle Unterrichtswahrnehmung bezüglich fachdidaktischer, aber auch pädagogischer Aspekte erweiterten.

Die beobachtete Entwicklung innerhalb dieser Subfacette kann insbesondere auf die Teilnahme am fachdidaktischen Begleitseminar aber auch auf die schulischen Praxiserfahrungen der Studierenden zurückgeführt werden. Der deutliche Anstieg der Anzahl von Äußerungen mit didaktischem und fachdidaktischem

Bezug legt vor allem einen Einfluss des fachdidaktischen Begleitseminars nahe. Unter der Zielsetzung der Neukonzeption, die Professionelle Unterrichtswahrnehmung gezielt zu fördern, wurden die Arbeitsaufträge innerhalb des Seminars so formuliert, dass sie durchgehend eine Interpretation der wahrgenommenen Probleme oder Ereignisse einforderten und diese unter fachdidaktischen Gesichtspunkten besprochen wurden (Abschnitt 5.2). Gleichzeitig ist das Vorhandensein von Wissen und Erfahrungen ebenfalls eine Voraussetzung insbesondere für die Interpretationen (Abschnitt 2.2.2). Wissen zu unterschiedlichen fachdidaktischen Themen – wenngleich nicht so spezifisch, wie für eine differenzierte Wahrnehmung der Ereignisse der Videovignette verlangt – konnte im Begleitseminar erworben und durch eigene Erfahrungen aus dem Schulalltag angereichert und verdichtet werden. Da sich auch die Anzahl der Äußerungen zu Aspekten erhöhte, die sich nicht auf das Lehren und Lernen konzentrierten, sondern vor allem den Bezug zu Klassenregeln und zum sozialen Miteinander in der Klasse herstellten, und dies nicht im fachdidaktischen Begleitseminar thematisiert wurde, kann neben dem Einfluss des fachdidaktischen Begleitseminars in Ansätzen auch der Einfluss schulischer Praxiserfahrungen berücksichtigt werden. Im Schulalltag waren die Studierenden nicht nur mit dem Fachunterricht konfrontiert, sie konnten darüber hinaus fachübergreifende Tätigkeiten, die das Classroom Management betreffen, beobachten und erfahren, wie Regeln etabliert und umgesetzt werden, wie Lehrerinnen und Lehrer mit ihren Lernenden interagieren oder wie sich das Klassenklima auf Lernsituationen auswirkt. Darüber hinaus haben die Ergebnisse gezeigt, dass die verstärkte individuelle Wahrnehmung der Lernenden dazu beitrug, dass die Studierenden die wahrgenommenen Ereignisse tiefergehend interpretierten und nicht nur Bewertungen oder subjektive Beschreibungen äußerten. Da die Wahrnehmung der Schülerinnen und Schüler als Individuen und weniger als Gruppe, wie in Abschnitt 8.1.1 begründet, auch auf die schulischen Erfahrungen der Studierenden zurückgeführt werden kann, haben diese auch indirekt einen Einfluss auf die Subfacette *Interpretieren*.

Bis hierhin wurde herausgearbeitet, dass sich die Professionelle Unterrichtswahrnehmung bezüglich ihrer Subfacetten *Wahrnehmen* und *Interpretieren* im Zuge der Praxisphase weiterentwickelt hat. Im Folgenden werden die Ergebnisse zur Subfacette *Entscheiden* dargestellt und anhand derer die Entwicklung innerhalb der dritten Subfacette sichtbar gemacht werden.

8.1.3 Ergebnisse zur Subfacette Entscheiden

Ähnlich wie die Ergebnisse zu den Subfacetten *Wahrnehmen* und *Interpretieren* belegen, konnte auch bezüglich der Subfacette *Entscheiden* eine Entwicklung der Professionellen Unterrichtswahrnehmung infolge der Praxisphase festgestellt werden. Die Veränderung kann einleitend an folgender Äußerung der Studentin Carla exemplarisch veranschaulicht werden. Carla nahm zu beiden Zeitpunkten, das heißt sowohl vor als auch nach der Praxisphase, die Unruhe in der Klasse wahr und hielt jeweils fest, dass sich die Schülerinnen und Schüler in diesem Ereignis nicht mehr mit der Aufgabe beschäftigen bzw. fertig sind:

> *„ehm ja nach dem getuschel mittlerweile also die schüler sind ja mittlerweile gar nicht mehr mit der aufgabe beschäftigt viele haben schon fertig gerufen ehm die themen weichen komplett ab vom mathematikunterricht (..) [...]" (Carla, Prä2),*

> *„ehm ok offensichtlich sind hier bereits einige schüler fertig mit dem arbeitsauftrag sich gedanken darüber zu machen wie die 2. gleichung aussehen soll ehm was eine starke unruhe in der klasse zu folge hat [...]" (Carla, Post2).*

Zu beiden Erhebungszeitpunkten gab das wahrgenommene Verhalten der Lernenden für Carla Anlass zur Überlegung einer Entscheidung. Ihre Entscheidungen differierten jedoch deutlich in der Art der Reaktion. Während sie bei der Präerhebung lediglich eingegriffen hätte, direkt zur Besprechung übergegangen wäre oder die Schülerinnen und Schüler ermahnt hätte, äußerte sie nach der Praxisphase die Idee eines möglichen Arbeitsauftrags, der den Schülerinnen und Schülern gegeben werden könnte, die mit der Bearbeitung der Aufgabe bereits fertig sind:

> *„[...] an dieser stelle sollte der lehrer spätestens eingreifen entweder direkt zur besprechung gehen oder zumindest diejenigen ermahnen die schon fertig sind dass die ruhig sind die anderen nicht stören" (Carla, Prä2),*

> *„[...] hier wäre es eventuell möglich schon irgendwie ein impuls zu geben und sei es sich mit dem partner also mit dem sitzpartner zu besprechen wenn man fertig ist" (Carla, Post2).*

Carla interpretierte nach der Praxisphase demnach, dass nicht alle Lernenden mit der Aufgabe fertig sind und gegebenenfalls noch etwas Zeit brauchen. Mit ihrer Entscheidung wird der Versuch deutlich, den Lernprozess der Schülerinnen und Schüler aufrechtzuerhalten. Die Studentin reagierte nun nicht mehr rein situativ, sondern stellte didaktische Überlegungen an, die bereits vorher in der Unterrichtsplanung berücksichtigt werden könnten. Die Entwicklung zeigt sich in diesem

Fall darin, dass die Studentin Carla bereits vor der Praxisphase in der Lage war, Entscheidungen zu formulieren, diese in der Posterhebung jedoch stärker auf methodisch-didaktischen Überlegungen beruhen.

Dieses Beispiel veranschaulicht die Entwicklung der dritten Subfacette der Professionellen Unterrichtswahrnehmung *Entscheiden*: Die Studierenden formulierten nach der Praxisphase zwar meist mehr Entscheidungen als zuvor, dieser absolute Anstieg ist jedoch abhängig von der gesteigerten Anzahl wahrgenommener Ereignisse, sodass sich darüber hinaus die quantitative Fähigkeit, Entscheidungen zu formulieren nicht veränderte. Die Art der getroffenen Entscheidungen zeigte jedoch deutliche Veränderungen. So entwickelte sich die Fähigkeit, Entscheidungen zu treffen, bei den Studierenden tendenziell dahingehend, dass weniger situative und spontane Entscheidungen getroffen wurden, sondern diese verstärkt methodisch-didaktische Überlegungen beinhalteten, die in der Unterrichtsplanung berücksichtigt werden müssten. Dieses Ergebnis soll im Folgenden genauer erläutert werden.

Wie aus der Übersicht in Tabelle 8.10 hervorgeht, formulierten die 20 Studierenden in der Präerhebung insgesamt 64 Entscheidungen und in der Posterhebung 86 Entscheidungen. Im Schnitt trafen die Studierenden vor der Praxisphase also 3,2 Entscheidungen (sd = 2,48), danach waren es durchschnittlich 4,3 Entscheidungen (sd = 2,49). Da sich aber auch die Anzahl der wahrgenommenen Ereignisse erhöhte und, wie in Abschnitt 2.2.5 dargelegt, nur Entscheidungen getroffen werden konnten, wenn das Ereignis zuvor wahrgenommen wurde, muss diese Entwicklung im Verhältnis gesehen werden: Im Durchschnitt trafen die Studierenden sowohl vor als auch nach der Praxisphase nur zu etwa jedem zweiten wahrgenommenen Ereignis auch eine Entscheidung: Zu den 108 wahrgenommenen Ereignissen vor der Praxisphase formulierten die Studierenden 64

Tabelle 8.10 Ergebnisse zu den Entscheidungsarten

Subkategorien zur Haupt-kategorie „Entscheiden"	Anzahl der Entscheidungen vor der Praxisphase		Anzahl der Entscheidungen nach der Praxisphase
Situative Entscheidungen	33 (52 %)	+ 18 %	39 (45 %)
Methodisch-Didaktische Entscheidungen	31 (48 %)	+ 52 %	47 (55 %)
Summe der Entscheidungen	64		86

Entscheidungen, zu den 148 wahrgenommenen Ereignissen nach der Praxis-phase 86. Zwar gab es auch Studierende, bei denen sich das Verhältnis von wahrgenommenen Ereignissen und den dazu getroffenen Entscheidungen deutlich verbesserte, dies waren aber eher Einzelerscheinungen.

Obwohl die Studierenden also offenbar nicht ihre Fähigkeit verbessert haben, zu den wahrgenommenen Ereignissen auch Entscheidungen zu treffen, kann dennoch festgehalten werden, dass nach der Praxisphase die Fähigkeit deutlich wurde, mehr Entscheidungen zu treffen, wenn die Ereignisse wahrgenommen wurden. Das Ergebnis, dass nur zu jedem zweiten Ereignis auch eine Entscheidung formuliert wurde, deutet darauf hin, dass die Wahrnehmung eines Ereignisses nicht per se dazu befähigt, diesbezüglich auch eine Entscheidung zu treffen. Trotzdem ist grundlegend festzuhalten, dass die Studierenden nach der Praxisphase nicht nur mehr Ereignisse wahrgenommen und interpretiert haben, sondern sie formulierten im Verhältnis dazu auch entsprechend mehr Entscheidungen.

Die Zunahme der Anzahl formulierter Entscheidungen wurde mit einem t-Test für abhängige Stichproben überprüft. Da in Anbetracht der gestiegenen Anzahl wahrgenommener Ereignisse davon ausgegangen werden konnte, dass sich die Anzahl getroffener Entscheidungen nicht reduziert hatte, wurde dieser Test als einseitiger Signifikanztest durchgeführt. Dieser Test ergab, dass die Zunahme mit mittlerer praktischer Bedeutsamkeit signifikant ist ($p = 0{,}0055$, $d = 0{,}63$). Eine Prüfung auf Signifikanz für die Anzahl der getroffenen Entscheidungen in Relation zu der Anzahl wahrgenommener Ereignisse erschien nicht sinnvoll, da hier, wie beschrieben, keine Entwicklung zu erkennen war.

Wie bereits am anfangs dargestellten Beispiel der Studentin Carla deutlich wird, war nicht nur eine Analyse der Häufigkeit gegebener Entscheidungen sinnvoll, sondern auch eine qualitative Betrachtung der Entscheidungen. Diese Ergebnisse wurden mithilfe der Subkategorien „situative Entscheidungen" und „methodisch-didaktische Entscheidungen" ausgewertet (Abschnitt 7.2.2). Zusätzlich sollen die thematischen Bezüge der getroffenen Entscheidungen dargestellt werden.

Wie die Übersicht in Tabelle 8.10 zeigt, haben die Studierenden nach der Praxisphase sowohl mehr situative als auch methodisch-didaktische Entscheidungen getroffen. Dieses Ergebnis lässt sich auf die insgesamt gesteigerte Anzahl von formulierten Entscheidungen zurückführen. Gleichzeitig steigerten die Studierenden infolge der Praxisphase vor allem die Anzahl der Entscheidungen, die nicht rein situativ waren, sondern zum Beispiel andere Methoden in der ersten Erarbeitungsphase oder differenzierende Arbeitsaufträge in der Arbeitsphase beinhalteten. So stieg die Anzahl dieser Entscheidungen um 52 %, während sich die Anzahl der rein situativen Entscheidungen lediglich um 18 % erhöhte. Es zeigte sich demnach, dass die Studierenden während der Praxisphase stärker die Fähigkeit entwickelten, methodisch-didaktische Entscheidungen zu treffen als die Fähigkeit, situativ auf wahrgenommene Ereignisse zu reagieren.

Diese Entwicklung innerhalb der Studierendengruppe, die in der verstärkten Bedeutung methodisch-didaktischer Entscheidungen zum Ausdruck kommt, kann auch anhand der individuellen Entwicklungen der Studierenden nachgewiesen werden. Während sich bei den Studierenden zu fast gleichen Teilen die Anzahl rein situativer Entscheidungen reduzierte (sieben Studierende), erhöhte (acht Studierende) oder nicht veränderte (fünf Studierende), erhöhte sich bei einem großen Teil der Studierenden (14 Studierende) die Anzahl der methodisch-didaktischen Entscheidungen. Lediglich zwei Studierende zeigten bei Entscheidungen dieser Art keine Veränderungen und bei einer kleinen Gruppe (vier Studierende) reduzierte sich die Anzahl dieser Entscheidungen.

Für den Anstieg der Anzahl der situativen und methodisch-didaktischen Entscheidungen ließ sich ebenfalls ein t-Test für abhängige Stichproben durchführen. Auch dieser Test wurde als einseitiger Test durchgeführt, da ein Anstieg der Anzahl der situativen und methodisch-didaktischen Entscheidungen nach der Praxisphase aufgrund der insgesamt häufiger formulierten Entscheidungen zu erwarten war. Der Test ergab, dass die Studierenden nach der Praxisphase signifikant mehr Entscheidungen formulierten, die methodische und/oder didaktische Überlegungen enthielten, und dass dieser Effekt von mittlerer praktischer Bedeutsamkeit ist ($p = 0{,}0045$, $d = 0{,}65$). Rein situative Entscheidungen wurden nach der Praxisphase ebenfalls häufiger formuliert, dieser Anstieg ist hingegen nicht signifikant. Die Untersuchung der Veränderung des Verhältnisses der beiden Subkategorien wurde als zweiseitiger Test durchgeführt, da vor der Betrachtung der Entscheidungszahlen keine Annahme darüber getroffen werden konnte, ob und wie sich das Verhältnis der beiden Entscheidungsarten verändern würde. Dieser Test ergab, dass die Verhältnisveränderung zugunsten der methodisch-didaktischen Entscheidung nicht signifikant ist.

Bei inhaltlicher Betrachtung der Entscheidungen, die von den Studierenden getroffen wurden, zeigte sich abermals eine Entwicklung ihrer Professionellen Unterrichtswahrnehmung hinsichtlich der Subfacette *Entscheiden*. So wurden insbesondere nach der Praxisphase Entscheidungen formuliert, die darauf abzielten, das Verständnis der Schülerinnen und Schüler bzw. das fachliche Lernen zu unterstützen. Beispielsweise ging die Studentin Nina in ihrer Entscheidung nach der Praxisphase auf die Bedeutung der Variablen zur Absicherung des Verständnisses der Lernenden ein und die Studentin Nadine berücksichtigte zusätzlich die Bedeutung der Aufgabenformulierung für das Aufstellen der Gleichung:

„[...] vielleicht würde ich eher sowas fragen wie wofür steht das g wofür steht das k was bedeutet die 105 oder wieso steht das so im verhältnis ähm um sicherzugehen dass alle das wirklich verstanden haben" (Nina, Post16),

„und es sollte auf jeden fall noch mal darauf eingegangen [...] werden was kühe und was gänse sind und warum es 4k=g ist und nicht 4g=k (...) denn (.) wir müssen ja viermal (..) die kühe nehmen um auf die anzahl der gänse zu kommen (.) das sollte hier auch noch mal erklärt werden am besten von den schülern (..)[...]" (Nadine, Post18).

Die Beachtung des Verständnisses der Lernenden und der Aspekt, wie deren Lernprozess angeregt werden kann, war bereits in den Entscheidungen vor der Praxisphase zu finden. In der Posterhebung war jedoch ein Anstieg der Anzahl solcher Entscheidungen von neun auf 19 festzustellen.

Eine ähnliche Entwicklung kann auch bei Entscheidungen konstatiert werden, die im weitesten Sinne ein differenziertes Arbeiten der Lernenden vorsahen, zum Beispiel in Form von weiteren Aufgaben. Auch die Differenzierung wurde schon vor der Praxisphase berücksichtigt (acht Entscheidungen von sieben Studierenden), nach dieser wurden dazu jedoch mehr Entscheidungen formuliert (14 Entscheidungen von elf Studierenden). Wie in den Entscheidungen des Studenten Lennart deutlich wird, schlug er bereits vor der Praxisphase vor, in der Arbeitsphase zu differenzieren, führte diesen Vorschlag jedoch nicht weiter aus:

„und (...) dass dort vielleicht irgendeine differenzierungsmöglichkeit angebracht wäre [...]" (Lennart, Prä4).

Nach der Praxisphase schlug er hingegen konkreter vor, den schnelleren Schülerinnen und Schülern eine weitere Aufgabe zu geben und überlegte, wie diese aussehen könnte. In seinem Hinweis, dass man eine andere Aufgabe „noch dazu haben" müsste, wird auch seine Überlegung deutlich, die Differenzierung bereits in der Unterrichtsplanung zu berücksichtigen:

genauso hätte man dann noch als weitere aufgabe so ein bisschen zur differenzierung geben können (.) dass die schülerinnen und schüler schon mal die beiden (..) gleichungen die sie dann haben (.) (oben) einsetzen können also die aufgabe weiter berechnen dÜRfen wenn sie wOLLen oder man müsste eine andere aufgabe irgendwie noch dazu haben wobei wenn man die aufgabe jetzt hat fällt mir jetzt so schnell auch keine ein [...]" (Lennart, Post4).

Auch der Student Josip entwickelt nach der Praxisphase die Überlegung einer Differenzierung in der Arbeitsphase. In seinem Vorschlag griff er auf die Möglichkeit einer offenen Aufgabe zurück, die im fachdidaktischen Begleitseminar behandelt wurden, formulierte jedoch auch die Einschränkung, dass er eine Aufgabe dieser Art nicht ad hoc finden könne. Auch hier müsste dies schon im Rahmen der Unterrichtsvorbereitung berücksichtigt werden:

> *„an dieser stelle hätte man vielleicht gut differenzieren können (..) [...] man hätte eine offenere aufgabe stellen können vielleicht weiterführende aufgaben sodass sich diejenigen personen die fertig sind mit der ganz grundlegenden aufgabe nämlich dem finden der 2. gleichung äh ja noch ein bisschen weiter hätten denken können wie so eine aufgabe aussieht das wage ich mich jetzt in dieser kurzen zeit nicht (.) eh zu ratschlagen ((lachend)) aber tatsächlich (.) würde ich so vorgehen" (Josip, Post10).*

Der unterschiedliche thematische Bezug in den getroffenen Entscheidungen kann auch anhand der Perspektiven, aus denen die Entscheidungen formuliert wurden, verdeutlicht werden. So bezogen sich einzelne Ideen auf (fach-) didaktische Aspekte, andere eher auf das Einhalten von Regeln oder die sozialen Interaktionen (Abschnitt 7.2.2).

Die Studentin Carina formulierte sowohl vor als auch nach der Praxisphase neun Entscheidungen. Ihre Entscheidungskompetenz war also bereits vor der Praxisphase relativ ausgeprägt und erfuhr quantitativ durch diese Erfahrungen keine Steigerung. Bei der Analyse ihrer Überlegungen vor der Praxisphase wird jedoch deutlich, dass sie sich vielfach nicht direkt auf das Lernen der Schülerinnen und Schüler oder das Lehren von Herrn Schülke bezogen, sondern auf die Klasse als soziales Gefüge, also zum Beispiel die Etablierung von Regeln oder die Interaktion zwischen Herrn Schülke und seiner Klasse. So berücksichtigte sie zum Beispiel die Art der Ansprache durch die Lehrkraft und die Sitzordnung in der Klasse:

> *„[...] wäre auch auf die schüler zu gegangen wenn ich so eine ankündigung mache wenn ich die schüler anspreche und auch tatsächlich möchte dass sie sich beteiligen gehe ich auf die schüler zu ich stehe da nicht nur mit der hand in der hosentasche und mit der kreide in der anderen hand und habe damit eine eine körpersprache die schon fast desinteresse an den schülern ausdrückt und einfach nur zeigt ich bin jetzt da ehm ich hör mir das hier jetzt an was ihr zusagen habt [...]" (Carina, Prä8),*
>
> *„da würde ich die sitzordnung auch ändern [...] die sitzordnung auch ändern sodass die die ehm vielleicht (.) bei solchen zwischenrufen aufhören zu arbeiten dass ich die dann dichter am pult sitzen habe sodass ich sagen sagen HIer du bist doch noch gar nicht fertig mach das doch noch mal weiter" (Carina, Prä8).*

Insgesamt waren sieben der neun Entscheidungen, die Carina vor der Praxisphase traf, ohne didaktischen Bezug. In der Posterhebung änderten sich die Entscheidungen und Carina formulierte insgesamt mehr Entscheidungen aus einer didaktischen Perspektive. Sie bezog sich hier beispielweise auf Möglichkeiten, die Arbeitsphase anders zu gestalten, auf das Verständnis der Schülerinnen und Schüler für die Bedeutung der Variablen oder ihre Überlegungen galten zusätzlichen Arbeitsaufträgen:

> *„ [...]er könnte sie natürlich auch selbst daran ähm üben lassen das kommt natürlich darauf an in welcher ähm (.) an in welcher sequenz sie sozusagen in dieser ganzen unterrichtseinheit sind also haben sie schon mal gleichungen gelöst können sie prinzipiell das selbst ähm machen oder oder brauchen sie da erstmal noch eine einführung eine unterstützung"* (Carina, Post8),

> *„(.) vielleicht hätte man noch sagen können dass das g für die gänse steht und das k für die kühe ähm damit auch wirklich jeder schüler gerade weiß woran man arbeitet"* (Carina, Post8),

> *„ähm (..) und er könnte jetzt zum beispiel auch [...] einen weiteren auftrag geben ähm sodass noch mal ein ziel da ist die leistungsschwacheren aber trotzdem noch arbeiten können und ähm selbst sich ausprobieren können bevor es zu laut wird [...]"* (Carina, Post8).

Insgesamt zeigten sieben der nach der Praxisphase formulierten Entscheidungen einen Bezug zum Lernen der Schülerinnen und Schüler oder zum Lehren des der Lehrkraft.

Auch für die gesamte Gruppe der Studierenden ließ sich belegen, dass Entscheidungen, die sich auf das Lehren und Lernen bezogen, also solche mit einem didaktischen Bezug, von den Studierenden nach der Praxisphase deutlich häufiger getroffen wurden als vor dieser. Dies gilt insbesondere für Entscheidungen, die zusätzlich einen Bezug zum Fach Mathematik hatten, sich also beispielsweise auf das Verständnis von Variablen, den Umgang mit Fehlern oder sprachliche Hürden in Bezug auf die Textaufgabe bezogen, diese wurden nach der Praxisphase häufiger und durch mehr Studierende formuliert. In Tabelle 8.11 sind diese Ergebnisse zusammenfassend für alle 20 Studierenden dargestellt.

Der einseitige t-Test für abhängige Stichproben unterstreicht dieses Resultat: Der Anstieg der Entscheidungen mit fachdidaktischem Bezug ist signifikant mit mittlerer praktischer Bedeutsamkeit ($p = 0{,}00155$, $d = 0{,}52$).

Tabelle 8.11 Ergebnisse zu den eingenommenen Perspektiven bei Entscheidungen

Kategorien zum Kategoriensystem „Perspektive"	Anzahl der Entscheidungen vor der Praxisphase (Anzahl der Studierenden)		Anzahl der Entscheidungen nach der Praxisphase (Anzahl der Studierenden)
Ohne didaktischen Bezug	15 (5)	−13 %	13 (8)
Mit didaktischem Bezug	41 (19)	+22 %	50 (18)
Mit fachdidaktischem Bezug	12 (8)	+125 %	27 (12)

Die Ergebnisse weisen darauf hin, dass die Professionelle Unterrichtswahrnehmung der Studierenden auch bezüglich der dritten Subfacette *Entscheiden* durch die Aktivitäten und Erfahrungen der Praxisphase entwickelt wurde. Zum einen waren die Studierenden in der Lage, zu den neu wahrgenommenen Ereignissen Entscheidungen zu formulieren, zum anderen trafen sie verstärkt Entscheidungen, die nicht rein situativ waren, sondern bereits methodisch-didaktische Überlegungen beinhalteten. Darüber hinaus ist deutlich geworden, dass in den Entscheidungen der Studierenden verstärkt Lehr- und Lernprozesse berücksichtigt wurden, auch mit direktem Bezug zum Fach Mathematik. Wie bereits in den Abschnitten 8.1.1 und 8.1.2 zu den Subfacetten *Wahrnehmen* und *Interpretieren* beschrieben, liegt auch hier die Vermutung nahe, dass diese positiven Veränderungen sowohl auf die Erfahrungen aus der Praxis als auch auf Lerneffekte des fachdidaktischen Begleitseminars sowie des Reflexionsseminars zurückgehen. Die Studierenden haben sowohl während der Semesterphasen als auch in der Blockphase viele Stunden hospitiert, sodass ein breites Handlungsrepertoire der einzelnen Lehrkräfte beobachtet werden konnte. Aus der reflexiven Beobachtung war eine Entwicklung des eigenen Handlungsrepertoires und der damit verbundenen Kompetenz Entscheidungen zu treffen möglich. Zugleich konnten die Studierenden durch ihre eigenen Unterrichtsversuche erfahren, welche Entscheidungen in welcher Weise wirksam sind. Auch im Begleitseminar galt der Kompetenzfacette *Entscheiden* erhöhte Aufmerksamkeit, da neben der Interpretation von fachdidaktischen Ereignissen auch immer das Handeln der Lehrkraft in diesen Situationen thematisiert wurde. Bei der Erörterung verschiedener Handlungsmöglichkeiten sowie im Rahmen des Reflexionsseminars zum Planen von Unterrichtssequenzen wurde jedoch nicht nur das rein situative Reagieren, sondern vielmehr das Antizipieren von Lernprozessen und Handlungen der Lernenden in den Vordergrund gestellt, aus dem Entscheidungen bereits für die Unterrichtsplanung abgeleitet werden konnten. Diese Überlegungen wurden immer aus einer mathematikdidaktischen Perspektive besprochen.

Abschließend ist festzuhalten, dass sich die Professionelle Unterrichtswahrnehmung der 20 Studierenden während der Praxisphase bezogen auf alle drei Subfacetten – *Wahrnehmen, Interpretieren, Entscheiden* – entwickelt hat. Im folgenden Kapitel wird die als Ergebnis der typenbildenden qualitativen Inhaltsanalyse generierte Typologie auf Grundlage dieser drei Subfacetten vorgestellt. Diese kann die Entwicklung der Studierenden infolge der Praxisphase übersichtlich veranschaulichen.

8.2   Ergebnisse der typenbildenden qualitativen Inhaltsanalyse

Im Anschluss an die inhaltlich strukturierende Inhaltsanalyse erfolgte eine Typenbildung (Abschnitt 7.2.4), deren Ergebnisse an dieser Stelle vorgestellt werden. Sie unterstützen die bis hierhin herausgearbeitete Entwicklung der Professionellen Unterrichtswahrnehmung. Im Folgenden wird die entstandene Typologie erläutert und eine Zuordnung der 40 Fälle[3] dieser Studie vorgenommen. Anschließend folgt eine Darstellung der entstandenen Typen sowie eine Beschreibung der Entwicklung innerhalb dieser Typologie im Zuge der Praxisphase.

8.2.1   Darstellung der entstandenen Typologie und Zuordnung der Fälle

Bezogen auf den aufgespannten dreidimensionalen Merkmalsraum, der die drei Subfacetten – *Wahrnehmen, Interpretieren* und *Entscheiden* – der professionellen Unterrichtswahrnehmung abbildet, konnten unter Berücksichtigung von Merkmalshäufungen und selten vorkommenden Merkmalskombinationen in der betrachteten Stichprobe folgende sechs natürliche Typen identifiziert werden:

– Der nicht-perzeptive Typ
– Der wertende Typ

---

[3]Die 40 Fälle ergeben sich aus den 20 Studierenden, die jeweils an Prä- und Posterhebung teilgenommen haben.

- Der handlungsorientiert-wertende Typ
- Der analysierende Typ
- Der handlungsorientiert-analysierende Typ
- Der umfassende, fundierte Typ

Diese sechs Typen weisen unterschiedliche Merkmalsausprägungen in den drei Dimensionen auf und zeigen so wie gefordert (Kelle & Kluge, 2010, S. 85; Kuckartz, 2018, S. 151) intern eine möglichst hohe Homogenität und extern eine möglichst hohe Heterogenität. Diese Ausprägung werden für die einzelnen Typen in Tabelle 8.12 stichpunktartig dargestellt und in Abschnitt 8.2.2 ausführlicher erläutert.

Tabelle 8.12 Merkmalsausprägungen der Typen zur Typologie zur Professionellen Unterrichtswahrnehmung

Typ	Merkmale des Typs
Der nicht-perzeptive Typ	– <5 wahrgenommene Ereignisse
Der wertende Typ	– >4 wahrgenommene Ereignisse – Interpretationsart I – Entscheidungen zu maximal 50 % der wahrgenommenen Ereignisse
Der handlungsorientierte, wertende Typ	– >4 wahrgenommene Ereignisse – Interpretationsart I – Entscheidungen zu mehr als 50 % der wahrgenommenen Ereignisse
Der analysierende Typ	– Mindestens >4 wahrgenommene Ereignisse – Mindestens Interpretationsart II – Entscheidungen zu maximal 50 % der wahrgenommenen Ereignisse
Der handlungsorientierte, analysierende Typ	– Mindestens >4 wahrgenommene Ereignisse (wenn >8 dann Interpretationsart II) – Mindestens Interpretationsart II (wenn Interpretationsart III, dann maximal 8 wahrgenommene Ereignisse) – Entscheidungen zu mehr als 50 % der wahrgenommenen Ereignisse
Der umfassende, fundierte Typ	– >8 wahrgenommene Ereignisse – Interpretationsart III – Entscheidungen zu mehr als 50 % der wahrgenommenen Ereignisse

Wie von Kuckartz (2018, S. 157) gefordert, ist die Zuordnung der einzelnen Fälle, d. h. der 20 Studierenden jeweils in der Prä- und Posterhebung innerhalb der entstandenen Typologie eindeutig. So konnten alle 40 Fälle genau einem der sechs Typen dieser Typologie zugeordnet werden. Um diese Eindeutigkeit zu gewährleisten, erfolgte der Zuordnungsprozess anhand eines Entscheidungsdiagramms (Abbildung 8.2), indem die Zuordnung jedes einzelnen Falls durch das Durchlaufen dieses Diagramms erfolgte. Durch diesen eindeutigen Zuordnungsprozess ergab sich die in Tabelle 8.13 dargestellte Zuordnung der Fälle. Dabei zeigt die Verteilung der 40 Fälle innerhalb der Typologie, dass dem nicht-perzeptiven Typ fast ausschließlich Fälle aus der Präerhebung zuzuordnen waren und dem umfassenden, fundierten Typ ausschließlich Fälle aus der Posterhebung. So konnten für den nicht-perzeptiven Typ sieben Fälle aus der Präerhebung und lediglich ein Fall der Posterhebung (Post13) verzeichnet werden.

Die entstandenen sechs Typen werden im Folgenden detaillierter beschrieben.

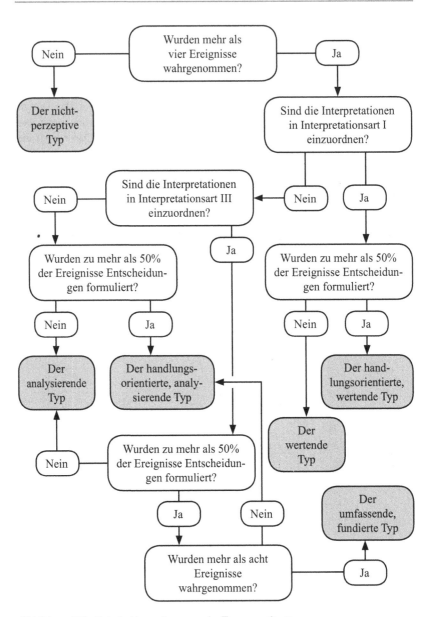

Abbildung 8.2 Entscheidungsdiagramm der Typenzuordnung

Tabelle 8.13 Einordnung der Fälle in die Typologie zur Professionellen Unterrichtswahrnehmung

Typ	Zugeordnete Fälle			
Der nicht-perzeptive Typ	Prä9	Prä10	Prä11	Prä12
	Prä14	Prä17	Prä18	Post13
Der wertende Typ	Prä5	Prä7	Post17	Post20
Der handlungsorientierte, wertende Typ	Prä2	Prä6	Prä16	Post12
Der analysierende Typ	Prä15	Prä19	Prä20	Post5
	Post7	Post9	Post11	Post14
	Post15			
Der handlungsorientierte, analysierende Typ	Prä1	Prä3	Prä4	Prä8
	Prä13	Post1	Post2	Post3
	Post4	Post16	Post18	
Der umfassende, fundierte Typ	Post6	Post8	Post10	Post19

8.2.2 Beschreibung der entstandenen Typen

Wie in Abschnitt 7.2.4 dargestellt, wurden die sechs entstandenen Typen durch Berücksichtigung von Merkmalshäufungen und selten vorkommende Merkmalskombinationen gebildet. Sie weisen somit unterschiedliche Ausprägungen der Merkmale auf, die bereits in Tabelle 8.12 stichpunktartig genannt sind. Zum besseren Verständnis der Typen werden diese im Folgenden einzeln ausführlich beschrieben und anhand von exemplarischen Fällen dargestellt.

Der nicht-perzeptive Typ:
Der nicht-perzeptive Typ konnte zwar in der Typologie zur Professionellen Unterrichtswahrnehmung zugeordnet werden, bei ihm konnte jedoch keine Professionelle Unterrichtwahrnehmung rekonstruiert werden. Da entsprechend der Kriterien dieses Typs insgesamt nur wenige (weniger als fünf) Ereignisse der dargestellten Unterrichtssituation wahrgenommen wurden, basiert die Charakterisierung lediglich auf den Informationen bzw. der Ausprägung der ersten Dimension „Wahrnehmen" und lässt keine weiteren Aussagen zu den Dimensionen „Interpretieren" und „Entscheiden" zu, da diese Subfacetten durch das fehlende Wahrnehmen nicht ausreichend rekonstruiert werden konnten.

Die Studentin Nastasija (Prä11) kann als Beispiel für diesen Typ dienen. Nastasija nahm vor der Praxisphase lediglich zwei Ereignisse der dargestellten Unterrichtssituation (Ereignis 4 und 7) wahr. Sie stoppte die Videovignette an zwei Stellen, äußerte sich zu den gesehenen Ereignissen und formulierte sogar zu beiden wahrgenommenen Ereignissen eine Interpretation und eine Entscheidung. Da die Anzahl der wahrgenommenen Ereignisse bei Nastasija in der Präerhebung jedoch sehr gering war und somit auch kaum die Möglichkeit bestand, Interpretationen bzw. Entscheidungen zu entwickeln, war es nicht sinnvoll, die Dimensionen „Interpretieren" und „Entscheiden" genauer zu betrachten. Zusätzlich zeigte Nastasija keine ausreichende Wahrnehmung der dargestellten Ereignisse, sodass bei ihr nicht von einer ausgeprägten und damit rekonstruierbaren Professionellen Unterrichtswahrnehmung gesprochen werden konnte.

Die Studierenden, die den im Weiteren vorgestellten fünf Typen zugeordnet werden konnten, nahmen mindestens fünf Ereignisse des dargestellten Unterrichts wahr. Es wurde somit eine ausreichende Anzahl an Ereignissen wahrgenommen, um auch die Äußerungen der Subfacetten *Interpretieren* und *Entscheiden* auswerten zu können, und davon auszugehen war, dass eine Professionelle Unterrichtswahrnehmung in unterschiedlichen Ausprägungen besteht.

Der wertende Typ:
Für den wertenden Typ konnte die Eigenschaft rekonstruiert werden, dass mehr als vier Ereignisse der gezeigten Unterrichtssituation wahrgenommen wurden. Fast alle Studierenden (außer Merle, Post20) nahmen durchschnittlich viele (fünf bis acht) Ereignisse wahr, aber nicht viele Ereignisse, also mehr als acht. Studierende dieses Typs waren also in der Lage, Interpretationen und/oder Entscheidungen zu den wahrgenommenen Ereignissen zu äußern. Bezeichnend für diesen Typus ist hierbei, dass sich die Interpretationen, dargestellt durch die Dimension 2 „Interpretieren", Art I zuordnen ließen. Demzufolge hat der wertende Typ die Eigenschaft Ereignisse wahrzunehmen, er interpretiert diese aber auf einem niedrigen Interpretationsniveau und äußert somit meist nur subjektive Beschreibungen oder unbegründete Bewertungen. Bei allen vier Fällen, die diesem Typ zugeordnet wurden, lag der Anteil der Interpretationen, die lediglich rein bewertend oder subjektiv beschreibend waren, bei mindestens 60 % aller Interpretationen. Drei der vier Fälle formulierten sogar mindestens 80 % ihrer Interpretationen rein bewertend oder beschreibend. Es wurden also hauptsächlich Bewertungen ohne Begründung oder subjektive Beschreibungen formuliert und das Wahrgenommene nur in die individuellen Wertemaßstäbe eingeordnet. Es wäre demnach möglich, daraus zu schließen, dass die Studierenden dieses Typs über die Fähigkeit verfügten, unterrichtsrelevante Ereignisse wahrzunehmen, dass sie für diese jedoch noch keine spezifischen Ursachen bzw. Erklärungen finden konnten. Neben den rein bewertenden und beschreibenden Interpretationen konnte eine geringe Fähigkeit, Entscheidungen zu formulieren, für diesen Typ rekonstruiert werden.

Studierenden, die diesem Typ zuzuordnen waren, formulierten nur zu rund 20 % der wahrgenommenen Ereignisse auch eine Entscheidung.

Die Studentin Melanie (Prä7) kann als exemplarisch für diesen Typ gelten. Sie nahm vor der Praxisphase fünf der in der Videovignette dargestellten Ereignisse wahr und lieferte zu allen Ereignissen auch Interpretationen. Dabei waren vier dieser fünf Interpretationen jedoch rein bewertender oder subjektiv beschreibender Natur und enthielten, wie zwei der von ihr getätigten Äußerungen zu den jeweils wahrgenommenen Ereignissen zeigen, keinerlei Begründungen für die formulierte Bewertung oder die wahrgenommenen Handlungen:

„ich finde an der unterrichtssituation relevant dass eh der lehrer sehr frontal agiert"
(Melanie, Prä7),

„in dem moment finde ich es gut dass der lehrer einfach die lösung der schüler aufnimmt und dann fragt wer das erklären kann" (Melanie, Prä7).

Zusätzlich formulierte Melanie vor der Praxisphase nur zu einem wahrgenommenen Ereignis auch eine Entscheidung.

Der handlungsorientierte, wertende Typ:
Die Abgrenzung des handlungsorientierten, wertenden Typs von dem wertenden Typ ergab sich, wie aus der Bezeichnung bereits hervorgeht, aus der relativen Häufigkeit der geäußerten Entscheidungen. Dies bedeutet, dass sich in den Dimensionen 1 „Wahrnehmen" und 2 „Interpretieren" die gleichen Ausprägungen wie beim wertenden Typ rekonstruieren ließen und sich dieser Typ lediglich in der dritten Dimension „Entscheiden" unterscheidet. Auch dieser Typ ist durch eine Wahrnehmung von durchschnittlich vielen Ereignissen der Unterrichtssituation gekennzeichnet. Alle Studierenden, die diesem Typ zugeordnet wurden, nahmen fünf bis acht Ereignisse wahr. Des Weiteren ließ sich auch für diesen Typ rekonstruieren, dass die Interpretationen in der Dimension 2 „Interpretieren" der Art I zuzuordnen waren. Fälle dieses Typs haben somit die Eigenschaft hauptsächlich Bewertungen ohne Begründung oder nur subjektive Beschreibungen zu formulieren. Die Äußerungen der beiden Studentinnen Carla (Prä2) und Nina (Prä16) vor der Praxisphase verdeutlichen beispielhaft, dass bei den Studierenden dieses Typs zu vermuten ist, dass sie zwar über die Fähigkeit, unterrichtsrelevante Ereignisse wahrzunehmen, verfügten, jedoch noch nicht über die Fähigkeit, Ursachen bzw. Erklärungen zu benennen:

„<<einatmend> JA> ehm (..) ein schüler wirft einen papierflieger (..) das ist natürlich äh <<schmunzelnd> nicht gerade wünschenswert in einer unterrichtsstunde>"
(Carla, Prä2),

„ehm (.) viele schüler sind mittlerweile unkonzentriert" (Nina, Prä16).

Während der wertende Typ und der handlungsorientierte, wertende Typ also ähnliche Eigenschaften hinsichtlich der Interpretation der wahrgenommenen Ereignisse zeigen, ist die Unterscheidung in der Dimension 3 „Entscheiden" zwischen diesen beiden Typen sehr deutlich. Während die Studierenden des wertenden Typs nur zu ca. 20 % aller wahrgenommenen Ereignisse Entscheidungen formulierten, wurden von den Studierenden des handlungsorientierten, wertenden Typs zu mindestens 60 % der wahrgenommenen Ereignisse Entscheidungen geäußert. Drei der vier diesem Typus zugeordneten Studentinnen formulierten sogar zu über 80 % der von ihnen wahrgenommenen Ereignisse Entscheidungen. Bei diesem Typ ließ sich demnach eine starke Ausprägung der Fähigkeit, Entscheidungen zu treffen, rekonstruieren.

Die Studentin Nina (Prä16) kann diesen Typ exemplarisch sehr gut veranschaulichen. Sie nahm vor der Praxisphase acht Ereignisse der dargestellten Unterrichtssituation wahr und interpretierte sechs dieser acht Ereignisse. Ihre Interpretationen waren dabei überwiegend auf einer bewertenden bzw. subjektiv beschreibenden Ebene. Nina hatte aber auch schon vor der Praxisphase zu sieben der acht wahrgenommenen Ereignisse Entscheidungen formuliert:

„und ehm (..) da würde ich glaube ich eher die arbeitsphase entweder abschließen oder zumindest ins gespräch mit den schülern kommen ehm ob sie fertig sind ob sie eine lösung gefunden haben obs oder ob es probleme gibt und sie einfach nicht weiterkommen und deshalb nicht weiterarbeiten oder ehm woran das liegt dass jetzt nicht gearbeitet wird (.) sondern (.) also das was ich sehen kann (.) eh sich unterhalten wird und es nicht um die gleichung geht" (Nina, Prä16).

Der analysierende Typ

Ähnlich wie beim wertenden bzw. handlungsorientierten, wertenden Typ konnte für den analysierenden Typ die Eigenschaft rekonstruiert werden, dass mehr als vier Ereignisse der dargestellten Unterrichtssituation wahrgenommen wurden, sodass die Ausprägungen der Dimensionen 2 „Interpretieren" und 3 „Entscheiden" in die Charakteristik dieses Typs einbezogen werden konnten. Auch bei diesem Typ ergab sich zusätzlich, dass fast alle Studierenden dieses Typs (außer Arne, Post9 und Annette, Post15) durchschnittlich viele (fünf bis acht) Ereignisse wahrnahmen.

Im Gegensatz zum wertenden bzw. handlungsorientierten, wertenden Typ wurde in Dimension 2 „Interpretieren" jedoch mindestens die Interpretationsart II erreicht. Wie aus den nachfolgend zitierten Äußerungen hervorgeht, gingen die

Studierenden, die diesem Typ zugeordnet wurden, in den meisten Fällen über die unbegründete Bewertung und die interpretative Beschreibung hinaus und analysierten die wahrgenommenen Ereignisse bereits. So äußerten sie Vermutungen über Intentionen, Ursachen oder Folgen:

> *„sogar papierflieger fliegen durch die klasse mit anderen worten die schüler sind entweder fertig oder sie wissen nicht was sie tun sollen oder wie sie die lösung finden"* (Torge, Post5),

> *„allerdings kommen (.) relativ wenig unterschiedliche ergebnisse dazu zustande weil die ergebnisse einfach gesammelt werden und nicht ehm jeder für sich denkt oder sich mit dem partner austauscht und dadurch dann einfach nur ein ja das habe ich auch und ich habe das auch"* (Melanie, Post7).

Lediglich bei zwei der neun diesem Typen zuzuordnenden Studierenden, Mohammad (Prä19) und Annette (Post15), befanden sich die Äußerungen sogar auf dem Niveau der Interpretationsart III. Sie formulierten also auch umfassende Begründungen, die zum Beispiel einen Bezug zu fachdidaktischen Prinzipien herstellten oder mehrere Aspekte in der Begründung berücksichtigten.

In der dritten Dimension „Entscheiden" konnte für den analysierenden Typ wie beim wertenden Typ nur eine schwache Ausprägung rekonstruiert werden. Es wurden von allen Studierenden dieses Typs zu maximal 50 % der wahrgenommenen Ereignisse Entscheidungen formuliert. Bei sechs der neun Studierenden betrug dieser Anteil sogar maximal 20 %. Während die Fähigkeit, Ereignisse zu interpretieren, bei diesem Typ also bereits vorhanden ist und Ereignisse nicht nur bewertet oder subjektiv beschrieben werden, sondern auch über entsprechende Ursachen nachgedacht wird, fehlt die Fähigkeit, Entscheidungen zu formulieren.

Der Student Torge (Post5) stellt den analysierenden Typ exemplarisch dar. Torge hat nach der Praxisphase mit sechs wahrgenommenen Ereignissen durchschnittlich viele Ereignisse wahrgenommen und führte in seinen Interpretationen überwiegend Begründungen an, bewertete oder beschrieb die wahrgenommenen Ereignisse also nicht nur. Er formulierte jedoch nur zu einer der sechs wahrgenommenen und interpretierten Ereignisse eine Entscheidung. Diese Fähigkeit war bei ihm demnach auch zum zweiten Erhebungszeitpunkt noch nicht ausgebildet.

Der handlungsorientierte, analysierende Typ
Wie in der Abgrenzung des wertenden gegenüber dem handlungsorientierten, wertenden Typ besteht der Unterschied zwischen dem analysierenden und dem handlungsorientierten, analysierenden Typ in der Ausprägung der dritten Dimension „Entscheiden". So nahmen auch die Studierenden, die dem handlungsorientierten, analysierenden Typ zuzuordnen waren, mindestens fünf unterschiedliche

Ereignisse der dargestellten Unterrichtssituation wahr und formulierten zu diesen überwiegend Interpretationen, die zwar noch keine umfassenden Begründungen anführten, aber über eine rein bewertende und subjektiv beschreibende Äußerung zu den wahrgenommenen Ereignissen hinausgingen. Sie konnten in Dimension 2 „Interpretieren" demnach mindestens der Ausprägung Art II zugeordnet werden. Die Studierenden dieses Typs lieferten also, ebenso wie die des analysierenden Typs, Vermutungen über Intentionen, Ursachen oder Folgen zu den von ihnen wahrgenommenen Ereignissen.

Anders als bei dem analysierenden Typ konnte für den handlungsorientierten, analysierenden Typ aber eine ausgeprägte Fähigkeit, Entscheidungen zu den wahrgenommenen Ereignissen zu formulieren, rekonstruiert werden. In Dimension 3 ist dieser Typ der Ausprägung, dass zu mehr als 50 % der wahrgenommenen Ereignisse Entscheidungen formuliert werden, zuzuordnen. Alle elf zugeordneten Fälle haben also zu mehr als 50 % der von ihnen wahrgenommenen Ereignisse Entscheidungen formuliert. Bei neun der elf Fälle lag dieser Anteil sogar bei mindestens 67 % und bei sechs Fällen sogar bei mindestens 80 %. Fünf der sechs Fälle, die zu mindestens 80 % der wahrgenommenen Ereignisse Entscheidungen formulierten, sind der Erhebung nach der Praxisphase entnommen.

Damit es möglich war die Fälle im Rahmen der entwickelten Typologie eindeutig zuzuordnen, ist auf eine Besonderheit des handlungsorientierten, analysierenden Typs hinzuweisen. Da die Ausprägung in den Dimensionen 1 „Wahrnehmen" und 2 „Interpretieren" nicht hinreichend eindeutig bestimmt ist (mindestens fünf wahrgenommene Ereignisse und mindestens Interpretationsart II), gilt für die Fälle dieses Typs ein zusätzliches Merkmal: Ein Fall, der diesem Typus zuzuordnen war und viele (mehr als acht) Ereignisse der Videovignette wahrgenommen hat, hat maximal die Ausprägung Art II in der Dimension „Interpretieren" erreicht. Umgekehrt galt, dass ein Fall, der in der Dimension „Interpretieren" Art III zugeordnet wurde, nur durchschnittlich viele (fünf bis acht) Ereignisse wahrgenommen hat. Diese Ausnahme trifft jedoch lediglich auf die Studierenden Carina (Prä8, zehn wahrgenommene Ereignisse, aber Interpretationsart II) und Ulli (Prä13, Interpretationsart III, aber nur fünf wahrgenommene Ereignisse) vor der Praxisphase zu.

Ein Fall, der den handlungsorientierten, analysierenden Typ gut veranschaulicht, ist die Studentin Nadine (Post18). Nadine hat nach der Praxisphase mit acht verschiedenen Ereignissen durchschnittlich viele Ereignisse wahrgenommen und konnte in Dimension 2 der Art II zugeordnet werden. Sie interpretierte die Ereignisse demnach nicht nur, indem sie diese bewertete oder subjektiv beschrieb, sondern lieferte erste Begründungen, stellte Vermutungen über Intentionen der Lehrkraft an oder benannte mögliche Folgen. Anders als der Student

Torge (Post5), der nach der Praxisphase dem analysierenden Typ zugeordnet wurde und gleiche Merkmalsausprägungen in Dimension 1 und 2 aufwies, konnte Nadine nach der Praxisphase zu sechs der acht wahrgenommenen Ereignisse Entscheidungen formulieren. Sie zeigte damit also eine deutlich höhere Fähigkeit bzw. Bereitschaft Entscheidungen zu treffen. An dieser Stelle sollen die folgenden beiden Zitate beispielhaft für die von ihr formulieren sechs Entscheidungen stehen:

> *„hierbei wäre es wichtig gewesen dass der lehrer vielleicht rumgeht und sich ein bild von dem stand der schüler macht (4) hm (4) und neue aufgaben hinein gibt damit es nicht zu einer unruhe kommt und es ein weiteres arbeiten damit ein weiteres arbeiten möglich ist" (Nadine, Post18),*

> *„ähm (.) die aufgabe könnte hier vorgelesen werden gemeinsam könnten wichtige informationen erschlossen werden indem man sie unterstreicht (..) und (.) ähm dadurch könnten mehr schüler aktiviert werden an der (.) aufgabe teilzunehmen (..) es könnte anders formuliert werden indem zum beispiel gesagt wird was sind die <<Wort wird abgebrochen> unterschie> äh was sind die wichtigen informationen in diesem text (..) ähm weiter kann noch <<Wort wird abgebrochen> hi> also wenn sich nicht so viele beteiligen kann noch gefragt werden (.) ähm (.) was wissen wir über die kühe was wissen wir über die gänse und das kann man auch erstmal verschriftlichen ohne mathematische formeln" (Nadine, Post18).*

Der umfassende, fundierte Typ

Der umfassende, fundierte Typ verbindet die Maximalausprägungen aller drei Dimensionen. Dies bedeutet, dass für diesen Typ die Eigenschaft rekonstruiert werden konnte, dass viele Ereignisse (mehr als acht) der dargestellten Unterrichtssituation wahrgenommen wurden, die geäußerten Interpretationen in Interpretationsart III einzuordnen waren, also viele der interpretativen Äußerungen Begründungen enthielten, die zum Beispiel auch mehrere Aspekte berücksichtigen oder fachdidaktische Prinzipien miteinbezogen, und dass zu mehr als 50 % der wahrgenommenen Ereignisse (also mindestens fünf) Entscheidungen entwickelt wurden. Es ist daher zu vermuten, dass Studierende, die diesem Typ zuzuordnen waren, die Fähigkeit haben, viele unterrichtsrelevante Ereignisse im Mathematikunterricht wahrzunehmen und diese Situationen hauptsächlich insofern interpretieren, als sie mehrere Gründe, Ursachen und Erklärungen für das Wahrgenommene angeben können, dabei auch Verbindungen zu anderen Ereignissen herstellen oder unterschiedliche Sichtweisen berücksichtigen. Wie das nachfolgende Beispiel der Äußerung von Josip zeigt, ist in solchen Fällen von einer umfassenderen Interpretation des wahrgenommenen Ereignisses auszugehen:

„tja (..) da muss man sich fragen welche grundvorstellungen (.) befinden sich gerade in diesem kopf [...] aber es ist tatsächlich sodass dass die schülerin ehm <<lachend> größer und kleiner verwendet> also sie sie möchte tatsächlich einen vergleich anstellen der linken mit der rechten gleichungsseite aber da steht ja nun mal kein größer oder kleiner sondern es ist gleich und warum jetzt auf einmal irgendwo 20 herauskommen soll das das habe ich auch noch nicht so GAnz durchblickt mal gucken vielleicht klärt sich das noch" (Josip, Post10).

Durch den außerdem relativ hohen Anteil formulierter Entscheidungen kann davon ausgegangen werden, dass die Professionelle Unterrichtswahrnehmung bei den Studierenden dieses Typs bereits in einem hohen Maße ausgeprägt ist.

Bei genauerer Betrachtung dieser Fälle zeigte sich jedoch, dass der Anteil der formulierten Entscheidungen zwar über 50 % lag, sich jedoch in dieser oberen Hälfte wiederum im unteren Bereich bewegte. So formulierten die vier Studierenden dieses Typs zu lediglich maximal 73 % der wahrgenommenen Ereignisse Entscheidungen. Dies scheint ein erneuter Hinweis darauf zu sein, dass das Entwickeln von Entscheidungen eine große Herausforderung für die Studierenden darstellte.

Ein gutes Beispiel, um diesen Typ darzustellen ist die Studentin Carina (Post8). Carina nahm nach der Praxisphase insgesamt elf der zwölf Ereignisse der Videovignette wahr und äußerte zu zehn dieser Ereignisse Interpretationen. Von diesen Interpretationen waren fünf von der Interpretationsart II, lieferten also erste Begründungen. Fünf waren von der Interpretationsart III, sodass bei diesen sogar umfassendere Begründungen angeführt wurden. Neben dieser recht umfassenden Interpretation vieler Ereignisse der dargestellten Unterrichtssituation formulierte Carina nach der Praxisphase auch zu acht der elf wahrgenommenen Ereignisse eine Entscheidung.

8.2.3 Entwicklung innerhalb der Typologie

Da die Typenbildung auch dazu dienen sollte, die Forschungsfrage nach der Veränderung der Professionellen Unterrichtswahrnehmung von Studierenden im Zuge des Kernpraktikums an der Universität Hamburg zu beantworten, wurde die Verteilung der 40 Fälle innerhalb der Typologie analysiert. Da jeweils zwei Fälle (PräX und PostX) einen Studierenden oder eine Studierende vor und nach der Praxisphase abbilden, konnte deren Verteilung Aufschluss darüber geben, inwieweit sich die Professionelle Unterrichtswahrnehmung der einzelnen Studierenden im Prä-Post-Vergleich verändert hat.

Unter der Annahme, dass der nicht-perzeptive Typ über keine entsprechende Professionelle Unterrichtswahrnehmung verfügt und dass der umfassende, fundierte Typ eine bereits ausgeprägte Professionelle Unterrichtswahrnehmung aufweist, kann eine Veränderung der Professionellen Unterrichtswahrnehmung der Studierenden im Zuge der Praxisphase des Masterstudiums abgeleitet werden. Die entwickelte Typologie kann demzufolge auch als ein mögliches Kontinuum der Entwicklung vom nicht-perzeptiven Typ zum umfassenden, fundierten Typ verstanden werden. Diese Vermutung wurde durch die Betrachtung der (individuellen) Fallentwicklung unterstützt. Hierbei zeigte sich eine Entwicklung, die sich typologisch vereinfacht vom nicht-perzeptiven Typ hin zum umfassenden, fundierten Typ vollzog. Abbildung 19 stellt die Zusammenfassung der Entwicklung zwischen den sechs Typen dar. So ist im oberen Teil der Grafik ersichtlich, wie viele Studierende sich von einem Typ zum anderen entwickelt haben. Zusätzlich zeigt die Abbildung auch die individuelle Entwicklung aller 20 Studierenden, dazu findet sich im unteren Teil der Grafik die konkrete Angabe der Studierenden. Die Abbildung vermittelt eine klare Ausrichtung von links (nicht-perzeptiver Typ) nach rechts (umfassender, fundierter Typ). Darüber hinaus ist erkennbar, dass diese Entwicklung auf 14 der 20 Studierenden zutrifft. Lediglich bei den Studierenden Ulli und Merle (13 und 20) konnte eine rückläufige Entwicklung in Richtung des nicht-perzeptiven Typs festgestellt werden, und bei den Studierenden Mathilde, Robert, Lennart und Annette (1, 3, 4 und 15) war anhand dieser Typologie keine Entwicklung zu konstatieren. Allerdings ist in diesen Fällen das Entwicklungspotenzial zu berücksichtigen, denn diese vier Studierenden konnten bereits vor der Praxisphase dem analysierenden Typ bzw. dem handlungsorientierten, analysierenden Typ zugeordnet werden. Sie zeigten also schon zu diesem Zeitpunkt eine gewisse Ausprägung innerhalb der drei Subfacetten der Professionellen Unterrichtswahrnehmung. So formulierten Mathilde, Robert und Lennart bereits vor der Praxisphase zu über 50 % der von ihnen wahrgenommenen Ereignisse Entscheidungen und alle vier führten bereits Begründungen in ihren Interpretationen an, waren demnach schon vor der Praxisphase in der Lage, über rein bewertende und beschreibende Interpretationen hinauszugehen.

Des Weiteren ist in Abbildung 8.3 zu erkennen, dass sich die Studierenden, die vor der Praxisphase dem nicht-perzeptiven Typ zuzuordnen waren, zum zweiten Erhebungszeitpunkt auf alle weiteren fünf Typen aufteilen und bis auf Ulli (13) niemand der Studierenden nach der Praxisphase dem nicht-perzeptiven Typ zuzuordnen wurde und somit keine Ausprägung einer Professionellen Unterrichtswahrnehmung zeigte.

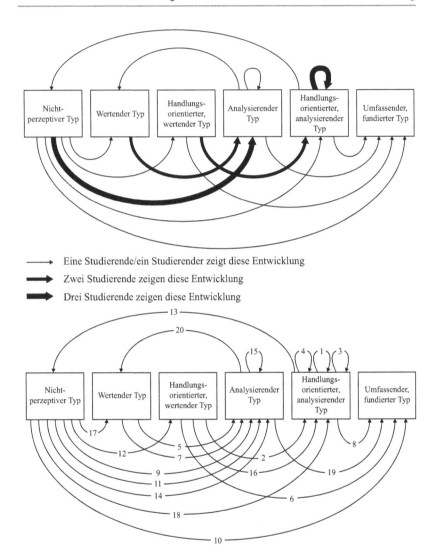

Abbildung 8.3 Entwicklung innerhalb der Typologie zur Professionellen Unterrichtswahrnehmung

Darüber hinaus wurde herausgearbeitet, dass fünf der Studierenden, die vor der Praxisphase als nicht-perzeptiver Typ bezeichnet werden konnten, in der Posterhebung mindestens dem analysierenden Typ zugeordnet wurden, ihre Interpretationen also über reine Bewertungen und subjektive Beschreibungen der wahrgenommenen Ereignisse hinausgingen. Hier legt die Typenbildung, wie auch die Ergebnisse in den Abschnitten 8.1.1 und 8.1.2, eine Ausbildung der Subfacetten *Wahrnehmen* und *Interpretieren* nahe. Die geringe Anzahl der Studierenden, die nach der Praxisphase dem umfassenden, fundierten Typ zugeordnet werden konnten, belegt wiederum abermals die Herausforderungen einer umfassenden Interpretation wahrgenommener Ereignisse.

Analysiert man die Entwicklung nun bezogen auf die Subfacette *Entscheiden*, kann die These, dass auch das Formulieren von Entscheidungen für die Studierenden eine besondere Herausforderung darstellte und dies im Zuge der Praxisphase nicht ausreichend gefördert werden konnte, unterstützt werden. Elf Studierende konnten nach der Praxisphase einem handlungsorientierten Typ (handlungsorientierter, wertender Typ; handlungsorientierter, analysierender Typ; umfassender, fundierter Typ) zugeordnet werden. Dabei waren jedoch sieben dieser elf Studierenden bereits im Rahmen der Präerhebung einem dieser Typen zuzuordnen. Die drei Studierenden Josip, Nadine und Marella waren vor der Praxisphase dem nicht-perzeptiven Typ zuzuordnen. Da das Wahrnehmen von Ereignissen die Voraussetzung für das Formulieren von Entscheidungen ist (Abschnitt 7.2.1), wäre es denkbar, dass sich die Fähigkeit, Entscheidungen zu treffen erst nach der Praxisphase zeigen konnte, als mehrere Ereignisse der dargestellten Unterrichtssituation von den Studierenden wahrgenommen wurden. Lediglich der Student Mohammad zeigte eine Entwicklung von einem Typus mit professioneller Unterrichtswahrnehmung vor der Praxisphase, aber ohne die Fähigkeit Entscheidungen zu formulieren (analysierender Typ), zu einem Typus mit dieser Fähigkeit (umfassender, fundierter Typ). Die Studierenden Torge und Melanie (5 und 7) entwickelten sich nur innerhalb der Subfacette *Interpretieren* (vom wertenden Typ zum analysierenden Typ) und Studierende, die bereits vorher einem handlungsorientierten Typ zugeordnet waren, wie zum Beispiel Carla, Carlotta und Nina, waren auch nach der Praxisphase einem Typ dieser Art zuzuordnen (vom handlungsorientierten, wertenden Typ zum handlungsorientierten, analysierenden Typ).

Andere Zusammenhänge hinsichtlich der Entwicklung der Studierenden infolge der Praxisphase innerhalb der Typologie mit anderen Merkmalen der Studierenden waren nicht erkennbar. Wie in Abschnitt 8.1.2 bereits angedeutet, legte auch die nähere Betrachtung der Typologie einen Zusammenhang der Subfacette *Interpretieren* mit den wahrgenommenen Akteurinnen und Akteuren nahe. Anhand der genaueren Analyse wurde deutlich, dass die Studierenden, die dem wertenden oder dem handlungsorientierten, wertenden Typ zugeordnet wurden, deren Interpretationen also überwiegend bewertender und subjektiv beschreibender Natur waren, entweder fast ausschließlich die Lehrkraft oder die Lernenden nur als undifferenzierte Gruppe wahrnahmen. Eine individuellere Wahrnehmung der Schülerinnen und Schüler war bei diesen Studierenden nur sehr selten festzustellen. Die Studierenden Carlotta, Carina, Josip und Mohammad, die nach der Praxisphase dem umfassenden, fundierten Typ zugeordnet werden konnten und somit zu vielen Ereignissen teils umfassendere Interpretationen formulierten, nahmen die Schülerinnen und Schüler deutlich seltener als undifferenzierte Gruppe, sondern stärker als Individuen wahr. Die aufgestellte Vermutung, dass eine genauere Wahrnehmung der Lernenden mit einer umfassenderen Interpretation einhergeht oder diese zumindest anregt, kann somit durch die auf Basis der typenbildenden qualitativen Inhaltsanalyse aufgestellte Typologie abermals unterstützt werden.

Ebenso wie die Auswertung bezüglich der drei Subfacetten zeigt auch die Typologie zur Professionellen Unterrichtswahrnehmung, dass es eine Entwicklung der Professionellen Unterrichtswahrnehmung bei den Studierenden innerhalb der Praxisphase gab. Hierbei ist jedoch zu berücksichtigen, dass diese Typologie aus Realtypen besteht, dass also lediglich die bestehenden Fähigkeiten der Studierenden abgebildet wurden. Der umfassende, fundierte Typ, der hier am Ende des Entwicklungskontinuums steht, bildet demnach nicht zwangsläufig die zu erreichende Maximalausprägung Professioneller Unterrichtswahrnehmung.

Im Abschnitt 8.1 wurden erste Vermutungen angestellt, worauf diese Veränderungen zurückgeführt werden könnten. Im folgenden Kapitel werden die Ergebnisse zu den leitfadengestützten Interviews präsentiert, um anhand der subjektiv empfundenen Ursachen der Veränderung die bisherigen Ergebnisse zu ergänzen, und der Richtigkeit der Vermutungen nachzugehen.

Ergebnisse zu den Einflussfaktoren bezüglich der Veränderung der Professionellen Unterrichtswahrnehmung

Die Darstellung der Ergebnisse zur Veränderung der Professionellen Unterrichtswahrnehmung infolge der Praxisphase (Kapitel 8) wurde mit Hypothesen, worauf sich diese Veränderungen zurückführen lassen, ergänzt. Dabei wurden sowohl die schulischen Praxiserfahrungen aufgrund von Hospitationen und eigenen Unterrichtsversuchen als auch das im fachdidaktischen Begleitseminar und Reflexionsseminar gewonnene Wissen sowie die theoriegeleitete Auseinandersetzung mit den Erfahrungen aus der Praxis als mögliche Ursachen der Veränderung genannt. Durch das leitfadengestützte Interview, das mit den Studierenden nach der Posterhebung geführt wurde (Abschnitt 7.1.4), wurden von den Studierenden selbst Begründungen für die Veränderungen ihrer Professionellen Unterrichtswahrnehmung erfragt. Hierbei handelt es sich um subjektiv empfundene Ursachen, die keinen Anspruch darauf erheben können, tatsächlich Auswirkungen auf die Professionelle Unterrichtswahrnehmung zu haben. Die Interviews bieten einen guten Einblick in die Vielfalt der Begründungen und zeigten eine deutliche Schwerpunktsetzung. In der Auswertung der Interviews wurde deutlich, dass die Studierenden ähnliche Ursachen wie bereits vermutet und in der Literatur angeführt (Abschnitt 3.3) für die Veränderung der Professionellen Unterrichtswahrnehmung nannten. Fast alle Studierenden nannten neben den Erfahrungen aus der Praxis, die für alle eine zentrale Ursache darstellen, auch die Begleitveranstaltungen und die Auseinandersetzung mit der Theorie. Im Folgenden werden die Ergebnisse zu den subjektiv empfundenen Änderungsgründen dargestellt und diese differenziert beschrieben.

© Der/die Autor(en), exklusiv lizenziert durch Springer Fachmedien Wiesbaden GmbH, ein Teil von Springer Nature 2021
A. B. Orschulik, *Entwicklung der Professionellen Unterrichtswahrnehmung*, Perspektiven der Mathematikdidaktik, https://doi.org/10.1007/978-3-658-33931-9_9

Bei der Auswertung der angegebenen Ursachen (Abbildung 9.1) wurde zunächst deutlich, dass alle 20 Studierenden einen großen Einfluss der Erfahrungen aus der Praxis auf ihre Professionelle Unterrichtswahrnehmung sahen und diesen Einfluss innerhalb des Interviews immer wieder explizierten.

Dabei verwiesen sie darauf, wie auch in den Äußerungen von Anja und Nina deutlich wird, dass sie im Unterricht mit bestimmten Situationen konfrontiert wurden und ihnen so Probleme aufgefallen sind:

> *„ja ähm (..) ja das habe ich jetzt im praktikum auch beobachtet das einfach es ist nun mal sodass schüler unterschiedlich schnell arbeiten und ähm für die die oft schneller arbeiten ist dann der unterricht manchmal einfach langweilig weil sie sind schnell fertig haben dann nichts mehr zu tun und machen dann natürlich blödsinn"* (Anja, Interview17).

Oder sie berichten, wie die Studentin Annette, durch die Beobachtung der Handlungen von unterrichtenden Lehrkräften angeregt worden zu sein bzw. diese für sich selbst übernehmen zu wollen:

> *„[…] wir haben halt vor allem mathematikunterricht bei unserem mentor gesehen und der war halt immer (.) so richtig wertschätzend bei fehlern und hat die dann halt auch immer geguckt woran liegt es und wie können wir das jetzt ändern und so deswegen ich glaube dadurch ist vielleicht der fokus dann noch mal ein bisschen mehr darauf gekommen weil ich das also für mich selber einfach aus dem praktikum mitnehmen möchte halt so einen umgang mit fehlern zu haben"* (Annette, Interview15).

Zusätzlich gaben 17 der 20 Studierenden an, dass sie die Änderungen in ihrer Professionellen Unterrichtswahrnehmung auch auf eine der Begleitveranstaltungen zurückführen. So bezog sich die Studentin Mathilde in einer ihrer Äußerungen auf ein spezielles Modell im Rahmen des Reflexionsseminars, die Studentin Carla auf ein Seminarthema des fachdidaktischen Begleitseminars und Carina im Allgemeinen auf die fachdidaktische Perspektive des Begleitseminars auf Unterricht:

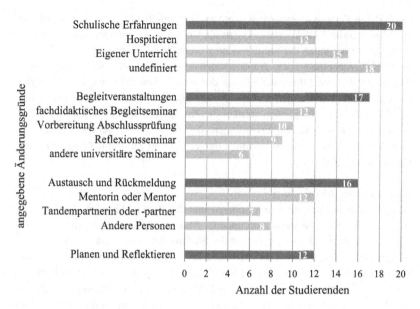

Abbildung 9.1 Subjektiv empfundene Gründe für die Veränderung der Professionellen Unterrichtswahrnehmung

„ehm ich habe halt viel so mich im reflexionsseminar auch mit mit aktivierung da hatten wir mal so ein schiffsmodell von wegen alle müssen erstmal auf das schiff einsteigen damit es überhaupt losfahren kann und da ist es halt mir irgendwie bewusst geworden dass dass man gerade am anfang erstmal alle überhaupt in das boot holen muss [...]" (Mathilde, Interview1),

„tatsächlich kommt das glaube ich aus dem begleitseminar also weil da haben wir uns ja die eine stunde auch nochmal sehr intensiv mit fehlern eh da hattest du ja auch diese schülerbeispiele mit und ehm ich glaube da habe ich tatsächlich einiges mitgenommen aus dieser stunde" (Carla, Interview2),

„und mathematisch gesehen ähm ist es halt sodass das dass das begleitseminar halt einen ganz anderen blick jetzt auf die mathematik auch geworfen hat und auch das WIE vermittle ich eigentlich den stoff [...]" (Carina, Interview8).

Neben der Verortung der Änderungsgründe in der Schule und in den begleitenden Veranstaltungen wurde von 16 Studierenden auch der Austausch mit anderen Personen wie Mentorinnen und Mentoren, den Mitstudierenden sowie anderen involvierten Personen genannt. Weitere zwölf Studierende hoben die Tätigkeiten des Planens oder Reflektierens explizit als Ursachen der Veränderung hervor.

In den Äußerungen der Studierenden wurden diese Gründe häufig noch weiter ausgeführt, was eine weitere Ausdifferenzierung ermöglichte. So konnten, wie in Abbildung 9.1 ersichtlich, die Effekte der schulischen Erfahrungen, der begleitenden Lehrveranstaltungen und des Austauschs mit anderen Personen genauere Bezüge liefern. Im Folgenden werden die Ausdifferenzierungen der Änderungsgründe zu den schulischen Erfahrungen, den begleitenden Veranstaltungen und dem Austausch mit anderen Personen dargestellt und Zusammenhänge einzelner Gründe hergestellt.

Austausch und Rückmeldung

Der gedankliche Austausch mit anderen und die Rückmeldungen einzelner Personen scheinen als subjektiv empfundener Änderungsgrund nicht ganz so präsent wie die schulischen Erfahrungen und der Einfluss der begleitenden Lehrveranstaltungen, da die Studierenden diese Ursache im Interview zwar ansprachen, es blieb jedoch meist bei einer einmaligen Erwähnung. Dennoch führten 16 der 20 Studierenden die Weiterentwicklung ihrer Professionellen Unterrichtswahrnehmung auf den Austausch und auf entsprechende Rückmeldungen zurück. Zu beachten ist dabei, dass insbesondere die Mentorinnen und Mentoren, die die Studierenden während der Praxistage und der Blockphase begleiteten, die Hauptbezugspersonen für diese Austausch- und Rückmeldeprozesse darstellten:

> „(..) und aufbauend (.) an diesen ähm erfahrungen hat mir dann noch sehr weitergeholfen der aktive austausch mit meiner mentorin die hat das alles ähm aus einer anderen perspektive gesehen und sie ist sehr erfahren deswegen ähm konnte sie mir auch einen gutes feedback geben" (Arne, Interview9).

Zwar ist davon auszugehen, dass die Mentorinnen und Mentoren von den Studierenden nur dann als Hauptbezugspersonen angegeben wurden, wenn die Studierenden, wie im Beispiel von Arne, sich auch gut betreut fühlten und sie als erfahren wahrgenommen wurden, dennoch zeigt diese häufige Benennung des Austauschs mit und der Rückmeldung von den Mentorinnen und Mentoren deren große Bedeutung für den Entwicklungsprozess.

Schulische Erfahrungen

Die schulischen Erfahrungen scheinen die wichtigste von den Studierenden empfundene Ursache für die Veränderung ihrer Professionellen Unterrichtswahrnehmung zu sein. Alle Studierenden bezogen sich in dem Interview mindestens zweimal auf diese Ursache, die meist noch deutlich häufiger genannt wurde. Wie bereits in Abbildung 9.1 ersichtlich, ließen sich auch die schulischen Erfahrungen als Änderungsgrund für die Professionelle Unterrichtswahrnehmung ausdifferenzieren. Zwar war in den Interviews nicht immer eindeutig, ob sich die Betonung der schulischen Erfahrungen auf das beobachtete Geschehen in Hospitationen oder auf Erfahrungen aus eigenen Unterrichtsversuchen bezog, dennoch war bei vielen Äußerungen eine Unterscheidung in diese beiden Erfahrungsbereiche möglich. Dabei zeigte sich, dass insbesondere die Erfahrungen aus dem eigenen Unterricht als Ursache für die Veränderung der Professionellen Unterrichtsentwicklung angeführt wurden, teils unter dem expliziten Hinweis der Studierenden, dass sie so erfuhren, welche Folgen ihre Planungen und Verhaltensweisen haben und in Problemsituationen gerieten, die sie lösen mussten. Darüber hinaus wird aber deutlich, dass nicht nur diese direkten Erfahrungen hoch bewertet wurden, denn über die Hälfte der Studierenden benannten in dem Interview auch den Einfluss der Hospitationen. Hier bezogen sich die Aussagen sowohl auf organisierte Hospitationen bei anderen Studierenden als auch auf Hospitationen bei den Mentorinnen und Mentoren oder anderen Lehrkräften der Schule. Zum Einfluss der Hospitationen auf die Entwicklung ihrer Professionellen Unterrichtswahrnehmung nannten die Studierenden unterschiedlichste Aspekte. So wurden zum einen bestimmte Vorgehens- und Verhaltensweisen der hospitierten Lehrkräfte positiv bewertet und als Orientierung für den eigenen Unterricht aufgenommen oder sie dienten dazu, um sich mit eigenen Zielsetzungen davon zu distanzieren. Zum anderen sahen die Studierenden die Gründe für die Entwicklung darin, dass sie durch die vielen Hospitationen die Möglichkeit hatten, die Schülerinnen und Schüler genauer in den Blick zu nehmen, ihr Verhalten und ihre Reaktionen zu beobachten und auf Probleme im Unterricht aufmerksam zu werden. In den Äußerungen der Studierenden, die schulische Praxiserfahrungen als Änderungsgrund angaben, ist erkennbar, dass sie dies taten, weil sie ihre Erfahrungen reflektierten und daraus Schlüsse für sich und ihr zukünftiges Handeln zogen.

Begleitende Lehrveranstaltungen

Die begleitenden Lehrveranstaltungen zur Praxisphase umfassen das fachdidaktische Begleitseminar und das Reflexionsseminar. Nach den Erfahrungen aus der Praxis wurde der Einfluss dieser begleitenden Seminare am häufigsten von den Studierenden als Änderungsgrund ihrer Professionellen Unterrichtswahrnehmung infolge der Praxisphase angeführt. Bei der Auswertung der Interviews wurde deutlich, dass nicht nur 17 der 20 Studierenden diese Veranstaltungen als ursächlich erwähnten, sondern viele Studierende mehrfach im Verlauf des Interviews auf die Seminare zu sprechen kamen. Hierbei stellte sich heraus, dass im Bereich der

Begleitveranstaltungen das fachdidaktische Begleitseminar, dem auch die Modulabschlussprüfung zuzuordnen ist, laut den Studierenden den größten Einfluss
auf die Entwicklung ihrer Professionellen Unterrichtswahrnehmung hatte (Abbildung 9.2). So nannten alle Studierenden, die eine Begleitveranstaltung als Ursache
der Veränderung anführten, das fachdidaktische Begleitseminar oder die Vorbereitung auf ihre Modulabschlussprüfung, die im Rahmen dieses Seminars geplant
und durchgeführt wurde. Zwölf der 20 Studierenden bezogen sich dabei explizit auf das Seminar selbst, zehn der Studierenden gaben ihre Vorbereitung auf
die Modulabschlussprüfung als Ursache für die Veränderung ihrer Professionellen
Unterrichtswahrnehmung an.

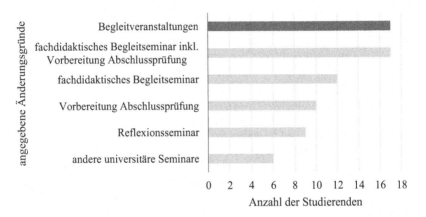

Abbildung 9.2 Ausdifferenzierte subjektiv empfundene Gründe für die Veränderung der
Professionellen Unterrichtswahrnehmung zum Änderungsgrund „Begleitveranstaltungen"

Demnach kann festgestellt werden, dass die Studierenden nicht nur den
schulischen Praxiserfahrungen eine hohe Bedeutung beimaßen. Vielmehr betrachteten sie auch die Auseinandersetzung mit fachdidaktischen Themen auf der
Grundlage fachwissenschaftlicher Literatur als eine wichtige Ursache für ihre
Kompetenzentwicklung.

Neben dem fachdidaktischen Begleitseminar und der Vorbereitung auf die
damit verbundene Modulabschlussprüfung wurde von neun der 20 Studierenden auch das Reflexionsseminar angeführt. Neben der gemeinsamen Reflexion
innerhalb dieses Seminars bezogen sich die Studierenden auch hier auf die
Auseinandersetzung mit Modellen und fachdidaktischen Aspekten. Weitere universitäre Lehrveranstaltungen schienen für die Studierenden nur einen geringen

Einfluss auf ihre Professionelle Unterrichtswahrnehmung gehabt zu haben. Dennoch zeigt sich auch in diesen Begründungen, dass die Studierenden auf Wissen, das in diesen Veranstaltungen vermittelt wurde, zurückgegriffen haben.

Beziehung zwischen begleitenden Lehrveranstaltungen und schulischen Praxiserfahrungen

> *„ja genau also ähm (.) wir haben ja in unserem praktikum ganz viel immer über gruppenarbeit gemacht und die gruppenarbeit muss ja immer dann wieder präsentiert werden [...] und ähm als ich mich dann auch mehr mit der literatur auseinandergesetzt habe habe ich gemerkt dass es auch wirklich so ein thema für sich in der literatur ist [...]" (Marella, Interview12).*

Die Aussage der Studentin Marella weist auf einen weiteren Aspekt hin, der neben den Ergebnissen zu den subjektiv empfundenen Gründen bezüglich der veränderten Professionellen Unterrichtswahrnehmung hervorzuheben ist: die Kombination und die Kohärenz der Begleitveranstaltungen inklusive der Vorbereitung auf die Abschlussprüfung und der schulischen Praxiserfahrungen. Aus dieser Äußerung geht hervor, dass die Studentin ihre Erlebnisse in eigenen Unterrichtsversuchen mit der entsprechenden Literatur in Verbindung bringen konnte und sich mit dieser auseinandersetzte. Die schulischen Praxiserfahrungen eröffneten somit ein Problemfeld eröffnet, das mithilfe der entsprechenden Literatur bearbeitet werden konnte. Auch wenn die Kohärenz zwischen den begleitenden Seminaren und der Schulpraxis im Rahmen der Studie nicht explizit ausgewertet wurde, zeigte sich in den Äußerungen zu den Begleitveranstaltungen, dass die positive Bewertung dieses Zusammenspiel in den Äußerungen der Studierenden immer wieder von Bedeutung war. So beschrieb der Student Lennart, dass das Beobachten von Inhalten des Begleitseminars beim nächsten Schulbesuch direkt möglich war und die Studentin Carina wies darauf hin, dass das im Begleitseminar erworbene Wissen im Unterricht angewendet werden konnte, gleichzeitig aber weiteres Wissen notwendig sei:

> *„[...] also die sachen die man da gemacht hat konnte man auch immer anwenden und ich fand das auch in kombination dass das zeitgleich war dass man in der schule war und das anwenden konnte [...]also es kam irgendwie in dem [...] in dem begleitseminar vor und nächste woche hat man das dann gleich gesehen" (Lennart, Interview4),*

> *„konkrete sachen wo ich gemerkt habe dass ich die anwenden kann < < zustimmend > ja > fehlvorstellungen (.) ähm ich habe immer noch das gefühl dass ich da wahnsinnig viel wissen müsste also" (Carina, Interview8).*

Darüber hinaus wurde deutlich, dass bereits vorhandenes Wissen im Zuge der schulischen Praxiserfahrungen an Bedeutung gewann. Wie das Beispiel von Lennart zeigt, stellten die Studierenden fest, dass das erworbene Theoriewissen angewendet werden konnte und erkannten so die Relevanz des Wissens für die Praxis:

> *„(eh) das wissen oder eigentlich alles das hat man ja irgendwie schon mal behandelt im studium aber das liegt dann irgendwo sozusagen brach und dann kommt das irgendwann erst wieder raus wenn es dann mal wirklich aufgetreten ist"* *(Lennart, Interview4).*

Andere Studierende wie Carina äußerten sich dahingehend, dass sie sich offenbar mit dem erworbenen Wissen neu auseinandersetzten und für sich Arbeitsbereiche auf dem Weg der Kompetenzentwicklung entwickelten:

> *„ja also differenzierung war tatsächlich für mich vorher vor dem kp ähm eher so so ein fachbegriff mit dem man sich geworfen hat wo man nicht wirklich verstanden hat was alles dahinter hängt ähm da hängt förderung der starken (.) ähm aber oder forderung der starken < lachend > und förderung der schwachen > äh dahinter und mir ist halt aufgefallen also dass ich viel in diesem mittelbereich agiere (.)also ich bin immer so in der mitte ich mache jetzt nicht wahnsinnig viel ähm herausforderndes für die starken aber auch nichts super förderndes für die schwachen und ähm (.) das ist aber nicht richtig"* *(Carina, Interview8).*

Es ist demnach davon auszugehen, dass die Gleichzeitigkeit der Schulpraxis und des fachdidaktischen Begleitseminars die Integration des universitär erworbenen Wissens und schulischer Praxiserfahrungen unterstützte.

Diese Ergebnisse machen deutlich, dass sich die in Abschnitt 8.1 aufgestellten Vermutungen über Ursachen für die Entwicklung der Professionellen Unterrichtswahrnehmung in den subjektiven Einschätzungen der Studierenden wiederfinden. Sie nannten eine Vielzahl von Gründen für ihre Kompetenzentwicklung, die sie teils spezifizierten. Wie bei den vermuteten Änderungsgründen (Abschnitt 8.1) konnte auch bei den angeführten Gründen der Studierenden im Rahmen der Interviews kein direkter Bezug zu den einzelnen Subfacetten der Professionellen Unterrichtswahrnehmung hergestellt werden, da die Veränderungen in den Subfacetten *Wahrnehmen, Interpretieren* und *Entscheiden* eher holistisch gesehen wurden. In Verbindung mit der Typologie zur Professionellen Unterrichtswahrnehmung (Abschnitt 8.2) war jedoch eine Rekonstruktion von Zusammenhängen zwischen der Zuordnung zu einem bestimmten Typus vor der Praxisphase und den angeführten Ursachen der Veränderung möglich. So zeigte sich, dass insbesondere Studierende, die bereits vor der Praxisphase dem (handlungsorientierten) analysierenden Typ zugeordnet werden konnten, häufiger die begleitenden Lehrveranstaltungen als die schulischen Praxiserfahrungen als Grund der Entwicklung ihrer Professionellen Unterrichtswahrnehmung angaben. Studierende, die vor der Praxisphase dem nicht-perzeptiven Typ zuzuordnen waren, legten den Fokus der Begründungen hingegen überwiegen auf ihre Erfahrungen in der schulischen Praxis. Da die Studierenden jedoch immer mehrere Ursachen benannten, die Häufigkeit der Erwähnung nicht zwingend mit der Relevanz des Grundes einhergeht und kein einheitliches Bild erkennbar ist, können aus diesem Ergebnis keine klaren Schlussfolgerungen abgeleitet werden. Es ist lediglich legitim zu vermuten, dass Studierende mit einer ausgeprägten Professionellen Unterrichtswahrnehmung der Auseinandersetzung mit der Literatur und dem Aufbau ihres Wissens eine höhere Bedeutung beimessen als Studierende, deren Professionelle Unterrichtswahrnehmung schwach ausgebildet ist.

Nachdem in diesem und dem vorherigen Kapiteln eine umfassende Darstellung der Ergebnisse erfolgte, findet sich im letzten Teil der Arbeit eine zusammenfasssende Ergebnisdarstellung begleitet von einer Diskussion und Einordnung der Ergebnisse, auch vor dem Hintergrund möglicher Limitationen.

Teil V
Zusammenfassung und Ausblick

Zusammenfassung und Diskussion der Ergebnisse

10

Die in den vorherigen Kapiteln vorgestellten Ergebnisse werden im Folgenden zusammengefasst und anschließend unter Einbezug des in Kapitel 2 und 3 erörterten Forschungsstands interpretiert und diskutiert. Da im Rahmen der vorliegenden Studie zum einen die Entwicklung der Professionellen Unterrichtswahrnehmung im Zuge der Praxisphase empirisch untersucht wurde, zum anderen aber auch mögliche Einflussfaktoren auf die Entwicklung analysiert wurden, erfolgt die Darstellung und Interpretation der Ergebnisse getrennt nach den beiden Forschungsfragen (Kapitel 4). Zunächst werden die Ergebnisse zur ersten Forschungsfrage nach den Entwicklungen der Professionellen Unterrichtswahrnehmung innerhalb der sechsmonatigen Praxisphase an der Universität Hamburg zusammengefasst und diskutiert (Abschnitt 10.1). Im Anschluss daran erfolgt die Zusammenfassung und Diskussion für die Ergebnisse zur zweiten Forschungsfrage nach den subjektiv wahrgenommenen Einflussfaktoren dieser Entwicklung (Abschnitt 10.2).

10.1 Zusammenfassung und Diskussion der Ergebnisse zur Veränderung der Professionellen Unterrichtswahrnehmung

Zur Beantwortung der ersten Forschungsfrage wurde die Professionelle Unterrichtswahrnehmung der Studierenden auf Grundlage einer Videovignette, die den Verlauf einer Mathematikstunde zeigte, vor und nach der Praxisphase erhoben (Abschnitt 7.1.2). Es konnte festgestellt werden, dass sich die Professionelle Unterrichtswahrnehmung im Zuge der sechsmonatigen Praxisphase bezogen auf

© Der/die Autor(en), exklusiv lizenziert durch Springer Fachmedien Wiesbaden GmbH, ein Teil von Springer Nature 2021
A. B. Orschulik, *Entwicklung der Professionellen Unterrichtswahrnehmung*, Perspektiven der Mathematikdidaktik, https://doi.org/10.1007/978-3-658-33931-9_10

alle drei Subfacetten bei einem Großteil der Studierenden weiterentwickelte und dass die beobachtete Entwicklung den Ergebnissen anderer Studien entspricht. Die Ergebnisse werden im Folgenden differenziert nach den drei Subfacetten und der Typenbildung zusammengefasst und anschließend unter Einbezug des Forschungsstands diskutiert.

Hinsichtlich der Subfacette *Wahrnehmen* war festzustellen, dass fast alle Studierenden nach der Praxisphase signifikant mehr Ereignisse der gezeigten Unterrichtssituation wahrnahmen und dass dieser Effekt von hoher praktischer Bedeutsamkeit ist. Insbesondere Studierende, die vor der Praxisphase nur wenige Ereignisse wahrnahmen, konnten sich hier weiterentwickeln. Zusätzlich veränderte sich die Wahrnehmung der gezeigten Akteurinnen und Akteure dahingehend, dass weniger ausschließlich die Lehrkraft wahrgenommen wurde, sondern verstärkt auch die Schülerinnen und Schüler in die Wahrnehmung der Studierenden rückten. Auch diese Entwicklung ist signifikant und hat eine hohe praktische Bedeutsamkeit. Genauer konnte sogar herausgearbeitet werden, dass die Lernenden infolge der Praxisphase nicht mehr überwiegend als undifferenzierte Gruppe wahrgenommen wurden, sondern eher als einzelne Gruppen oder als individuelle Schülerinnen oder Schüler. Außerdem wurde deutlich, dass die Wahrnehmung nach der Praxisphase weniger stark durch die Kameraführung der Videovignette beeinflusst war.

Auch die Kompetenz, wahrgenommene Ereignisse zu interpretieren, erwies sich als eine Kompetenz, die im Rahmen der Praxisphase entwickelt werden konnte. So gab es einen signifikanten Anstieg der Anzahl geäußerter Interpretationen in Abhängigkeit von den wahrgenommenen Ereignissen. Zugleich veränderte sich die Art der Interpretation infolge der Praxisphase von subjektiv beschreibenden und bewertenden Äußerungen hin zu Interpretationen, die die wahrgenommenen Ereignisse analysierten und erste Vermutungen über Intentionen, Handlungsgründe oder Folgen enthielten. Auch diese Entwicklung ist signifikant und hat eine hohe praktische Bedeutsamkeit. Umfassende Interpretationen, die mehrere Aspekte beachten oder didaktische Prinzipien einbeziehen, wurden zwar ebenfalls häufiger geäußert, es war jedoch keine verstärkte Entwicklung hin zu dieser Interpretationsart erkennbar. Bezüglich der Interpretationsart wurde in den Ergebnissen zusätzlich ein Zusammenhang zu den wahrgenommenen Akteurinnen und Akteuren deutlich. Die Anzahl der Interpretationen stieg bei den Studierenden vor allem dann, wenn sie auch die Schülerinnen und Schüler wahrnahmen, und je individueller sie diese wahrnahmen, desto eher wurden die wahrgenommenen Ereignisse analysiert und nicht nur bewertet oder subjektiv beschrieben. Hinsichtlich des Bezugs der Interpretationen war ebenfalls festzustellen, dass nach der Praxisphase mehr Interpretationen insbesondere auf didaktische oder fachdidaktische Aspekte der Unterrichtssituation ausgerichtet waren. Dabei ist jedoch nur der Anstieg der Interpretationen mit didaktischem Bezug signifikant. Dieser Anstieg hat eine mittlere praktische Bedeutsamkeit.

Neben den Subfacetten *Wahrnehmen* und *Interpretieren* entwickelte sich bei den Studierenden auch die Kompetenz zum *Entscheiden* als dritte Subfacette der Professionellen Unterrichtswahrnehmung. Wie bei der Subfacette *Interpretieren* nahm die Anzahl der geäußerten Entscheidungen in Abhängigkeit von der Anzahl der wahrgenommenen Ereignisse zu. Dieser Anstieg ist signifikant und hat eine mittlere praktische Bedeutsamkeit. Hinsichtlich der geäußerten Entscheidungen ist darüber hinaus erkennbar, dass weniger situative Entscheidungen formuliert wurden und dass die Studierenden nach der Praxisphase verstärkt methodische und didaktische Überlegungen in ihre Entscheidungen einbezogen. Der Anstieg der Anzahl dieser Entscheidungen ist ebenfalls signifikant mit mittlerer praktischer Bedeutsamkeit. Darüber hinaus konnte herausgearbeitet werden, dass sich die Entscheidungen nun stärker auf eine mögliche Differenzierung und das Verständnis bzw. den Lernprozess der Schülerinnen und Schüler ausrichteten. Insgesamt formulierten die Studierenden nach der Praxisphase vor allem mehr Entscheidungen, die auf fachdidaktische Aspekte Bezug nahmen. Auch dieser Anstieg ist signifikant und weist eine mittlere praktische Bedeutsamkeit auf.

Um die Ergebnisdarstellung abzuschließen, sollen auch die Ergebnisse der Typenbildung kurz zusammenfassend dargestellt werden. Bei dieser gelang eine Rekonstruktion von sechs Typen:

- der nicht-perzeptive Typ,
- der wertende Typ,
- der handlungsorientierte, wertende Typ,
- der analysierende Typ,
- der handlungsorientierte, analysierende Typ und
- der umfassende, fundierte Typ.

Die Entwicklung der Professionellen Unterrichtswahrnehmung der Studierenden konnte auch hier nachgewiesen werden, da sich die Professionelle Unterrichtswahrnehmung eines Großteils der Studierenden auf einem Kontinuum (im nicht-mathematischen Sinne) vom nicht-perzeptiven Typ zum umfassenden, fundierten Typ entwickelte. So waren dem nicht-perzeptiven Typ fast ausschließlich Studierende vor der Praxisphase zuzuordnen, während dem umfassenden, fundierten Typ nur Studierende nach der Praxisphase zuzuordnen waren. Lediglich ein Studierender musste nach der Praxisphase noch dem nicht-perzeptiven Typ zugeordnet werden. Wie bei der Subfacette *Wahrnehmen* ist in Betrachtung der Entwicklung innerhalb dieser Typologie ersichtlich, dass insbesondere dann eine starke Entwicklung bestand, wenn die Studierenden mit einer geringer entwickelten Professionellen Unterrichtswahrnehmung in die Praxisphase eintraten. Studierende mit einer bereits stärker entwickelten Professionellen Unterrichtswahrnehmung zeigten meist eine geringere Entwicklung bzw. eine Stagnation des Prozesses. Auch der Zusammenhang der Subfacette *Interpretieren* mit den wahrgenomme-. nen Akteurinnen und Akteuren zeigte sich in der Entwicklung der Studierenden innerhalb der Typologie: Während Studierende des wertenden Typs und des handlungsorientierten, wertenden Typs fast ausschließlich die Lehrkraft oder die Schülerinnen und Schüler nur als undifferenzierte Gruppe wahrnahmen, nahmen die Studierenden des umfassenden, fundierten Typs die Lernenden deutlich häufiger als Individuen wahr.

Die hier zusammengefassten Ergebnisse der Studie werden im Folgenden interpretiert und in den Stand der Forschung eingeordnet.

Die Professionelle Unterrichtswahrnehmung ist eine Schlüsselkomponente der Expertise von Lehrkräften (Sherin, Russ et al., 2011, S. 79; van Es, 2011, S. 135) und sollte daher neben der Entwicklung der Dispositionen und der Performanz im Fokus der Aus- und Weiterbildung der Lehrkräfte stehen. Die Ergebnisse mehrerer Studien belegen, dass diese Kompetenz bereits im Studium gefördert werden kann (Gold et al., 2013; Santagata & Guarino, 2011; Schack et al., 2013; Star & Strickland, 2008; Stürmer, Könings et al., 2013). Genauere Untersuchungen der Entwicklung im Rahmen einzelner Elemente der Lehrerausbildung, wie zum Beispiel den Praxisphasen, sind dabei jedoch nur vereinzelt zu finden. In Übereinstimmung mit der bisherigen Forschung bestätigt die hier vorgelegte Studie eine Entwicklung der Professionellen Unterrichtswahrnehmung im Rahmen des Studiums und sogar genauer, im Rahmen einer sechsmonatigen Praxisphase: Es konnte bei einem Großteil der Studierenden eine Entwicklungen in allen drei Subfacetten identifiziert werden, auch wenn zu beachten ist, dass ähnlich wie in anderen Studien (Schack et al., 2013, S. 393; Stürmer, Seidel et al., 2013, S. 347; van Es & Sherin, 2002, S. 587) insbesondere solche Studierende ihre Professionelle Unterrichtswahrnehmung im Rahmen der Praxisphase erweitern konnten, deren Ausprägung dieser Kompetenz vor der Praxisphase eher gering war. Darüber hinaus ergänzen die hier vorgelegten Ergebnisse die Resultate früherer Studien zur Entwicklung der Professionellen Unterrichtswahrnehmung in Praxisphasen, da diese lediglich auf die Subfacetten *Wahrnehmen* und *Interpretieren* ausgerichtet waren, die Subfacette *Entscheiden* jedoch außer Acht ließen (Mertens et al., 2018, S. 73 f.; Mertens & Gräsel, 2018, S. 1121; Stürmer, Seidel et al.,

2013, S. 344 f.). Einen weiteren Erkenntnisgewinn bietet hier die genaue Analyse der Entwicklung innerhalb der einzelnen Subfacetten, indem Möglichkeiten sowie Problemfelder der Förderung von Professioneller Unterrichtswahrnehmung abgeleitet werden können.

So zeigt sich anschlussfähig an die bisherige Forschung (Santagata & Yeh, 2016, S. 159; Sherin & van Es, 2009, S. 26 ff.; van Es, 2011, S. 139 f.), dass sich seitens der Studierenden die Wahrnehmung von Schülerinnen und Schülern im Zuge dieser Intervention entwickelte, indem die Lernenden häufiger und eher als Individuen wahrgenommen wurden. Diese Kompetenz wird jedoch überwiegend den Expertinnen und Experten, also den erfahrenen Lehrkräften zugeschrieben (Calderhead, 1981, S. 53; Carter et al., 1988, S. 27; Jacobs et al., 2010, S. 196; Sabers et al., 1991, S. 77). Kersting (2008, S. 856) vermutet, dass Novizen noch nicht über das benötigte Wissen verfügen, um das Denken der Schülerinnen und Schüler analysieren zu können. Hierdurch sei die Wahrnehmung der Lernenden möglicherweise eingeschränkt. Im Rahmen der hier vorgelegten Studie war jedoch eine deutliche Veränderung der Wahrnehmung der Akteurinnen und Akteure evident. Dies lässt die Vermutung zu, dass die Praxisphase und der folglich intensive Kontakt zu den Lernenden ein sehr wirkungsvolles Element zur Förderung der Wahrnehmung der verschiedenen Akteurinnen und Akteure im Unterricht darstellt. Berücksichtigt man den deutlichen Zusammenhang zwischen den wahrgenommenen Akteurinnen und Akteuren und den geäußerten Interpretationen sowohl hinsichtlich ihrer Quantität als auch ihrer Qualität, scheint das Wissen, um den Wahrnehmungsfokus auf die Schülerinnen und Schüler richten zu können, nicht zu fehlen, es scheint vielmehr erst mit der individuellen Wahrnehmung der Lernenden abgerufen zu werden. Eine Förderung der Subfacette *Interpretieren* sollte demnach auch die Wahrnehmung der unterschiedlichen Akteurinnen und Akteure innerhalb eines Klassenraums berücksichtigen und dazu auffordern, die Schülerinnen und Schüler verstärkt in den Fokus zu nehmen.

Bei der Entwicklung der beiden weiteren Subfacetten *Interpretieren* und *Entscheiden* ist hingegen zu beachten, dass sowohl die Anzahl der Interpretationen als auch die der Entscheidungen nur in Abhängigkeit von der Anzahl der von den Studierenden wahrgenommenen Ereignissen zunahm. Ein Anstieg von geäußerten Entscheidungen, wie er von Santagata und Guarino (2011, S. 143) festgestellt wurde, zeigte sich demnach nicht. Da nicht zu jedem wahrgenommenen Ereignis auch eine Entscheidung geäußert wurde, kann vermutet werden, dass das *Entscheiden* im Rahmen der Praxisphase nicht nachhaltig gefördert werden konnte. Zugleich ist dieses Ergebnis aber auch dahingehend zu interpretieren, dass die Studierenden nach der Praxisphase über die Fähigkeit verfügten, auch zu den bei der Posterhebung erstmalig wahrgenommenen Ereignissen Interpretationen zu formulieren, die auch über eine reine Bewertung oder subjektive Beschreibung hinausgehen, und Entscheidungen zu äußern. Da die Studierenden die von ihnen neu wahrgenommenen Ereignisse nicht lediglich beschrieben, sondern hierzu Interpretationen und Entscheidungen formulierten, kann konstatiert werden, dass sich offenbar auch die Subfacetten *Interpretieren* und *Entscheiden* in Abhängigkeit vom *Wahrnehmen* entwickelten. Darüber hinaus weist dieses Ergebnis, wie in Abschnitt 2.2.5 angesprochen und durch weitere Forscherinnen und Forscher angenommen (Jacobs et al., 2010, S. 197; Santagata & Guarino, 2011, S. 143; Star et al., 2011, S. 119 f.), auf die Abhängigkeit der Subfacetten *Interpretieren* und *Entscheiden* von der Subfacette *Wahrnehmen* hin.

Die weiteren Ergebnisse lassen in Anlehnung an bestehende Studienergebnisse erkennen, dass sich die Fähigkeit, wahrgenommene Ereignisse zu interpretieren bzw. die Fähigkeit, hierzu Entscheidungen zu formulieren, auch hinsichtlich der Art der Interpretationen und Entscheidungen entwickelte: Ereignisse wurden umfassender interpretiert, es war eine Entwicklung von eher beschreibenden Äußerungen hin zu Analysen der Ereignisse sichtbar (Santagata & Guarino, 2011, S. 142 f.; Sherin & van Es, 2009, S. 26 ff.; Stürmer, Seidel et al., 2013, S. 346; van Es & Sherin, 2002, S. 588, 2006, S. 129; van Es, 2011, S. 139 f.). Darüber hinaus wurden ähnlich wie bei Santagata und Guarino (2011, S. 142) in der Posterhebung verstärkt methodisch-didaktische Entscheidungen formuliert, die sich stärker auf das Verständnis und den Lernprozess der Schüler bezogen sowie fachdidaktische Aspekte berücksichtigten. Da insbesondere Entscheidungen, die sich auf die fachlichen Inhalte des Unterrichts beziehen, das Lernen der Schülerinnen und Schüler signifikant beeinflussen (Kersting et al., 2010, S. 178), ist speziell diese Entwicklung innerhalb der Praxisphase von besonderer Bedeutung. Die Ergebnisse entsprechen auch denen zum Vergleich von Novizinnen und Novizen und Expertinnen und Experten bzw. zum Vergleich von Studierenden und erfahrenen Lehrkräften (Carter et al., 1987, S. 154 ff.; Carter et al., 1988, S. 27 ff.; Gold et al., 2016, S. 112; Jacobs et al., 2010, S. 196; Sabers et al., 1991, S. 71), sodass sich im Rahmen der hier nachgewiesenen Effekte der Praxisphase Tendenzen einer Entwicklung vom Novizentum zu einem gewissen Expertentum abzeichnen.

Es ist jedoch einschränkend zu konstatieren, dass eine Förderung der Subfacetten *Interpretieren* und *Entscheiden* im Rahmen der Praxisphase nicht umfassend möglich war. So war eine Konkretisierung der Entscheidungen mit zunehmender Erfahrung (Jacobs et al., 2010, S. 196) nicht festzustellen, was allerdings zu den Befunden passt, wonach die ersten Berufserfahrungen Auswirkungen auf die Subfacetten *Wahrnehmen* und *Interpretieren* haben, nicht aber auf das Entscheiden (Jacobs et al., 2010, S. 182) – auch wenn dies durch die vorliegende Studie in Ansätzen widerlegt wird. Auch bezüglich des *Interpretierens* zeigten sich ebenfalls zwei Entwicklungsschwierigkeiten: Zum einen schien es für die Studierenden herausfordernd zu sein, Interpretationen zu äußern, die umfassende Begründungen enthalten und sich auf mehrere Aspekte oder didaktische Prinzipien beziehen. Zum anderen wurde auch die Fähigkeit, in den Interpretationen fachdidaktische Aspekte zu berücksichtigen, nur bei wenigen Studierenden gefördert, obwohl es auch hier Tendenzen gab, aus denen eine Abwendung von der reinen Thematisierung des Classroom Managements hin zu didaktischen Aspekten hervorgeht. Dieses Resultat steht im Einklang mit früheren Studien (Jacobs et al., 2010, S. 196; Santagata & Yeh, 2016, S. 158 f.; Sherin & van Es, 2009, S. 26 ff.; Star & Strickland, 2008, S. 116; van Es, 2011, S. 139 f.). Da eine fachbezogene Interpretation von Unterrichtsereignissen jedoch positiven Einfluss auf die Unterrichtsqualität hat (Kersting et al., 2012, S. 582 f.), scheint hier noch Entwicklungsbedarf zu bestehen und eine explizite Thematisierung mathematikdidaktischer Inhalte sowie die entsprechende Wissensvermittlung für eine Entwicklung der Subfacette *Interpretieren* unabdingbar zu sein. Insgesamt ist jedoch zu bedenken, dass die Professionalisierung auch im Beruf des Lehrer bzw. der Lehrerin durch Erfahrungen entfaltet wird, in einem Prozess, der sich über viele Jahre erstreckt und und somit Zeit benötigt (z. B. Blömeke, Kaiser et al., 2015, S. 260; Jacobs et al., 2010, S. 197; König et al., 2015, S. 332; Sabers et al., 1991, S. 85). Die Entwicklung der Professionellen Unterrichtswahrnehmung kann folglich innerhalb des Studiums bzw. im Rahmen einer sechsmonatigen Praxisphase lediglich angebahnt, aber keinesfalls abgeschlossen werden.

Die Diskussion der Ergebnisse verdeutlicht, dass die Entwicklung der Professionellen Unterrichtswahrnehmung, die infolge der Praxisphase durch die Studierenden erreicht wurde, überwiegend den Erkenntnissen der bisherigen Forschung zur Professionellen Unterrichtswahrnehmung entspricht. Die hier vorgelegten Ergebnisse können somit die Forschung zum Praxissemester ergänzen. Sie machen aber auch deutlich, dass es trotz der klaren Entwicklung innerhalb dieser Phase noch große Entwicklungsbedarfe, aber auch große Entwicklungschancen gibt, weshalb eine weitere Förderung der Professionellen Unterrichtswahrnehmung über die Praxisphase hinaus sowie langfristig verfolgt werden sollte. Die Ergebnisse der Studie sind jedoch auch dahingehend interpretierbar dass die Notwendigkeit, Wissen in Bedeutungseinheiten zu organisieren, um es auf neue Situationen transferierbar zu machen (Borko & Livingston, 1989, S. 490; Bromme, 2008, S. 160; Chi, 2011, S. 24), in der Praxisphase verfolgt werden kann und eine Prozeduralisierung des Wissens (Bromme, 1992, S. 149 f.) unterstützt werden kann. Das bis dahin im Studium gewonnene Wissen scheint durch die Erfahrungen aus der Praxis und in der Auseinandersetzung mit dieser neu organisiert zu werden und ist dadurch nun leichter auf neue wahrgenommene Ereignisse anwendbar.

Die Ergebnisse zu möglichen Einflussfaktoren, die diese Entwicklung unterstützen können, werden im nächsten Kapitel zusammengefasst und diskutiert.

10.2 Zusammenfassung und Diskussion der Ergebnisse zu den Einflussfaktoren auf die Professionelle Unterrichtswahrnehmung

Ein weiteres Forschungsziel dieser Arbeit war es, Einflussfaktoren für die Entwicklung der Professionellen Unterrichtswahrnehmung zu identifizieren. Um sich dabei nicht ausschließlich auf Vermutungen, die in Abschnitt 8.1 angeführt wurden, zu stützen, wurden die Studierenden nach der Praxisphase zu den Entwicklungen im Zuge der Praxisphase und zu möglichen Ursachen für diese Veränderung interviewt (Abschnitt 7.1.4). Es zeigte sich, dass die Studierenden Einflüsse unterschiedlicher Aspekte identifizierten, die auch in der bisherigen Forschungsliteratur zu den Praxisphasen Berücksichtigung finden. Die Ergebnisse zu den subjektiv wahrgenommenen Einflussfaktoren werden an dieser Stelle zusammengefasst und abschließend diskutiert.

Die Studierenden führten unterschiedliche und jeweils mehrere Gründe für die Veränderung ihrer Professionellen Unterrichtswahrnehmung an. Dabei hoben sie als wichtigste Ursache die schulischen Praxiserfahrungen hervor. Alle Studierenden betonten die eigenen Unterrichtsversuche als wichtigen Änderungsgrund, da sie dort direkte Rückmeldungen zu ihrer Unterrichtsplanung und zu ihren Verhaltensweisen als Lehrkraft bekamen. Gleichzeitig empfand die Hälfte der Studierenden auch die Hospitationen als beeinflussend. Diese boten ihnen demnach die Möglichkeit, positiv bewertete Verhaltensweisen anderer Lehrkräfte für sich als Orientierung zu nutzen bzw. bestimmte Vorgehensweisen kritisch zu beurteilen und für sich selbst abzulehnen, außerdem konnten sie in Ruhe die Schülerinnen und Schüler in den Fokus nehmen, um so Probleme im Unterricht zu identifizieren. In vielen Äußerungen der Studierenden wurde deutlich, dass sie ihre Erfahrungen aus der Praxis implizit reflektierten, auch wenn die Reflexion selbst nicht als Ursache der Veränderung angegeben wurde.

Ein weiterer wichtiger Änderungsgrund bestand für einen Großteil der Studierenden in den begleitenden Lehrveranstaltungen, wobei insbesondere das fachdidaktische Begleitseminar und die damit verbundene Modulabschlussprüfung von hoher Bedeutung waren. Ebenso wurde der Austausch mit anderen Beteiligten, vor allem mit den Mentorinnen und Mentoren, von vielen Studierenden als relevant für die Entwicklung ihrer Professionellen Unterrichtswahrnehmung bewertet. Weniger häufig, aber dennoch von mehr als der Hälfte der Studierenden, wurde auch das Planen von Unterricht sowie dessen Reflexion als Ursache der Weiterentwicklung angeführt.

Neben den von den Studierenden explizierten Änderungsgründen können zwei weitere Erkenntnisse abgeleitet werden: Zum einen zeigen die Ergebnisse die Tendenz, dass Studierende, die in der Typologie der Professionellen Unterrichtswahrnehmung bereits vor der Praxisphase dem (handlungsorientierten) analysierenden Typ zugeordnet wurden, eher die begleitenden Veranstaltungen als Einflussfaktor nannten als die Studierenden des nicht-perzeptiven Typs, die ihre Weiterentwicklung hauptsächlich auf die schulischen Praxiserfahrungen zurückführten. Zum anderen konnte anhand der Aussagen der Studierenden herausgearbeitet werden, dass das gelungene zeitliche und inhaltliche Zusammenspiel von erlebter Praxis und begleitenden Seminaren als höchst relevant eingestuft wurde. Die Studierenden begründeten dies mit der Möglichkeit, die in den Seminaren angesprochenen Themen und Zusammenhänge direkt in der Praxis beobachten und so ihr Wissen direkt anwenden zu können.

Die hier zusammengefassten Ergebnisse zu möglichen Einflussfaktoren auf die Kompetenzentwicklung in der Praxisphase werden im Folgenden diskutiert.

Die empirisch belegte Kompetenzentwicklung in Praxisphasen (z. B. Festner et al., 2018; Gröschner et al., 2013; König, Darge, Klemenz et al., 2018; Schubarth et al., 2014; Seifert et al., 2018) konnte durch die Untersuchung zur Entwicklung der Professionellen Unterrichtswahrnehmung im Rahmen dieser Studie bestätigt werden. Die Studie leistet überdies einen Beitrag, der über eine reine Selbsteinschätzung der Studierenden hinausgeht. Die Ergebnisse zu möglichen Einflussfaktoren stützen jedoch nicht nur die bislang vorliegenden Erkenntnisse, sondern ergänzen diese auch dahingehend, dass die durch statistische Verfahren identifizierten Einflussfaktoren (z. B. Festner et al., 2018, S. 228 f.; Gröschner et al., 2013, S. 82 f.; König, Darge, Kramer et al., 2018, S. 103 ff.; Schubarth, Speck, Seidel, Gottmann, Kamm & Krohn, 2012, S. 161; Seifert & Schaper, 2018, S. 213) nicht nur mit der selbsteingeschätzten Kompetenz der Studierenden in Zusammenhang stehen, sondern vermutlich ebenso einen Einfluss auf die Entwicklung ihrer Professionellen Unterrichtswahrnehmung haben. Neben dem stark empfundenen Einfluss der eigenen Unterrichtserfahrungen, wodurch erneut die große Bedeutung der Praxisphasen für Studierende verdeutlicht wird (Festner et al., 2020, S. 225 ff.; Hascher, 2012, S. 89), hatten laut der Studierenden vor allem die begleitenden Seminare, insbesondere das fachdidaktische Begleitseminar sowie die mentorielle Unterstützung wesentlichen Einfluss auf die Entwicklung ihrer Professionellen Unterrichtswahrnehmung.

Die festgestellte hohe Bedeutung der Unterstützung durch Mentorinnen und Mentoren führt zu der Frage nach geeigneter mentorieller Unterstützung, vor allem angesichts der Erkenntnis, dass sich viele Mentorinnen und Mentoren nicht ausreichend vorbereitet fühlen und ihre persönlichen Voraussetzungen die Betreuungsqualität der Studierenden beeinflussen (Gröschner & Häusler, 2014, S. 324 ff.). Da sich in Anlehnung an König, Darge und Kramer et al. (2018, S. 105) außerdem zeigte, dass Mentorinnen und Mentoren insbesondere für den Austausch über Unterricht wichtig sind und viele Unterrichtserfahrungen erst durch ihre kritische Reflexion an Bedeutung gewinnen, sollte neben der Auswahl der Lehrkräfte auch sichergestellt werden, dass dieser Austausch fachlich fundiert sowie qualifiziert stattfindet und Unterrichtsvor- und nachbesprechungen beinhaltet. Kaiser und König (2019, S. 610) fordern sogar, dass mentorielle Programme, wie sie beispielweise aus China bekannt sind, über Praxisphasen hinaus Bedeutung finden und so auch nach der ersten und zweiten Phase der Lehrerausbildung die Entwicklung der Professionellen Unterrichtswahrnehmung unterstützen könnten.

Die häufige Nennung der Begleitseminare und der in das fachdidaktische Begleitseminar integrierten Modulabschlussprüfung lässt überdies darauf schließen, dass die Studierenden nicht nur ihren Praxiserfahrungen an der Schule eine hohe Bedeutung beimessen. Wie bereits für diese Studie ausgeführt (Abschnitt 8.1) und durch mehrere empirische Studien bestätigt (z. B. Blömeke et al., 2014, S. 531; Kersting et al., 2010, S. 176; König et al., 2014, S. 83), hatte vielmehr auch die (intensive) Auseinandersetzung mit fachdidaktischen Themen bzw. das Wissen der Studierenden einen positiven Einfluss auf die Entwicklung ihrer Professionellen Unterrichtswahrnehmung. Dabei scheint in Anlehnung an König, Darge und Kramer et al. (2018, S. 103 ff.), König et al. (2017, S. 404 f.) und Doll et al. (2018, S. 35 ff.) insbesondere die Kohärenz der Begleitseminare und der Schulpraxis sowie die Parallelität der verschiedenen Lerngelegenheiten bedeutend dafür zu sein, dass das in den Lehrveranstaltungen generierte Wissen in der Praxis angewendet und zur Lösung von Problemen herangezogen wird. Zusätzlich kann so neben den Nachbesprechungen von Unterricht auch eine Reflexion der eigenen Unterrichtspraxis angeregt werden. Die gute Abstimmung der begleitenden Seminare der verschiedenen Institutionen sowie eine theoriegestützte Einbindung von Praxiserfahrungen und -situationen zur Vermittlung von Wissen, wie sie im Rahmen der hier beforschten Praxisphase verfolgt wurde, scheint demnach eine passende Voraussetzung für die Entwicklung der Professionellen Unterrichtswahrnehmung zu sein. Auch wenn das Ergebnis aufgrund des Studiendesigns nicht durch eine Kontrollgruppe geprüft wurde, kann in Anlehnung an andere Forschungen (z. B. Kramer et al., 2017, S. 156 ff.; Star & Strickland,

2008, S. 124; Stürmer, Könings et al., 2013, S. 475) die Vermutung aufgestellt werden, dass der Einsatz von Videovignetten, Textdokumenten und Beobachtungsaufträgen hier zielführend ist und innerhalb der Praxisphase einen Beitrag dazu leistet, „[d]as Wissen, das die Lehrerstudenten in disziplinärer Trennung erworben haben, [...] zu einem – subjektiv konsistenten – professionellen Wissen" (Bromme, 1992, S. 147) zusammenzuführen, um dieses auf neue Situationen transferierbar zu machen und so die Professionelle Unterrichtswahrnehmung der Studierenden bereits im Zuge des Studiums zu stärken.

Insgesamt stehen die hier zusammengefassten und diskutierten Ergebnisse der vorliegenden Studie in engem Zusammenhang mit der bisherigen Forschung und können als erkenntnisreiche Ergänzung betrachtet werden. Insbesondere durch die genaue Analyse der Entwicklung der Professionellen Unterrichtswahrnehmung im Rahmen der Praxisphase – hier speziell auch unter Einbezug der Subfacette *Entscheiden* – leistet diese Untersuchung einen Beitrag zur aktuellen Diskussion. Gleichzeitig konnten im Abgleich mit anderen empirischen Erkenntnissen zu Einflussfaktoren auf die selbstwahrgenommene Kompetenz von Studierenden auch mögliche Einflussfaktoren auf die Entwicklung der Professionellen Unterrichtswahrnehmung identifiziert werden. Damit kann die hier vorgelegte Studie als Basis für eine weitere Erforschung dieser Einflussfaktoren dienen. Ausblicke wie dieser und eine Berücksichtigung der Limitationen dieser Studie erfolgen im folgenden Kapitel.

Ausblick und Limitationen der Studie 11

Die in Kapitel 8, 9 und 10 dargestellten sowie diskutierten Ergebnisse sind auch vor dem Hintergrund der gewählten Erhebungs- und Auswertungsmethoden zu betrachten und bieten die Möglichkeit einen Ausblick auf mögliche Anschlussstudien zu richten. An dieser Stelle wird daher zunächst auf gewisse Limitationen verwiesen und anschließend auf mögliche Weiterführungen eingegangen. Die Limitationen der vorliegenden Studie beziehen sich auf mehrere Aspekte: die gewählte Stichprobe, das gewählte Medium, die Durchführung der Erhebung und die Art der Auswertung.

Zunächst ist anzumerken, dass die Studie auf einer kleinen Gelegenheitsstichprobe beruht, weshalb die Übertragbarkeit auf andere Stichproben und andere kontextuelle Rahmenbedingungen etwa in Lehramtsstudiengängen an anderen Hochschulen somit eingeschränkt ist. Die Studie erhebt daher keinen Anspruch auf Generalisierbarkeit, ihre Ergebnisse können aber Orientierung innerhalb des Forschungsfelds zur Praxisphase bieten. Überdies könnte das Fehlen einer Kontrollgruppe im Untersuchungsdesign kritisch angemerkt werden, um der Frage nachzugehen, ob die festgestellte Entwicklung infolge der Praxisphase ausschließlich auf diese zurückzuführen ist. Eine Folgestudie mit Rückgriff auf eine Kontrollgruppe, die lediglich an universitären Lehrveranstaltungen teilnimmt und keine Praxiserfahrungen sammelt, wäre demnach erkenntnisreich und könnte den hier konstatierten Einfluss der Praxisphase absichern. Da diese Kontrollgruppe wiederum aus Studierenden mit einem ähnlichen Ausbildungsstand gebildet werden sollte, ist deren Verfügbarkeit meist nicht gegeben und wird durch die große Anzahl Studierender, die bereits Lehraufträge in Schulen ausüben, zusätzlich erschwert. Relativiert erscheint diese Limitation der Studie jedoch durch die

© Der/die Autor(en), exklusiv lizenziert durch Springer Fachmedien Wiesbaden GmbH, ein Teil von Springer Nature 2021

A. B. Orschulik, *Entwicklung der Professionellen Unterrichtswahrnehmung*, Perspektiven der Mathematikdidaktik, https://doi.org/10.1007/978-3-658-33931-9_11

Tatsache, dass die Studierenden an der Universität Hamburg während der Praxisphase in der Regel nur wenige parallele Lehrveranstaltungen besuchen, meist in den Fachwissenschaften. Daher kann der Einfluss anderer fachdidaktischer und erziehungswissenschaftlicher Seminare minimiert und die Bedeutung des Einflusses des fachdidaktischen Begleitseminars trotz fehlender Kontrollgruppe gestärkt werden.

Hinsichtlich der Erhebung der Professionellen Unterrichtswahrnehmung auf Basis einer Videovignette ist zu bedenken, dass dieses Medium zwar eine Möglichkeit bietet, den realen Unterricht in ökonomischer Weise in eine Erhebungssituation einzubinden und das Situative des Unterrichts zu erhalten, aber dennoch immer auch eine gewisse Distanz aufweist und den realen Unterricht demnach nie umfassend abbilden kann. Dies zeigt sich zum Beispiel auch durch die vorgegebene Fokussierung der gewählten Kameraführung oder fehlendes Wissen der Probandinnen und Probanden über die Lernenden sowie zum Sozialgefüge innerhalb der Klasse. Der Einsatz einer Videovignette kann somit dazu führen, dass sich die Komplexität der Unterrichtssituation einerseits verringert und andererseits erhöht, sodass die Ergebnisse zur Professionellen Unterrichtswahrnehmung unter diesen Umständen nicht mit denen eines realen Unterrichts übereinstimmen müssen. Auch das Erhebungsverfahren, in dessen Rahmen die Videovignette eingesetzt wurde, kann kritisch reflektiert werden. Aus Gründen der Vergleichbarkeit wurde die Erhebung sowohl vor als auch nach der Praxisphase mit derselben Videovignette durchgeführt und obgleich zwischen den Erhebungszeitpunkten eine Zeitspanne von sechs Monaten lagen, können Erinnerungseffekte nicht ausgeschlossen werden. Methodisch wurde bei der Erhebung das Ziel verfolgt, die Gedanken der Studierenden möglichst umfassend zu erheben und auch die Subfacette *Wahrnehmen* zu erfassen. Da Gedanken nicht beobachtbar sind, war eine Erhebung der kognitiven Fähigkeiten auch durch das selbstgewählte Pausieren jedoch nur post hoc möglich. Darüber hinaus stellt die verlangte Verbalisierung des Gedachten eine neue Bewusstseinsebene dar (Kaiser et al., 2015, S. 384), sodass das Wahrnehmen, das nicht verbalisiert wurde, nicht erhoben werden konnte und die Verbalisierung möglicherweise selbst eine zusätzliche Herausforderung darstellte. Hier zeigt sich ebenfalls eine methodisch bedingte Abhängigkeit der Subfacetten *Interpretieren* und *Entscheiden* von der Subfacette *Wahrnehmen*: Wurde ein Ereignis nicht wahrgenommen, das heißt es wurde nichts zu diesem geäußert, konnte per se auch keine Interpretation oder Entscheidung formuliert werden. Daraus folgt, dass sich die Auswertung auf die expliziten Äußerungen der Studierenden beschränkte. Hinsichtlich der Auswertung ist der interpretative Einfluss der Qualitativen Inhaltsanalyse (Kuckartz, 2018, S. 26) zu berücksichtigen, der sich auf Codierungen und folglich auf die per Codierung entwickelten Ergebnisse auswirken kann. Dem wurde durch die Berücksichtigung der Gütekriterien und vor allem durch die kontinuierlich verfolgte Herstellung von Intersubjektivität begegnet, sodass dieser Aspekt einer möglichen Limitation vernachlässigt werden kann.

Für die Identifizierung von Einflussfaktoren auf die Veränderung der Professionellen Unterrichtswahrnehmung ist außerdem darauf hinzuweisen, dass die genannten Ursachen lediglich auf den Einschätzungen der Studierenden beruhen und eine Übertragbarkeit angesichts der großen Unterschiede in der Ausgestaltung der Praxisphasen an anderen Universitäten (Weyland et al., 2019, S. 13) eingeschränkt ist.

Hinsichtlich der genannten Limitationen lassen sich Vorschläge für Folgestudien formulieren, um der Entwicklung der Professionellen Unterrichtswahrnehmung und deren Einflussfaktoren umfassender nachzugehen. Gleichzeitig resultieren aus den Ergebnissen der vorliegenden Studie neue Fragestellungen, die es wert sind in Zukunft näher untersucht zu werden.

Da diese Studie aufgrund der kleinen Stichprobe lediglich als Orientierung innerhalb des Forschungsfeld dienen kann, wäre in erster Linie eine Ausweitung der Stichprobe sinnvoll, die zusätzlich auf weitere Universitäten ausgedehnt werden könnte. Dies hätte, neben einer vergrößerten Stichprobe und somit stärkeren Generalisierbarkeit, den Vorteil, dass eine vergleichende Auswertung der Entwicklungen unter der jeweiligen Ausgestaltung der Praxisphase der unterschiedlichen Universitäten möglich wäre. Dieses Vorgehen könnte Rückschlüsse auf die maßgeblichen Einflussfaktoren für die Entwicklung der Professionellen Unterrichtswahrnehmung ermöglichen ohne Kontrollgruppen einzubinden. Bei einer Studie dieser Größe könnten quantitative Auswertungsmethoden eingesetzt werden, die es ermöglichen, allgemeingültige Aussagen über die Entwicklung der Professionellen Unterrichtswahrnehmung zu formulieren. Dabei könnte im Sinne des durch Blömeke und Kaiser (2017, S. 785) erweiterten Modells „Kompetenz als Kontinuum" zusätzlich eine Beachtung der Dispositionen, der generischen Eigenschaften und des beruflichen Umfelds erfolgen. Eine Transferstudie von TEDS-Validierung, die die Professionelle Unterrichtswahrnehmung von Studierenden in Praxisphasen mehrerer Universitäten erhebt, wird zurzeit in Zusammenarbeit mit den beiden vom BMBF geförderten Projekten im Rahmen der Qualitätsoffensive Lehrerbildung – ProfaLe und ZuS (Zukunftsstrategie Lehrer*innenbildung) – durchgeführt (Kaiser & König, 2020, S. 46). Da die Erhebung der Professionellen Unterrichtswahrnehmung in dieser Studie auf Basis der für TEDS-FU entwickelten drei Videovignetten erfolgt, sind hier außerdem allgemeinere Aussagen über die Professionelle Unterrichtswahrnehmung der Studierenden möglich, da ausgeschlossen werden kann, dass die erhobenen Kompetenzen der Studierenden von der eingesetzten Vignette abhängig sind.

Neben einer Ausweitung der Erhebung und einer stärkeren Standardisierung des Erhebungsinstruments erscheint auch eine weitere Analyse der drei Subfacetten erkenntnisversprechend. In dieser Studie konnten innerhalb der Subfacetten deutliche qualitative Unterschiede identifiziert werden und es wurden verschiedene Arten von Interpretationen und Entscheidungen festgestellt. Da die Subfacetten *Interpretieren* und *Entscheiden* jedoch unmittelbar vom *Wahrnehmen* abhängig sind, wäre eine Analyse sinnvoll, die sich ausschließlich auf die Entwicklung der Interpretationen und Entscheidungen der Studierenden bezieht. Dazu könnten beispielsweise wie in der Studie TEDS-FU Items formuliert werden, die ausschließlich eine Subfacette fokussieren und das Wahrnehmen des jeweiligen Ereignisses nicht voraussetzen (Kaiser et al., 2015). Bei Interpretationen und Entscheidungen zu denselben Ereignissen könnten die unterschiedlichen Ausprägungen der einzelnen Subfacetten noch deutlicher herausgestellt werden. Gleichzeitig könnte so auch den Beziehungen zwischen den Subfacetten, wie sie in dieser Studie durch den Zusammenhang der wahrgenommenen Akteurinnen und Akteure und der Art der Interpretation vermutet werden, näher nachgegangen und ein Beitrag zu diesem offenen Forschungsfeld geleistet werden (Thomas, 2017, S. 510). Um die Subfacette *Wahrnehmen* genauer erheben zu können, wäre sicherlich auch der Einsatz von Mobile Eye Tracking ein möglicher Ansatz, um zu verstehen, worauf die Studierenden ihre Wahrnehmung im Unterricht ausrichten. So wäre insbesondere eine objektive Erhebung der unterschiedlichen Wahrnehmungen der Akteurinnen und Akteure möglich und aufschlussreich. Es bleibt hierbei jedoch zu bedenken, dass diese Methode keine neue Möglichkeit bietet, die Kompetenzen zu den Subfacetten *Interpretieren* sowie *Entscheiden* zu erheben und wie Mason (2011, S. 46) kritisch anmerkt, nur ersichtlich ist, worauf die Probandinnen und Probanden ihren Blick richten, nicht aber, inwieweit sich das optisch Wahrgenommene im Sinne einer Professionellen Unterrichtswahrnehmung realisiert.

Bezüglich der Identifizierung von Einflussfaktoren auf die Entwicklung der Professionellen Unterrichtswahrnehmung innerhalb der Praxisphasen wäre zunächst eine Erhebung, die über die subjektiven Einschätzungen der Studierenden hinausgeht, von großer Bedeutung. Auch hierbei erscheint es sinnvoll, quantitative Auswertungsverfahren einzusetzen, da diese Zusammenhangsanalysen zulassen. Die bestehenden Studien zu Einflussfaktoren auf die selbsteingeschätzte Kompetenz der Studierenden (z. B. Festner et al., 2020; Gröschner et al., 2013; König, Darge, Kramer et al., 2018; Schubarth et al., 2014) müsste

demnach auf die Professionelle Unterrichtswahrnehmung der Studierenden aus-
geweitet werden. Besonders interessant wäre es dabei, den Einfluss verschiedener
Lerngelegenheiten auf die einzelnen Subfacetten zu untersuchen. Auf diese Weise
identifizierte Zusammenhänge könnten es ermöglichen, den Einfluss der mentoriellen Unterstützung oder der universitären Begleitung auf die Entwicklung
einzelner Subfacetten der Professionellen Unterrichtswahrnehmung zu untersuchen. Diesbezügliche Erkenntnisse könnten wiederum Hinweise darauf geben,
wie diese Angebote noch besser abgestimmt bzw. ausgebaut werden könnten, um eine möglichst optimale Unterstützung der Studierenden im Zuge ihrer
Kompetenzentwicklung zu erreichen.

Unter Berücksichtigung der hier aufgezeigten Limitationen können anhand der
hier vorgelegten Ergebnisse zur Entwicklung der Professionellen Unterrichtswahrnehmung und den identifizierten möglichen Einflussfaktoren Folgerungen für die
Gestaltung der Praxisphasen abgeleitet werden. Eine Erörterung dieser Implikationen für die Lehrerbildung folgt als Abschluss dieser Arbeit im nächsten
Kapitel.

Implikationen für die Lehrerbildung

12

Die Ergebnisse der vorliegenden Studie weisen darauf hin, dass die Professionelle Unterrichtswahrnehmung der Studierenden innerhalb von Praxisphasen gefördert werden kann und ermöglichen es gleichzeitig Einflussfaktoren auf diese Entwicklung zu identifizieren. Auch unter Berücksichtigung der in Kapitel 11 dargestellten Limitationen erlauben diese Ergebnisse, Implikationen für die Lehrerbildung und insbesondere für die Gestaltung von Praxisphasen zu formulieren, um das in der Qualitätsoffensive Lehrerbildung angestrebte Ziel „Qualitätsverbesserung des Praxisbezugs in der Lehrerbildung" (Gemeinsame Wissenschaftkonferenz, 2013, S. 2) zu erreichen.

Ein Fokus gilt demnach der Bedeutung der Mentorinnen und Mentoren für die Kompetenzentwicklung innerhalb von Praxisphasen – so auch für die Entwicklung der Professionellen Unterrichtswahrnehmung. Wie diese Studie in Anlehnung an andere Forschungsergebnisse zeigt, beeinflusst die mentorielle Unterstützung nicht nur die selbsteingeschätzte Kompetenz von Studierenden, sondern auch die Entwicklung ihrer Professionellen Unterrichtswahrnehmung. Dabei haben die Mentorinnen und Mentoren insbesondere in Austauschprozessen über Unterricht einen hohen Stellenwert. Dies impliziert die Notwendigkeit einer geeigneten Auswahl von betreuenden Lehrkräften. So sollte großer Wert auf eine entsprechende Qualifikation oder zumindest auf eine ausgeprägte „Professionalisierungssympathie" (Gröschner & Häusler, 2014, S. 330) gelegt werden. Um dies zu erreichen, wäre eine direkte Auswahl bekannter oder eine explizite Abfrage interessierter Lehrkräfte möglich, die einen transparenten Einblick in das Anforderungsprofil einer Mentorin oder eines Mentors haben. Ebenso sind Fortbildungen denkbar, die auf die Bedürfnisse und benötigten Qualifikationen einer Mentorin bzw. eines Mentors ausgerichtet sind. Als Fortbildungsschwerpunkt wäre zum Beispiel das

© Der/die Autor(en), exklusiv lizenziert durch Springer Fachmedien
Wiesbaden GmbH, ein Teil von Springer Nature 2021
A. B. Orschulik, *Entwicklung der Professionellen Unterrichtswahrnehmung*,
Perspektiven der Mathematikdidaktik,
https://doi.org/10.1007/978-3-658-33931-9_12

Fachspezifische Unterrichtscoaching nach Staub und Kreis (2013) geeignet, da dies die besondere Rolle der Mentorinnen und Mentoren als Kommunikationspartner berücksichtigen und eine produktive Auseinandersetzung fördern könnte (Zabka & Heins, 2020, S. 38). Bei der systematischen Entwicklung und Implementierung solcher Fortbildungen sind auch die Synergieeffekte mit der zweiten Phase der Lehrerausbildung nicht zu vernachlässigen. Da die angehenden Lehrkräfte in dieser Phase ebenfalls eine mentorielle Betreuung erfahren, könnten Fortbildungen, die auf eine produktive Kommunikation ausgerichtet sind, über die Grenzen der Betreuung in Praxisphasen hinaus genutzt werden. Eine weitere Möglichkeit besteht in der Einbindung der Lehrkräfte in die Begleitseminare, wie es bereits einige Dozentinnen und Dozenten im Rahmen des Projekts ProfaLe an der Universität Hamburg organisieren. Hierbei besuchen einzelne Mentorinnen und Mentoren die universitären fachdidaktischen Begleitseminare und beraten sowie reflektieren gemeinsam mit den Studierenden und den Lehrenden unter Einbezug der aktuellen fachdidaktischen Literatur über typische Situationen des Fachunterrichts. Dies fördert zum einen die Zusammenarbeit zwischen den Akteurinnen und Akteuren der Schule und der Universität und kann langfristige Kooperationen ermöglichen. Gleichzeitig setzen sich die betreuenden Lehrkräfte in dieser Kooperation mit der aktuellen fachdidaktischen Diskussion auseinander, professionalisieren sich demnach ebenfalls. Somit kann ein Transfer der Theorie in die Praxis und umgekehrt gelingen. Lässt sich eine interne Einbindung der Mentorinnen und Mentoren aus organisatorischen Gründen nicht realisieren, besteht auch die Möglichkeit einer externen Einbindung, indem Studierende und die betreuenden Lehrkräfte extern Aufgaben bearbeiten, die sie zur Reflexion und Auseinandersetzung mit der fachdidaktischen Literatur anregen (Zabka & Heins, 2020, S. 35 ff.). Durch diese Maßnahmen kann neben einer geeigneten Auswahl und Qualifikation der Lehrkräfte auch der Forderung nach „einer professionellen Zusammenarbeit zwischen Hochschulen und Ausbildungsschulen" (Schubarth, Speck, Seidel, Gottmann, Kamm & Krohn, 2012, S. 141) entsprochen werden.

Neben der Beachtung der mentoriellen Unterstützung sollte auch die hier identifizierte hohe Bedeutung der begleitenden Seminare Ausgangspunkt für die Ausgestaltung von Praxisphasen sein. Die Ergebnisse dieser Studie verdeutlichen, dass sich die Entwicklung der Professionellen Unterrichtswahrnehmung innerhalb der Praxisphase insbesondere auch auf den Einfluss des fachdidaktischen Begleitseminars zurückführen lässt. Mit dem Ziel, die Kompetenz von Lehrkräften in der Praxisphase zu stärken, sollten die verantwortlichen Dozentinnen und Dozenten zukünftig in Anlehnung an das im Kontext dieser Studie konzipierte Seminar (Abschnitt 5.2) sowie an die Studien zur Förderung der Professionellen Unterrichtswahrnehmung (Abschnitt 2.2.3) vermehrt Praxisdokumente bei der

Vermittlung und Anwendung von Wissen in ihre Seminare einbinden und diese unter Einbezug der fachdidaktischen Literatur im Sinne der drei Subfacetten der Professionellen Unterrichtswahrnehmung analysieren. Auch durch die Einbindung von Praxisdokumenten könnte die wahrgenommene Kohärenz zwischen dem akademischen Wissen und der erlebten Schulpraxis unterstützt werden. Damit würde dieser identifizierte Einflussfaktor auf die (selbsteingeschätzte) Kompetenzentwicklung der Studierenden (König et al., 2017, S. 404 f.; König, Darge, Kramer et al., 2018, S. 103 f.) ebenfalls berücksichtigt werden. Eine Sammlung bzw. Generierung von fachspezifischen Praxisdokumenten, die unterrichtsrelevante Aspekte darstellen und eine (fach-) didaktische Analyse erlauben, wäre demnach grundlegend für eine Ausgestaltung dieser Lehrveranstaltungen. Da der Einsatz von Videos in der Lehrerbildung keine Neuheit ist (Kaiser & König, 2019, S. 608), kann hier auf eine Vielzahl von Plattformen zurückgegriffen werden, die sowohl Unterrichtsvideos als auch Transkripte zur Verfügung stellen (z. B. das Fallarchiv Hilde oder die Videoportale ViLLA und ProVision).

Ergänzend zu den Implikationen, die sich auf die konkrete Ausgestaltung von Praxisphasen beziehen, sollte in der Lehrerbildung auch der langfristige Professionalisierungsprozess bezüglich der Professionellen Unterrichtwahrnehmung Beachtung finden. Die Ergebnisse der vorliegenden Studie lassen den Schluss zu, dass eine umfassende Entwicklung der Professionellen Unterrichtswahrnehmung im Rahmen der Praxisphase nicht möglich ist, zusätzlich finden sich in der Literatur immer wieder Verweise, dass eine Professionalisierung viele Jahre in Anspruch nimmt (z. B. Blömeke, Kaiser et al., 2015, S. 260; Jacobs et al., 2010, S. 197; König et al., 2015, S. 332; Sabers et al., 1991, S. 85). Die Praxisphase bietet demnach nur eine von vielen Lerngelegenheiten, um die Professionelle Unterrichtswahrnehmung zu entwickeln. Da sowohl Unterrichtserfahrungen als auch eine bereits vorhandene Wissensbasis der Studierenden für diesen Entwicklungsprozess bedeutsam sind (z. B. Berliner, 1987, S. 60; Blömeke & Kaiser, 2017, S. 786 f.; Kaiser & König, 2019, S. 610), ist eine Verortung der ersten systematischen Förderung in dieser Phase des Studiums sicherlich angemessen. Weitere Förderungen sollten daher weniger auf vorherige Studienelemente, sondern vielmehr auf die zweite und dritte Phase der Lehrerausbildung ausgerichtet sein. Eine Einbindung der Förderung in den Vorbereitungsdienst (zweite Phase) könnten sich dabei an der Gestaltung des fachdidaktischen Begleitseminars der Praxisphase orientieren, da durch begleitende Seminare in den Unterrichtsfächern sowie einem zusätzlichen fachübergreifenden Seminar und die parallele Schulpraxis, im Vorbereitungsdienst ähnliche organisatorische Voraussetzungen gegeben sind. Die Förderung der Professionellen Unterrichtswahrnehmung im

aktiven Schuldienst (dritte Phase) könnte inhaltlich zwar ähnlich gestaltet werden, müsste sich jedoch anderen organisatorischen Bedingungen anpassen und
in externen Fortbildungen organisiert werden. Neben dieser langfristig gedachten Förderung der Professionellen Unterrichtswahrnehmung im Anschluss an die
Praxisphase sollte sich die Schaffung einer geeigneten Wissensgrundlage hingegen auf die Phase vor der Praxisphase beziehen. Die Ergebnisse legen hier nahe,
dass die Fähigkeit, Interpretationen auf fachdidaktische Aspekte zu beziehen, nur
bei wenigen Studierenden gefördert werden konnte. Da eine fachbezogene Interpretation die Unterrichtsqualität maßgeblich positiv beeinflusst (Kersting et al.,
2012, S. 582 f.), ist eine explizite Wissensvermittlung mathematikdidaktischer
Themen unabdingbar. Da sich die Studierenden dieser Studie bereits im Masterstudium befanden, spricht dies weiterführend auch für eine Ausweitung der
fachdidaktischen Studieninhalte im Lehramtsstudium an der Universität Hamburg.

Zusammenfassend bleibt festzuhalten, dass eine Entwicklung der Professionellen Unterrichtswahrnehmung im Rahmen von Praxisphasen möglich ist und deren
Konzeption und Durchführung einen Einfluss auf die Förderung der Kompetenz
hat. Somit kann in Praxisphasen ein wesentlicher Beitrag zur Professionalisierung der Studierenden geleistet werden, der aber immer auch eine qualitative
Ausgestaltung der Praxisphase voraussetzt und langfristig gedacht werden sollte.

Literaturverzeichnis

Amador, J. M., Males, L. M., Earnest, D. & Dietiker, L. (2017). Curricular Noticing: Theory on and Practice of Teachers' Curricular Use. In E. O. Schack, M. H. Fisher & J. A. Wilhelm (Hrsg.), *Teacher Noticing: Bridging and Broadening Perspectives, Contexts, and Frameworks* (S. 427–444). Cham: Springer.

Baumert, J. & Kunter, M. (2006). Stichwort: Professionelle Kompetenz von Lehrkräften. *Zeitschrift für Erziehungswissenschaft, 9*(4), 469–520.

Baumert, J. & Kunter, M. (2011a). Das Kompetenzmodell von COACTIV. In M. Kunter, J. Baumert, W. Blum, U. Klusmann, S. Krauss & M. Neubrand (Hrsg.), *Professionelle Kompetenz von Lehrkräften. Ergebnisse des Forschungsprogramms COACTIV* (S. 29–53). Münster: Waxmann.

Baumert, J. & Kunter, M. (2011b). Das mathematikspezifische Wissen von Lehrkräften, kognitive Aktivierung im Unterricht und Lernfortschritte von Schülerinnen und Schülern. In M. Kunter, J. Baumert, W. Blum, U. Klusmann, S. Krauss & M. Neubrand (Hrsg.), *Professionelle Kompetenz von Lehrkräften. Ergebnisse des Forschungsprogramms COACTIV* (S. 163–192). Münster: Waxmann.

Baur, N. & Blasius, J. (2014). Methoden der empirischen Sozialforschung. Ein Überblick. In N. Baur & J. Blasius (Hrsg.), *Handbuch Methoden der empirischen Sozialforschung* (Aufl. 2014, S. 41–60). Wiesbaden: Springer.

Berelson, B. (1952). *Content analysis in communication research*. Glencoe Illinois: Free Press.

Berliner, D. C. (1987). Ways of Thinking About Students and Classrooms by More or Less Experienced Teachers. In J. Calderhead (Hrsg.), *Exploring Teachers' Thinking* (S. 60–83). London: Cassell Educational Limited.

Berliner, D. C. (2001). Learning about and learning from expert teachers. *International Journal of Educational Research, 35*(5), 463–482.

Berliner, D. C. & Carter, K. (1989). Differences in Processing Classroom Information by Expert and Novice Teachers. In J. Lowyck & C. M. Clark (Hrsg.), *Teacher Thinking and Professional Action* (S. 55–74). Leuven: Leuven University Press.

Besa, K.-S. & Büdcher, M. (2014). Empirical evidence on field experiences in teacher education: A review of the research base. In K.-H. Arnold, A. Gröschner & T. Hascher (Hrsg.),

© Der/die Herausgeber bzw. der/die Autor(en), exklusiv lizenziert durch Springer Fachmedien Wiesbaden GmbH, ein Teil von Springer Nature 2021
A. B. Orschulik, *Entwicklung der Professionellen Unterrichtswahrnehmung*, Perspektiven der Mathematikdidaktik,
https://doi.org/10.1007/978-3-658-33931-9

Schulpraktika in der Lehrerbildung. Theoretische Grundlagen, Konzeptionen, Prozesse umd Effekte (S. 129–145). Münster: Waxmann.

Bikner-Ahsbahs, A. (2003). Empirisch begründete Idealtypenbildung. Ein methodisches Prinzip zur Theoriekonstruktion in der interpretativen mathematikdidaktischen Forschung. *ZDM Mathematics Education, 35*(5), 208–222.

Blömeke, S. (2002). *Universität und Lehrerausbildung.* Bad Heilbrunn: Klinkhardt.

Blömeke, S., Busse, A., Kaiser, G., König, J. & Suhl, U. (2016). The relation between content-specific and general teacher knowledge and skills. *Teaching and Teacher Education, 56*, 35–46.

Blömeke, S., Gustafsson, J.-E. & Shavelson, R. J. (2015). Beyond Dichotomies. Competence Viewed as a Continuum. *Zeitschrift für Psychologie, 223*(1), 3–13.

Blömeke, S. & Kaiser, G. (2017). Understanding the Development of Teachers' Professional Competencies as Personally, Situationally and Socially Determined. In D. J. Clandinin & J. Husu (Eds.), *The SAGE Handbook of Research on Teacher Education* (S. 783–802). Los Angeles: SAGE.

Blömeke, S., Kaiser, G. & Clarke, D. (2015). Preface for the Special Issue on "Video-Based Research an Teacher Expertise". *International Journal of Science and Mathematics Education, 13*(2), 257–266.

Blömeke, S., Kaiser, G. & Lehmann, R. (Hrsg.). (2008). *Professionelle Kompetenz angehender Lehrerinnen und Lehrer. Wissen, Überzeugungen und Lerngelegenheiten deutscher Mathematikstudierender und -referendare.* Münster: Waxmann.

Blömeke, S., Kaiser, G. & Lehmann, R. (Hrsg.). (2010). *TEDS-M 2008: Professionelle Kompetenz und Lergelegenheiten angehender Mathematiklehrkräfte für die Sekundarstufe I im internationalen Vergleich.* Münster: Waxmann.

Blömeke, S., König, J., Busse, A., Suhl, U., Benthien, J., Döhrmann, M. et al. (2014). Von der Lehrerausbildung in den Beruf – Fachbezogenes Wissen als Voraussetzung für Wahrnehmung, Interpretation und Handeln im Unterricht. *Zeitschrift für Erziehungswissenschaft, 17*(3), 509–542.

Blömeke, S., König, J., Suhl, U., Hoth, J. & Döhrmann, M. (2015). Wie situationsbezogen ist die Kompetenz von Lehrkräften? Zur Generalisierbarkeit der Ergebnisse von videobasierten Performanztests. *Zeitschrift für Pädagogik, 61*(3), 310–327.

Bock, T., Hany, E. A. & Protzel, M. (Erfurt School of Education, Universität Erfurt, Hrsg.). (2017). *Lerngelegenheiten und Lerngewinne im Komplexen Schulpraktikum 2015–2017.* Forschungsberichte aus der Erfurt School of Education. Verfügbar unter: https://www.uni-erfurt.de/fileadmin/einrichtung/erfurt-school-of-education/Dokumente/Veroeffentlichungen/KSP-Evaluationsbericht2017_mitUmschlag.pdf

Borko, H. & Livingston, C. (1989). Cognition and Improvisation: Differences in Mathematics Instruction by Expert and Novice Teachers. *American Educational Research Journal, 26*(4), 473–498.

Borromeo Ferri, R. (2004). *Mathematische Denkstile. Ergebnisse einer empirischen Studie* (Bd. 33). Zugl.: Hamburg, Univ., FB Erziehungswiss., Diss., 2004. Hildesheim: Franzbecker.

Bortz, J. & Schuster, C. (2010). *Statistik für Human- und Sozialwissenschaftler* (7., vollständig überarbeitete und erweiterte Auflage). Berlin, Heidelberg: Springer.

Breuer, F. (1996). Theoretische und methodologische Grundlinien unseres Forschungsstils. In F. Breuer (Hrsg.), *Qualitative Psychologie. Grundlagen, Methoden und Anwendungen eines Forschungsstils* (S. 14–40). Opladen: Westdt. Verl.

Bromme, R. (1992). *Der Lehrer als Experte: Zur Psychologie des professionellen Wissens.* Bern, Göttingen, Toronto: Verlag Hans Huber.

Bromme, R. (2008). Lehrerexpertise. Teacher's Skills. In W. Schneider & M. Hasselhorn (Hrsg.), *Handbuch der Pädagogischen Psychologie* (S. 159–167). Göttingen: Hogrefe.

Bruckmaier, G., Krauss, S., Blum, W. & Leiss, D. (2016). Measuring mathematics teachers' professional competence by using video clips (COACTIV video). *ZDM Mathematics Education, 48*, 111–124.

Calderhead, J. (1981). A Psychological Approach to Research on Teachers' Classroom Decision-making. *British Educational Research Journal, 7*(1), 51–57.

Carter, K., Cushing, K., Sabers, D., Stein, P. & Berliner, D. C. (1988). Expert-Novice Differences in Perceiving and Processing Visual Classroom Information. *Journal of Teacher Education, 39*(3), 25–31.

Carter, K., Sabers, D., Cushing, K., Pinnegar, S. & Berliner, D. C. (1987). Processing and Using Information About Students: A Study of Expert, Novice, and Postulant Teachers. *Teaching and Teacher Education, 3*(2), 147–157.

Chase, W. G. & Simon, H. A. (1973). Perception in Chess. *Cognitive Psychology, 4*(1), 55–81.

Chi, M. T.H. (2011). Theoretical Perspectives, Methodological Approaches, and Trends in the Study of Expertise. In Y. Li & G. Kaiser (Hrsg.), *Expertise in Mathematics Instruction. An International Perspective* (S. 17–40). New York: Springer.

Choy, B. H., Thomas, M. O. J. & Yoon, C. (2017). The FOCUS Framework: Characterising Productive Noticing During Lesson Plannung, Delivery and Review. In E. O. Schack, M. H. Fisher & J. A. Wilhelm (Hrsg.), *Teacher Noticing: Bridging and Broadening Perspectives, Contexts, and Frameworks* (S. 445–466). Cham: Springer.

Clement, J. (1982). Algebra Word Problem Solutions: Thought Processes Underlying a Coomon Misconception. *Journal for Research in Mathematics Education, 13*(1), 16–30.

Cohen, J. (1988). *Statistical Power Analysis for the Behavioral Sciences* (2nd ed.). Hillsdale, New Jersey: L. Erlbaum Associates.

Cortina, K. S., Miller, K. F., McKenzie, R. & Epstein, A. (2015). Where Low and High Inference Data Converge: Validation of CLASS Assessment of Mathematics Instruction Using Mobile Eye Tracking with Expert and Novice Teachers. *International Journal of Science and Mathematics Education, 13*, 389–403.

Deffner, G. (1984). *Lautes Denken. Untersuchung zur Qualität eines Datenerhebungsverfahrens* (Bd. 125). Zugl.: Hamburg, Univ., Diss., 1984. Frankfurt am Main: Lang.

Degen, M. (2015). Codierer-Effekte in Inhaltsanalysen - ein vernachlässigtes Forschungsfeld. In W. Wirth, K. Sommer, M. Wettstein & J. Matthes (Hrsg.), *Qualitätskriterien in der Inhaltsanalyse* (Bd. 12, S. 78–95). Köln: Herbert von Halem Verlag.

Denzin, N. K. (1994). The art and politics of interpretation. In N. K. Denzin & Y. S. Lincoln (Eds.), *Handbook of qualitative research* (S. 500–515). Thousand Oaks, Calif.: SAGE.

Depaepe, F., Verschaffel, L. & Klechtermans, G. (2013). Pedagogical content knowledge: A systematic review of the way in which the concept has pervaded mathematics educational research. *Teaching and Teacher Education, 34*, 12–25.

Depaepe, F., Verschaffel, L. & Star, J. (2020). Expertise in developing students' expertise in mathematics: Bridging teachers' professional knowledge and instructional quality. *ZDM Mathematics Education, 52*(2), 179–192.

Diekmann, A. (2014). *Empirische Sozialforschung. Grundlagen, Methoden, Anwendungen* (Bd. 55678, Orig.-Ausg., vollst. überarb. und erw. Neuausg. 2007, 9. Aufl., [26. Aufl. der Gesamtausg.]. Reinbek: Rowohlt.

Döhrmann, M., Kaiser, G. & Blömeke, S. (2012). The conceptualisation of mathematics competencies in the international teacher education study TEDS-M. *ZDM Mathematics Education, 44*(3), 325–340.

Doll, J., Jentsch, A., Meyer, D., Kaiser, G., Kaspar, K. & König, J. (2018). Zur Nutzung schulpraktischer Lerngelegenheiten an zwei deutschen Hochschulen: Lernprozessbezogene Tätigkeiten angehender Lehrpersonen in Masterpraktika. In M. Rothland & N. Schaper (Hrsg.), Forschung zum Praxissemester in der Lehrerbildung. *Lehrerbildung auf dem Prüfstand. 11* (1), 24–45 [Themenheft]. Landau: Verlag Empirische Pädagogik.

Döring, N. & Bortz, J. (2016). *Forschungsmethoden und Evaluation in den Sozial- und Humanwissenschaften* (5. vollständig überarbeitete, aktualisierte und erweiterte Auflage). Berlin, Heidelberg: Springer.

Doyle, W. (1977). Learning the Classroom Environment: An Ecological Analysis. *Journal of Teacher Education, 28*(6), 51–55.

Duncker, K. (1935). *Zur Psychologie des produktiven Denkens.* Berlin: Springer.

Dunekacke, S., Jenßsen, L. & Blömeke, S. (2015). Effects of Mathematics Content Knowledge on Pre-school Teachers' Performance: a Video Based Assessment of Perception and Planning Abilities in Informal Learning Situations. *International Journal of Science and Mathematics Education, 13*(1), 267–286.

Dunekacke, S., Jenßsen, L., Eilerts, K. & Blömeke, S. (2016). Epistemological beliefs of prospective preschool teachers and their relation to knowledge, perception, and planning abilities in the field of mathematics: a process model. *ZDM Mathematics Education, 48*, 125–137.

Erickson, F. (2011). On Noticing Teacher Noticing. In M. Sherin, V. R. Jacobs & R. A. Philipp (Hrsg.), *Mathematics Teacher Noticing. Seeing Through Teachers' Eyes* (S. 17–34). New York: Routledge.

Ericsson, K. A. & Simon, H. A. (1980). Verbal Reports as Data. *Psychological Review, 87*(3), 215–251.

Ericsson, K. A. & Smith, J. (1991). Prospects and limits of the empirical study of expertise: an introduktion. In K. A. Ericsson & J. Smith (Hrsg.), *Toward a general theory of expertise. Prospects and limits* (S. 1–38). Cambridge: Cambridge University Press.

Festner, D., Gröschner, A., Goller, M. & Hascher, T. (2020). Lernen zu Unterrichten - Veränderungen in den Einstellungsmustern von Lehramtsstudierenden während des Praxissemesters im Zusammenhang mit mentorieller Lernbegleitung und Kompetenzeinschätzung. In I. Ulrich & A. Gröschner (Hrsg.), *Praxissemester im Lehramtsstudium in Deutschland: Wirkungen auf Studierende* (Edition ZfE, Band 9, S. 209–241). Wiesbaden: Springer VS.

Festner, D., Schaper, N. & Gröschner, A. (2018). Einschätzungen der Unterrichtskompetenz und -qualität im Praxissemester. In J. König, M. Rothland & N. Schaper (Hrsg.), *Learning to Practice, Learning to Reflect?* *Ergebnisse aus der Längsschnittstudie LtP zur Nutzung und Wirkung des Praxissemesters in der Lehrerbildung* (S. 163–193). Wiesbaden: Springer.

Flick, U. (2012). Design und Prozess qualitativer Forschung. In U. Flick, E. von Kardorff & I. Steinke (Hrsg.), *Qualitative Forschung. Ein Handbuch* (Orig.-Ausg., 9. Aufl., S. 252–265). Reinbek: Rowohlt.

Flick, U. (2014a). Gütekriteiren qualitativer Sozialforschung. In N. Baur & J. Blasius (Hrsg.), *Handbuch Methoden der empirischen Sozialforschung* (Aufl. 2014, S. 411–423). Wiesbaden: Springer.

Flick, U. (2014b). *Sozialforschung. Methoden und Anwendungen : ein Überblick für die BA-Studiengänge* (Rororo Rowohlts Enzyklopädie, Bd. 55702, 2. Auflage). Reinbek bei Hamburg: Rowohlt.

Flick, U. (2019). *Qualitative Sozialforschung. Eine Einführung* (Bd. 55694, Originalausgabe, 9. Auflage). Reinbek bei Hamburg: Rowohlt.

Flick, U., Kardorff, E. von & Steinke, I. (2012). Was ist qualitative Forschung? Einleitung und Überblick. In U. Flick, E. von Kardorff & I. Steinke (Hrsg.), *Qualitative Forschung. Ein Handbuch* (Orig.-Ausg., 9. Aufl., S. 13–29). Reinbek: Rowohlt.

Friebertshäuser, B. & Langer, A. (2010). Interviewformen und Interviewpraxis. In B. Friebertshäuser, A. Langer & A. Prengel (Hrsg.), *Handbuch qualitative Forschungsmethoden in der Erziehungswissenschaft* (3., vollst. überarb. Aufl., S. 437–455). Weinheim: Juventa-Verl.

Gegenfurtner, A. & Seppänen, M. (2013). Transfer of Expertise: An Eye Tracking and Think Aloud Study Using Dynamic Medical Visualizations. *Computers & Education, 63*(1), 393–403.

Gemeinsame Wissenschaftkonferenz. (2013). *Bund-Länder-Vereinbarung über ein gemeinsames Programm „Qualitätsoffensive Lehrerbildung" gemäß Artikel 91b des Grundgesetzes.* Zugriff am 23.07.2020. Verfügbar unter: https://www.gwk-bonn.de/fileadmin/Papers/Bund-Laender-Vereinbarung-Qualitaetsoffensive-Lehrerbildung.pdf

Glaser, B. G. & Strauss, A. L. (1993). Die Entdeckung gegenstandsbezogener Theorie. Eine Grundstrategie qualitativer Forschung. In C. Hopf & E. Weingarten (Hrsg.), *Qualitative Sozialforschung* (3. Aufl., S. 91–111).

Glaser, R. & Chi, M. T.H. (1988). Overview. In M. T.H. Chi, R. Glaser & M. J. Farr (Hrsg.), *The Nature of Expertise* (S. xv–xxviii). Hillsdale, New Jersey: Lawrence Erlbaum Associates.

Gläser, J. & Laudel, G. (2010). *Experteninterviews und qualitative Inhaltsanalyse als Instrumente rekonstruierender Untersuchungen* (Lehrbuch, 4. Auflage). Wiesbaden: VS Verlag für Sozialwissenschaften.

Gold, B., Förster, S. & Holodynski, M. (2013). Evaluation eines videobasierten Trainingsseminars zur Förderung der professionellen Wahrnehmung von Klassenführung im Grundschulunterricht. *Zeitschrift für Pädagogische Psychologie, 27*(3), 141–155.

Gold, B., Hellermann, C. & Holodynski, M. (2016). Professionelle Wahrnehmung von Klassenführung – Vergleich von zwei videobasierten Erfassungsmethoden. In K. Schwipper & D. Prinz (Hrsg.), *Der Forschung – Der Lehre – Der Bildung: Aktuelle Entwicklungen der Empirischen Bildungsforschung* (S. 103–118). Münster: Waxmann.

Gold, B. & Holodynski, M. (2015). Development and Construct Validation of a Situational Judgment Test of Strategic Knowledge of Classroom Management in Elementary Schools. *Educational Assessment, 20*(3), 226–248.

Goldman, R., Pea, R., Barron, B. & Derry, S. J. (2007). *Video research in the learning sciences.* Mahwah, NJ: Lawrence Erlbaum.

Goodwin, C. (1994). Professional Vision. *American Anthropologist, 96*(3), 606–633.

Greene, J. C. (1994). Qualitative program evaluation: Practice and promise. In N. K. Denzin & Y. S. Lincoln (Eds.), *Handbook of qualitative research* (S. 530–544). Thousand Oaks, Calif.: SAGE.

Gröschner, A. (2012). Langzeitpraktika in der Lehrerinnen- und Lehrerausbildung. Für und wider ein innovatives Studienelement im Rahmen der Bologna-Reform. *Beiträge zur Lehrerinnen- und Lehrerbildung, 30*(2), 200–208.

Gröschner, A. & Hascher, T. (2019). Praxisphasen in der Lehrerinnen- und Lehrerbildung. In M. Harring, C. Rohlfs & M. Gläser-Zikuda (Hrsg.), *Handbuch Schulpädagogik* (S. 652–664). Münster: Waxmann.

Gröschner, A. & Häusler, J. (2014). Inwiefern sagen berufsbezogene Erfahrungen und individuelle Einstellungen von Mentorinnen und Mentoren die Lernbegleitung von Lehramtsstudierenden im Praktikum voraus? In K.-H. Arnold, A. Gröschner & T. Hascher (Hrsg.), *Schulpraktika in der Lehrerbildung. Theoretische Grundlagen, Konzeptionen, Prozesse umd Effekte* (S. 315–333). Münster: Waxmann.

Gröschner, A., Schmitt, C. & Seidel, T. (2013). Veränderungen subjektiver Kompetenzeinschätzungen von Lehramtsstudierenden im Praxissemester. *Zeitschrift für Pädagogische Psychologie, 27*(1–2), 77–86.

Guest, G., MacQueen, K. M. & Namey, E. E. (2012). *Applied Thematic Analysis.* Thousand Oaks, Calif.: SAGE.

Hascher, T. (2012). Forschung zur Bedeutung von Schul- und Unterrichtspraktika in der Lehrerinnen- und Lehrerbildung. *Beiträge zur Lehrerinnen- und Lehrerbildung, 30*(1), 87–98.

Hascher, T. & Kittinger, C. (2014). Learning processes in student teaching: Analyses from a study using learning diaries. In K.-H. Arnold, A. Gröschner & T. Hascher (Hrsg.), *Schulpraktika in der Lehrerbildung. Theoretische Grundlagen, Konzeptionen, Prozesse umd Effekte* (S. 221–235). Münster: Waxmann.

Helfferich, C. (2014). Leitfaden- und Experteninterviews. In N. Baur & J. Blasius (Hrsg.), *Handbuch Methoden der empirischen Sozialforschung* (Aufl. 2014, S. 559–574). Wiesbaden: Springer.

Helmke, A. (2010). *Unterrichtsqualität und Lehrerprofessionalität. Diagnose, Evaluation und Verbesserung des Unterrichts* (3. Auflage). Seelze-Velber: Klett Kallmeyer.

Helsper, W. (2007). Eine Antwort auf Jürgen Baumerts und Mareike Kunters Kritik am strukturtheoretischen Professionsansatz. *Zeitschrift für Erziehungswissenschaft, 10*(4), 567–579.

Hill, H. C., Rowan, B. & Loewenberg Ball, D. (2005). Effects of Teachers' Mathematical Knowledge for Teaching on Student Achievement. *American Educational Research Journal, 42*(2), 371–406.

Hoffmann-Riem, C. (1980). Die Sozialforschung einer interpretativen Soziologie. *Kölner Zeitschrift für Soziologie und Sozialpsychologie, 32*(2), 339–372.

Hopf, C. (1993). Soziologie und qualitative Sozialforschung. In C. Hopf & E. Weingarten (Hrsg.), *Qualitative Sozialforschung* (3. Aufl., S. 11–37).

Hopf, C. & Schmidt, C. (Hrsg.). (1993). *Zum Verhältnis von innerfamilialen sozialen Erfahrungen, Persönlichkeitsentwicklung und politischen Orientierungen: Dokumentation und Erörterung des methodischen Vorgehens in einer Studie zu diesem Thema.* Hildesheim.

Hoth, J., Döhrmann, M., Kaiser, G., Busse, A., König, J. & Blömeke, S. (2016). Diagnostic competence of primary school mathematics teachers during classroom situations. *ZDM Mathematics Education, 48,* 41–53.

Hoth, J., Schwarz, B., Kaiser, G., Busse, A., König, J. & Blömeke, S. (2016). Uncovering predictors of disagreement: ensuring the quality of expert ratings. *ZDM Mathematics Education, 48*(1–2), 83–95.

Jacobs, J. K. & Morita, E. (2002). Japanese and American Teachers' Evaluations of Videotaped Mathematics Lessons. *Journal for Research in Mathematics Education, 33*(3), 154–175.

Jacobs, V. R. (2017). Complexeities in Measuring Teacher Noticing: Commentary. In E. O. Schack, M. H. Fisher & J. A. Wilhelm (Hrsg.), *Teacher Noticing: Bridging and Broadening Perspectives, Contexts, and Frameworks* (S. 273–280). Cham: Springer.

Jacobs, V. R., Lamb, L. L. C. & Philipp, R. A. (2010). Professional Noticing of Children's Mathematical Thinking. *Journal for Research in Mathematics Education, 41*(2), 169–202.

Jacobs, V. R., Lamb, L. L. C., Philipp, R. A. & Schappelle, B. P. (2011). Deciding How to Respond on the Basis of Children's Understandings. In M. Sherin, V. R. Jacobs & R. A. Philipp (Hrsg.), *Mathematics Teacher Noticing. Seeing Through Teachers' Eyes* (S. 97–116). New York: Routledge.

Jentsch, A., Schlesinger, L., Heinrichs, H., Kaiser, G., König, J. & Blömeke, S. (2021). Erfassung der fachspezifischen Qualität von Mathematikunterricht: Faktorenstruktur und Zusammenhänge zur professionellen Kompetenz von Mathematiklehrpersonen. *Journal für Mathematik-Didaktik, 42* (1), 97–121. https://doi.org/10.1007/s13138-020-00168-x

Kaiser, G. (1999). *Unterrichtswirklichkeit in England und Deutschland. Vergleichende Untersuchungen am Beispiel des Mathematikunterrichts.* Weinheim: Deutscher Studien Verlag.

Kaiser, G., Blömeke, S., König, J., Busse, A., Döhrmann, M. & Hoth, J. (2017). Professional competencies of (prospective) mathematics teachers - cognitive versus situated approaches. *Educational Studies in Mathematics, 94,* 161–182.

Kaiser, G., Busse, A., Hoth, J., König, J. & Blömeke, S. (2015). About the Complexities of Video-Based Assessments: Theoretical and Methodological Approaches to Overcoming Shortcomings of Research on Teachers' Competence. *International Journal of Science and Mathematics Education, 13*(2), 269–387.

Kaiser, G. & König, J. (2019). Competence Measurement in (Mathematics) Teacher Education and Beyond: Implications for Policy. *Higher Education Policy, 32*(4), 597–615.

Kaiser, G. & König, J. (2020). Analyses and Validation of Central Assessment Instruments of the Research Program TEDS-M. In O. Zlatkin-Troitschanskaia, H. Pant, Toepper Miriam & C. Lautenbach (Hrsg.), *Student Learning in German Higher Education. Innovative Measurement Approaches and Research Results* (S. 29–51). Wiesbaden: Springer.

Kelle, U. & Kluge, S. (1999). *Vom Einzelfall zum Typus. Fallvergleich und Fallkontrastierung in der qualitativen Sozialforschung* (Qualitative Sozialforschung, Bd. 4). Wiesbaden: VS Verlag für Sozialwissenschaften.

Kelle, U. & Kluge, S. (2010). *Vom Einzelfall zum Typus. Fallvergleich und Fallkontrastierung in der qualitativen Sozialforschung* (2., überarb. Aufl.). Wiesbaden: VS Verlag für Sozialwissenschaften.

Keller-Schneider, M. & Hericks, U. (2014). Forschungen zum Berufseinstieg. Übergang von der Ausbildung in den Beruf. In E. Terhart, H. Bennewitz & M. Rothland (Hrsg.), *Handbuch der Forschung zum Lehrerberuf* (2.überarbeitete und erweiterte Auflage, S. 386–407). Münster: Waxmann.

Kersting, N. B. (2008). Using Video Clips of Mathematics Classroom Instruction as Item Prompts tp Measure Teachers' Knowledge of Teaching Mathematics. *Educational and Psychological Measurement, 68*(5), 845–861.

Kersting, N. B., Givvin, K. B., Sotelo, F. L. & Stigler, J. W. (2010). Teachers' Analyses of Classroom Video Predict Student Learning of Mathematics: Further Explorations of a Novel Measure of Teacher Knowledge. *Journal of Teacher Education, 61*(1–2), 172–181.

Kersting, N. B., Givvin, K. B., Thompson, B. J., Santagata, R. & Stigler, J. W. (2012). Measuring Usable Knowledge: Teachers' Analyses of Mathematics Classroom Videos Predict Teaching Quality and Student Learning. *American Educational Research Journal, 49*(3), 568–589.

Kersting, N. B., Sutton, T., Kalinec-Craig, C., Jablon Stoehr, K., Heshmati, S., Lozano, G. et al. (2016). Further exploration of the classroom video analysis (CVA) instrument as a measure of usable knowledge for teaching mathematics: taking a knowledge system perspective. *ZDM Mathematics Education, 48*, 97–109.

Klingebiel, F., Mähler, M. & Kuhn, H. P. (2020). Was bleibt? Die Entwicklung der subjektiven Kompetenzeinschätzung im Schulpraktikum und darüber hinaus. In I. Ulrich & A. Gröschner (Hrsg.), *Praxissemester im Lehramtsstudium in Deutschland: Wirkungen auf Studierende* (Edition ZfE, Band 9, S. 179–207). Wiesbaden: Springer VS.

Kluge, S. (1999). *Empirisch begründete Typenbildung. Zur Konstruktion von Typen und Typologien in der qualitativen Sozialforschung.* Zugl.: Bremen, Univ., Diss., 1998. Opladen: Leske + Budrich.

König, J. (2012). Zum Einfluss der Schulpraxis im Lehramtsstudium auf den Erwerb von pädagogischem Wissen: Spielen erste Unterrichtsversuche eine Rolle? In T. Hascher & G. H. Neuweg (Hrsg.), *Forschung zur (Wirksamkeit der) Lehrer/innen/bildung* (S. 143–159). Wien: Lit.

König, J., Blömeke, S. & Kaiser, G. (2015). Early Career Mathematics Teachers' General Pedagogical Knowledge and Skills: Do Teacher Education, Teaching Experience, and Working Conditions Make a Difference? *International Journal of Science and Mathematics Education, 13*(2), 331–350.

König, J., Blömeke, S., Klein, P., Suhl, U., Busse, A. & Kaiser, G. (2014). Is teachers' general pedagogical knowledge a premise for noticing and interpreting classroom situations? A video-based assessment approach. *Teaching and Teacher Education, 38*, 76–88.

König, J., Blömeke, S., Paine, L., Schmidt, W. H. & Hsieh, F.-J. (2011). General Pedagogical Knowledge of Future Middle School Teachers: On the Complex Ecology of Teacher Education in the United States, Germany, and Taiwan. *Journal of Teacher Education, 62*(2), 188–201.

König, J., Bremerich-Vos, A., Buchholtz, C., Lammerding, S., Strauß, S., Fladung, I. et al. (2017). Modelling and validating the learning opportunities of preservice language teachers: on the key components of the currculum for teacher education. *European Journal of Teacher Education, 40*(3), 394–412.

König, J., Darge, K., Klemenz, S. & Seifert, A. (2018). Pädagogisches Wissen von Lehramtsstudierenden im Praxissemester: Ziel schulpraktischen Lernens? In J. König, M.

Rothland & N. Schaper (Hrsg.), *Learning to Practice, Learning to Reflect? Ergebnisse aus der Längsschnittstudie LtP zur Nutzung und Wirkung des Praxissemesters in der Lehrerbildung* (S. 287–323). Wiesbaden: Springer.

König, J., Darge, K., Kramer, C., Ligtvoet, R., Lünnemann, M., Podlecki, A.-M. et al. (2018). Das Praxissemester als Lerngelegenheit: Modellierung lernprozessbezogener Tätigkeiten und ihrer Bedingungsfaktoren im Spannungsfeld zwsichen Universität und Schulpraxis. In J. König, M. Rothland & N. Schaper (Hrsg.), *Learning to Practice, Learning to Reflect? Ergebnisse aus der Längsschnittstudie LtP zur Nutzung und Wirkung des Praxissemesters in der Lehrerbildung* (S. 87–114). Wiesbaden: Springer.

König, J. & Klemenz, S. (2015). Der Erwerb von pädagogischem Wissen bei angehenden Lehrkräften in unterschiedlichen Ausbildungskontexten: Zur Wirksamkeit der Lehrerausbildung in Deutschland und Österreich. *Zeitschrift für Erziehungswissenschaft, 18*(2), 247–277.

König, J. & Rothland, M. (2018). Das Praxissemester in der Lehrerbildung: Stand der Forschung und zentrale Ergebnisse des Projekts Learning to Practice. In J. König, M. Rothland & N. Schaper (Hrsg.), *Learning to Practice, Learning to Reflect? Ergebnisse aus der Längsschnittstudie LtP zur Nutzung und Wirkung des Praxissemesters in der Lehrerbildung* (S. 1–62). Wiesbaden: Springer.

König, J., Rothland, M. & Schaper, N. (Hrsg.). (2018). *Learning to Practice, Learning to Reflect? Ergebnisse aus der Längsschnittstudie LtP zur Nutzung und Wirkung des Praxissemesters in der Lehrerbildung.* Wiesbaden: Springer.

Konrad, K. (2010). Lautes Denken. In G. Mey & K. Mruck (Hrsg.), *Handbuch qualitative Forschung in der Psychologie* (S. 476–490). Wiesbaden: VS Verlag für Sozialwissenschaften.

Kracauer, S. (1952). The Challenge of Qualitative Content Analysis. *The Public opinion Quarterly, 16*(4), 631–642.

Kramer, C., König, J., Kaiser, G., Ligtvoet, R. & Blömeke, S. (2017). Der Einsatz von Unterrichtsvideos in der universitären Ausbildung: Zur Wirksamkeit video- und transkriptgestützter Seminare zur Klassenführung auf pädagogisches Wissen und situationsspezifische Fähigkeiten angehender Lehrkräfte. *Zeitschrift für Erziehungswissenschaft, 20*(1), 137–164.

Krammer, K., Hugener, I., Biaggi, S., Frommelt, M., Fürrer Auf der Maur, Gabriela & Stürmer, K. (2016). Videos in der Ausbildung von Lehrkräften: Förderung der professionellen Unterrichtswahrnehmung durch die Analyse von eigenen bzw. fremden Videos. *Unterrichtswissenschaft, 44*(4), 357–372.

Krauss, S. & Bruckmaier, G. (2014). Das Experten-Paradigma in der Forschung zum Lehrerberuf. In E. Terhart, H. Bennewitz & M. Rothland (Hrsg.), *Handbuch der Forschung zum Lehrerberuf* (2. überarbeitete und erweiterte Auflage, S. 241–261). Münster: Waxmann.

Krauss, S., Bruckmaier, G., Lindl, A., Hilbert, S., Binder, K., Steib, N. et al. (2020). Competence as a continuum in the COACTIVE study: the "cascade model". *ZDM Mathematics Education, 52*(2), 311–327.

Krebs, D. & Menold, N. (2014). Gütekriterien quantitativer Sozialforschung. In N. Baur & J. Blasius (Hrsg.), *Handbuch Methoden der empirischen Sozialforschung* (Aufl. 2014, S. 425–438). Wiesbaden: Springer.

Krosanke, N., Orschulik, A., Vorhölter, K. & Buchholtz, N. (2019). Beobachtungsaufträge im Rahmen unterrichtspraktischer Aktivitäten – Eine Chance zum Praxistransfer. In N. Buchholtz, M. Barnat, E. Bosse, T. Heemsoth, K. Vorhölter & J. Wibowo (Hrsg.), *Praxistransfer in der tertiären Bildungsforschung. Modelle, Gelingensbedingungen und Nachhaltigkeit* (S. 133–143). Hamburg: Hamburg University Press.

Kuckartz, U. (2010). Typenbildung. In G. Mey & K. Mruck (Hrsg.), *Handbuch qualitative Forschung in der Psychologie* (S. 553–568). Wiesbaden: VS Verlag für Sozialwissenschaften.

Kuckartz, U. (2016). Typenbildung und typenbildende Inhaltsanalyse in der empirischen Sozialforschung. In M. W. Schnell, C. Schulz, U. Kuckartz & C. Dunger (Hrsg.), *Junge Menschen sprechen mit sterbenden Menschen* (S. 31–51). Springer Fachmedien Wiesbaden.

Kuckartz, U. (2018). *Qualitative Inhaltsanalyse. Methoden, Praxis, Computerunterstützung* (4. Auflage). Weinheim, Basel: Beltz Juventa.

Kuckartz, U. (2019a). Qualitative Inhaltsanalyse: von Kracauers Anfängen zu heutigen Herausforderungen. *Forum Qualitative Sozialforschung/Forum: Qualitative Social Research, 20*(3).

Kuckartz, U. (2019b). Qualitative Text Analysis: A Systematic Approach. In G. Kaiser & N. Presmeg (Hrsg.), *Compendium for Early Career Researchers in Mathematics Education* (ICME-13 Monographs, S. 181–197). Cham: Springer Open.

Kuckartz, U., Dresing, T., Rädiker, S. & Stefer, C. (2007). *Qualitative Evaluation. Der Einstieg in die Praxis*. Wiesbaden: VS Verlag für Sozialwissenschaften. Verfügbar unter: https://www.socialnet.de/rezensionen/isbn.php?isbn=978-3-531-15366-7

Kultusministerkonferenz. (2004). *Standards für die Lehrerbildung: Bildungswissenschaften*. Verfügbar unter: https://www.kmk.org/fileadmin/Dateien/veroeffentlichungen_beschluesse/2004/2004_12_16-Standards-Lehrerbildung.pdf

Kultusministerkonferenz. (2005). *Eckpunkte für die gegenseitige Anerkennung von Bachelor- und Masterabschlüssen in Studiegängen, mit denen die Bildungsvoraussetzungen für ein Lehramt vermittelt werden*. Zugriff am 24.06.2020. Verfügbar unter: https://www.kmk.org/fileadmin/Dateien/veroeffentlichungen_beschluesse/2005/2005_06_02-Bachelor-Master-Lehramt.pdf

Lachner, A., Jarodzka, H. & Nückles, M. (2016). What makes an expert teacher? Investigating teachers' professional vision and discourse abilities. *Instructional Science, 44*(3), 197–203.

Lamnek, S. (2010). *Qualitative Sozialforschung*. Weinheim, Basel: Beltz.

Lazarsfeld, P. F. (1937). Some remarks on the typological procedures in social research. *Zeitschrift für Sozialforschung, 6*, 119–139.

Li, Y. & Kaiser, G. (Hrsg.). (2011). *Expertise in Mathematics Instruction. An International Perspective*. New York: Springer.

Li, Y. & Kaiser, G. (2011). Expertise in Mathematics Instruction: Advancing Research and Practice from an International Perspective. In Y. Li & G. Kaiser (Hrsg.), *Expertise in Mathematics Instruction. An International Perspective* (S. 3–15). New York: Springer.

Lincoln, Y. S. & Guba, E. G. (1985). *Naturalistic inquiry*. Beverly Hills, Calif.: SAGE.

Lindmeier, A. M., Heinze, A. & Reiss, K. (2013). Eine Machbarkeitsstudie zur Operationalisierung aktionsbezogener Kompetenz von Mathematiklehrkräften mit videobasierten Maßen. *Journal für Mathematik-Didaktik, 34*(1), 99–119.

Lipowsky, F. (2006). Auf den Lehrer kommt es an. Empirische Evidenzen für Zusammenhänge zwischen Lehrerkompetenzen, Lehrerhandeln und dem Lernen der Schüler. In E. Terhart & C. Allemann-Ghionda (Hrsg.), Kompetenzen und Kompetenzentwicklung von

Lehrerinnen und Lehrern. Ausbildung und Beruf. *Zeitschrift für Pädagogik. 52* (51), 47–70 [Themenheft]. Weinheim: Beltz.

Loewenberg Ball, D., Hill, H. C., Rowan, B. & Schilling, S. G. (2002). *Measuring teachers' content knowledge for teaching: Elementary mathematics release items.* Ann Arbor, MI: Study of Instructional Improvement.

MacGregor, M. & Stacey, K. (1993). Cognitive Models Underlying Students' Formulation of Simple Linear Equations. *Journal for Research in Mathematics Education, 24*(3), 217–232.

Malle, G. (1993). *Didaktische Probleme der elementaren Algebra.* Wiesbaden: Vieweg.

Mason, J. (2002). *Researching Your Own Practice. The Discipline of Noticing.* London, New York: Routledge.

Mason, J. (2011). Noticing: Roots and Branches. In M. Sherin, V. R. Jacobs & R. A. Philipp (Hrsg.), *Mathematics Teacher Noticing. Seeing Through Teachers' Eyes* (S. 35–50). New York: Routledge.

Mason, J. (2016). Perception, interpretation and decision making: understanding gaps between competence and performance - a commentary. *ZDM Mathematics Education, 48*(1–2), 219–226.

Mayring, P. (2001). Kombination und Integration qualitativer und quantitativer Analyse. *Forum Qualitative Sozialforschung/Forum: Qualitative Social Research, 2*(1).

Mayring, P. (2002). *Einführung in die qualitative Sozialforschung. Eine Anleitung zu qualitativem Denken* (5., überarbeitete und neu ausgestattete Auflage). Weinheim, Basel: Beltz.

Mayring, P. (2015). *Qualitative Inhaltsanalyse. Grundlagen und Techniken* (12., überarbeitete Auflage). Weinheim, Basel: Beltz Verlag.

Mayring, P. (2019). Qualitative Inhaltsanalyse - Abgrenzungen, Spielarten, Weiterentwicklungen. *Forum Qualitative Sozialforschung/Forum: Qualitative Social Research, 20*(3).

Mertens, S. & Gräsel, C. (2018). Entwicklungsbereiche bildungswissenschaftlicher Kompetenzen von Lehramtsstudierenden im Praxissemester. *Zeitschrift für Erziehungswissenschaft, 21*(6), 1109–1133.

Mertens, S., Schlag, S. & Gräsel, C. (2018). Die Bedeutung der Berufswahlmotivation, Selbstregulation und Kompetenzselbsteinschätzung für das bildungswissenschaftliche Professionswissen und die Unterrichtswahrnehmung angehender Lehrkräfte zu Beginn und am Ende des Praxissemesters. In M. Rothland & N. Schaper (Hrsg.), Forschung zum Praxissemester in der Lehrerbildung. *Lehrerbildung auf dem Prüfstand. 11* (1), 66–84 [Themenheft]. Landau: Verlag Empirische Pädagogik.

Oser, F., Heinzer, S. & Salzmann, P. (2010). Die Messung der Qualität von professionellen Kompetenzprofilen von Lehrpersonen mit Hilfe der Einschätzung von Filmvignetten. Chancen und Grenzen des advokatorischen Ansatzes. *Unterrichtswissenschaft, 38*(1), 5–28.

Praetorius, A.-K., Klieme, E., Herbert, B. & Pinger, P. (2018). Generic dimensions of teaching quality: the German framework of Three Basic Dimensions. *ZDM Mathematics Education, 50*(3), 407–426.

Przyborski, A. & Wohlrab-Sahr, M. (2014). Forschungsdesigns für die qualitative Sozialforschung. In N. Baur & J. Blasius (Hrsg.), *Handbuch Methoden der empirischen Sozialforschung* (Aufl. 2014, S. 117–133). Wiesbaden: Springer.

Putnam, R. T. & Borko, H. (2000). What Do New Views of Knowledge and Thinking Have to Say About Research on Teacher Learning? *Educational Researcher, 29*(1), 4–15.

Rädiker, S. & Kuckartz, U. (2019). *Analyse qualitativer Daten mit MAXQDA. Text, Audio und Video.* Wiesbaden: Springer.

Rahm, S. & Lunkenbein, M. (2014). Anbahnung von Reflexivität im Praktikum. Empirische Befunde zur Wirkung von Beobachtungsaufgaben im Grundschulpraktikum. In K.-H. Arnold, A. Gröschner & T. Hascher (Hrsg.), *Schulpraktika in der Lehrerbildung. Theoretische Grundlagen, Konzeptionen, Prozesse umd Effekte* (S. 237–256). Münster: Waxmann.

Ramsenthaler, C. (2013). Was ist „Qualitative Inhaltsanalyse?". In M. Schnell, C. Schulz, H. Kolbe & C. Dunger (Hrsg.), *Der Patient am Lebensende* (S. 23–42). Wiesbaden: Springer Fachmedien Wiesbaden.

Reichertz, J. (2014). Empirische Sozialforschung und soziologische Theorie. In N. Baur & J. Blasius (Hrsg.), *Handbuch Methoden der empirischen Sozialforschung* (Aufl. 2014, S. 65–80). Wiesbaden: Springer.

Rescher, N. (1987). *Induktion. Zur Rechtfertigung induktiven Schliessens.* München, Wien: Philosophia Verlag.

Ritsert, J. (1972). *Inhaltsanalyse und Ideologiekritik. Ein Versuch über krit. Sozialforschung.* Frankfurt (M.): Athenäum-Verlag.

Rosnick, P. & Clement, J. (1980). Learning Without Understanding: The Effekt of Tutoring Strategies on Algebra Misconceptions. *The Journal of Mathematical Behavior, 3*(1), 3–27.

Rothland, M. & Schaper, N. (2018). Forschung zum Praxissemester in der Lehrerbildung - Zur Einführung in das Themenheft. In M. Rothland & N. Schaper (Hrsg.), Forschung zum Praxissemester in der Lehrerbildung. *Lehrerbildung auf dem Prüfstand. 11* (1), 1–4 [Themenheft]. Landau: Verlag Empirische Pädagogik.

Rowland, T. & Ruthven, K. (2011). Introduction: Mathematical Knowledge in Teaching. In T. Rowland & K. Ruthven (Hrsg.), *Mathematical Knowledge in Teaching* (S. 1–5). Dordrecht, Heidelberg, London, New York: Springer.

Sabers, D., Cushing, K. & Berliner, D. C. (1991). Differences Among Teachers in a Task Characterized by Simultaneity, Multidimensionality, and Immediacy. *American Educational Research Journal, 28*(1), 63–88.

Santagata, R. & Guarino, J. (2011). Using video to teach future teachers to learn from teaching. *ZDM Mathematics Education, 43,* 133–145.

Santagata, R. & Yeh, C. (2016). The role of perception, interpretation, and decision making in the development of beginning teachers' competence. *ZDM Mathematics Education, 48*(1-2), 153–165.

Santagata, R., Zannoni, C. & Stigler, J. W. (2007). The role of lesson analysis in pre-service teacher education: an empirical investigation of teacher learning from a virtual video-based field experience. *Journal of Mathematics Teacher Education, 10*(2), 123–140.

Schack, E. O., Fisher, M. H., Thomas, J. N., Eisenhardt, S., Tassell, J. & Yoder, M. (2013). Prospective elementary school teachers' professional noticing of children's early numeracy. *Journal of Mathematics Teacher Education, 16,* 379–397.

Schack, E. O., Fisher, M. H. & Wilhelm, J. A. (Hrsg.). (2017). *Teacher Noticing: Bridging and Broadening Perspectives, Contexts, and Frameworks.* Cham: Springer.

Scheiner, T. (2016). Teacher noticing: enlightening or blinding? *ZDM Mathematics Education, 48*(1–2), 227–238.

Schlag, S. & Glock, S. (2019). Entwicklung von Wissen und selbsteingeschätztem Wissen zur Klassenführung während des Praxissemesters im Lehramtsstudium. *Unterrichtswissenschaft, 47*(2), 221–241.

Schlesinger, L. & Jentsch, A. (2016). Theoretical and methodological challenges in measuring instructional quality in mathematics education using classroom observations. *ZDM Mathematics Education, 48*, 29–40.

Schlesinger, L., Jentsch, A., Kaiser, G., König, J. & Blömeke, S. (2018). Subject-specific characteristics of instructional quality in mathematics education. *ZDM Mathematics Education, 50*, 475–490.

Schoenfeld, A. (2011a). Noticing Matters. A Lot. Now What? In M. Sherin, V. R. Jacobs & R. A. Philipp (Hrsg.), *Mathematics Teacher Noticing. Seeing Through Teachers' Eyes* (S. 223–238). New York: Routledge.

Schoenfeld, A. (2011b). Reflections on Teacher Expertise. In Y. Li & G. Kaiser (Hrsg.), *Expertise in Mathematics Instruction. An International Perspective* (S. 327–342). New York: Springer.

Schreier, M. (2012). *Qualitative content analysis in practice.* Los Angeles, London, New Delhi, Singapore, Washington DC: SAGE.

Schreier, M. (2014a). Qualitative Content Analysis. In U. Flick (Hrsg.), *The Sage handbook of Qualitative Data Analysis* [Enhanced Credo edition], S. 170–183). Los Angeles: SAGE.

Schreier, M. (2014b). Varianten qualitativer Inhaltsanalyse: Ein Wegweiser im Dickicht der Begrifflichkeiten. *Forum Qualitative Sozialforschung / Forum: Qualitative Social Research, 15*(1).

Schubarth, W., Gottmann, C. & Krohn, M. (2014). Wahrgenommene Kompetenzentwicklung im Praxissemester und dessen berufsorientierende Wirkung: Ergebnisse der ProPrax-Studie. In K.-H. Arnold, A. Gröschner & T. Hascher (Hrsg.), *Schulpraktika in der Lehrerbildung. Theoretische Grundlagen, Konzeptionen, Prozesse umd Effekte* (S. 201–219). Münster: Waxmann.

Schubarth, W., Speck, K., Seidel, A., Gottmann, C., Kamm, C., Kleinfeld, M. et al. (2012). Kompetenzentwicklung im Praxissemester: Ergebnisse einer Längsschnittanalyse zum „Potsdamer Modell der Lehrerbildung". In T. Hascher & G. H. Neuweg (Hrsg.), *Forschung zur (Wirksamkeit der) Lehrer/innen/bildung* (S. 201–220). Wien: Lit.

Schubarth, W., Speck, K., Seidel, A., Gottmann, C., Kamm, C. & Krohn, M. (2012). Das Praxissemester im Lehramt – ein Erfolgsmodell? Zur Wirksamkeit des Praxissemesters im Land Brandenburg. In W. Schubarth, K. Speck, A. Seidel, C. Gottmann, C. Kamm & M. Krohn (Hrsg.), *Studium nach Bologna: Praxisbezüge stärken?! Praktika als Brücke zwischen Hochschule und Arbeitsmarkt* (S. 137–169). Wiesbaden: Springer.

Schwarz, B. (2013). *Professionelle Kompetenz von Mathematiklehramtsstudierenden. Eine Analyse der strukturellen Zusammenhänge.* Wiesbaden: Springer Spektrum.

Seale, C. (1999). Quality in Qualitative Research. *Qualitative Inquiry, 5*(4), 465–478.

Seidel, T., Blomberg, G. A. & Stürmer, K. (2010). „Observer"–Validierung eines videobasierten Instruments zur Erfassung der professionellen Wahrnehmung von Unterricht. Projekt Observe. In E. Klieme, D. Leutner & M. Kenk (Hrsg.), Kompetenzmodellierung. Zwischenbilanz des DFG-Schwerpunktprogramms und Perspektiven des Forschungsansatzes. *Zeitschrift für Pädagogik.* (56), 296–306 [Themenheft]. Weinheim: Beltz.

Seidel, T. & Stürmer, K. (2014). Modeling and Measuring the Structure of Professional Vision in Preservice Teachers. *American Educational Research Journal, 51*(4), 739–771.

Seifert, A. & Schaper, N. (2018). Die Veränderung von Selbstwirksamkeitserwartungen und der Berufswahlsicherheit im Praxissemester. Empirische Befunde zur Bedeutung von Lerngelegenheiten und berufsspezifischer Motivation der Lehramtsstudierenden. In J. König, M. Rothland & N. Schaper (Hrsg.), *Learning to Practice, Learning to Reflect? Ergebnisse aus der Längsschnittstudie LtP zur Nutzung und Wirkung des Praxissemesters in der Lehrerbildung* (S. 195–222). Wiesbaden: Springer.

Seifert, A., Schaper, N. & König, J. (2018). Bildungswissenschaftliches Wissen und Kompetenzeinschätzungen von Studierenden im Praxissemester: Veränderungen und Zusammenhänge. In J. König, M. Rothland & N. Schaper (Hrsg.), *Learning to Practice, Learning to Reflect? Ergebnisse aus der Längsschnittstudie LtP zur Nutzung und Wirkung des Praxissemesters in der Lehrerbildung* (S. 325–347). Wiesbaden: Springer.

Selting, M., Auer, P., Barth-Weingarten, D., Bergmann, J., Bergmann, P., Birkner, K. et al. (2009). Gesprächsanalytisches Transkriptionssystem 2 (GAT2). *Gesprächsforschung – Online-Zeitschrift zur verbalen Interaktion, 10.* Verfügbar unter: www.gespraechsforsc hung-ozs.de

Sherin, B. & Star, J. R. (2011). Reflections on the Study of Teacher Noticing. In M. Sherin, V. R. Jacobs & R. A. Philipp (Hrsg.), *Mathematics Teacher Noticing. Seeing Through Teachers' Eyes* (S. 66–78). New York: Routledge.

Sherin, M. (2017). Exploring the Boundaries of Teacher Noticing: Commentary. In E. O. Schack, M. H. Fisher & J. A. Wilhelm (Hrsg.), *Teacher Noticing: Bridging and Broadening Perspectives, Contexts, and Frameworks* (S. 401–408). Cham: Springer.

Sherin, M., Jacobs, V. R. & Philipp, R. A. (Hrsg.). (2011). *Mathematics Teacher Noticing. Seeing Through Teachers' Eyes.* New York: Routledge.

Sherin, M., Linsenmeier, K. A. & van Es, E. A. (2009). Selecting Video Clips to Promote Mathematics Teachers' Discussion of Student Thinking. *Journal of Teacher Education, 60*(3), 213–230.

Sherin, M., Russ, R. S. & Colestock, A. A. (2011). Accessing Mathematics Teachers' In-the-Moment Noticing. In M. Sherin, V. R. Jacobs & R. A. Philipp (Hrsg.), *Mathematics Teacher Noticing. Seeing Through Teachers' Eyes* (S. 79–94). New York: Routledge.

Sherin, M. & van Es, E. A. (2009). Effects of Video Club Participation on Teachers' Professional Vision. *Journal of Teacher Education, 60*(1), 20–37.

Spall, S. (1998). Peer Debriefing in Qualitative Research: Emerging Operational Models. *Qualitative Inquiry, 4*(2), 280–292.

Stahnke, R., Schueler, S. & Roesken-Winter, B. (2016). Teachers' perception, interpretation, and decision-making: a systematic review of empirical mathematics education research. *ZDM Mathematics Education, 48*, 1–27.

Stamann, C., Janssen, M. & Schreier, M. (2016). Qualitative Inhaltsanalyse – Versuch einer Begriffbestimmung und Systematisierung. *Forum Qualitative Sozialforschung/Forum: Qualitative Social Research, 17*(3).

Star, J. R., Lynch, K. & Perova, N. (2011). Using Video to Improve Preservice Mathematics Teachers' Abilities to Attend to Classroom Features. A Replication Study. In M. Sherin, V. R. Jacobs & R. A. Philipp (Hrsg.), *Mathematics Teacher Noticing. Seeing Through Teachers' Eyes* (S. 117–133). New York: Routledge.

Star, J. R. & Strickland, S. K. (2008). Learning to observe: using video to improve preseveice mathematics teachers' ability to notice. *Journal of Mathematics Teacher Education, 11*, 107–125.

Staub, F. C. & Kreis, A. (2013). Fachspezifisches Unterrichtscoaching in der Aus- und Weiterbildung von Lehrpersonen. *journal für lehrerInnenbildung*, *13*(2), 8–13.

Steinke, I. (1999). *Kriterien qualitativer Forschung. Ansätze zur Bewertung qualitativ-empirischer Sozialforschung.* Weinheim: Juventa.

Steinke, I. (2012). Gütekriterien qualitativer Forschung. In U. Flick, E. von Kardorff & I. Steinke (Hrsg.), *Qualitative Forschung. Ein Handbuch* (Orig.-Ausg., 9. Aufl., S. 319–331). Reinbek: Rowohlt.

Strunz, K. (1968). *Der neue Mathematikunterricht in pädagogisch-psychologischer Sicht* (5. Auflage). Heidelberg: Quelle & Meyer.

Stürmer, K., Könings, K. D. & Seidel, T. (2013). Declarative knowledge and professional vision in teacher education: Effect of courses in teaching and learning. *British Journal of Educational Psychologie*, *83*(3), 467–483.

Stürmer, K., Könings, K. D. & Seidel, T. (2015). Factors Within University-Based Teacher Education Relating to Preservice Teachers' Professional Vision. *Vocations and Learning*, *8*(1), 35–54.

Stürmer, K., Seidel, T., Müller, K., Häusler, J. & Cortina, K. S. (2017). What is in the eye of preservice teachers while instructing? An eye-tracking study about attention processes in different teaching situations. *Zeitschrift für Erziehungswissenschaft*, *20*(1), 75–92.

Stürmer, K., Seidel, T. & Schäfer, S. (2013). Changes in professional vision in the context of practice. Preservice teachers' professional vision changes following practical experience: a video-based approach in university-based teacher education. *Gruppendynamik und Organisationsberatung*, *44*, 339–355.

Terhart, E. (1995). Kontrolle von Interpretationen: Validierungsprobleme. In E. König & P. Zedler (Hrsg.), *Bilanz qualitativer Forschung. Band I: Grundlagen qualitativer Forschung* (S. 373–397). Weinheim: Dt. Studien-Verl.

Terhart, E. (2000). *Perspektiven der Lehrerbildung in Deutschland. Abschlussbericht der von der Kultusministerkonferenz eingesetzten Kommission.* Weinheim: Beltz.

Terhart, E. (2011). Lehrerberuf und Professionalität. Gewandeltes Begriffsverständnis - neue Herausforderungen. In W. Helsper & R. Tippelt (Hrsg.), Pädagogische Professionalität. *Zeitschrift für Pädagogik.* (57), 202–224 [Themenheft]. Weinheim: Beltz.

Terhart, E., Bennewitz, H. & Rothland, M. (Hrsg.). (2014). *Handbuch der Forschung zum Lehrerberuf* (2.überarbeitete und erweiterte Auflage). Münster: Waxmann.

Thomas, J. N. (2017). The Ascendance of Noticing: Connections, Challenges, and Questions. In E. O. Schack, M. H. Fisher & J. A. Wilhelm (Hrsg.), *Teacher Noticing: Bridging and Broadening Perspectives, Contexts, and Frameworks* (S. 507–514). Cham: Springer.

Tillmann, K.-J. (2014). Konzepte der Forschung zum Lehrerberuf. In E. Terhart, H. Bennewitz & M. Rothland (Hrsg.), *Handbuch der Forschung zum Lehrerberuf* (2.überarbeitete und erweiterte Auflage, S. 308–316). Münster: Waxmann.

Ulrich, I. & Gröschner, A. (2020). Wirkungen des Praxissemesters auf Studierende: Erwartungen, Lernprozesse und Kompetenzerwerb. In I. Ulrich & A. Gröschner (Hrsg.), *Praxissemester im Lehramtsstudium in Deutschland: Wirkungen auf Studierende* (Edition ZfE, Band 9, S. V–XI). Wiesbaden: Springer VS.

Ulrich, I., Klingebiel, F., Bartels, A., Staab, R., Scherer, S. & Gröschner, A. (2020). Wie wirkt das Praxissemester im Lehramtsstudium auf Studierende? Ein systemtischer Review. In I. Ulrich & A. Gröschner (Hrsg.), *Praxissemester im Lehramtsstudium in Deutschland: Wirkungen auf Studierende* (Edition ZfE, Band 9, S. 1–66). Wiesbaden: Springer VS.

Van Es, E. A. (2011). A Framework for Learning to Notice Student Thinking. In M. Sherin, V. R. Jacobs & R. A. Philipp (Hrsg.), *Mathematics Teacher Noticing. Seeing Through Teachers' Eyes* (S. 134–151). New York: Routledge.

Van Es, E. A. & Sherin, M. (2002). Learning to Notice: Scaffolding New Teachers' Interpretations of Classroom Interactions. *Journal of Technology and Teacher Education, 10*(4), 571–596.

Van Es, E. A. & Sherin, M. (2006). How Different Video Club Designs Support Teachers in "Learning to Notice". *Journal of Computing in Teacher Education, 22*(4), 125–135.

Wagner, C. A. (1981). Nachträgliches Lautes Denken als Methode der Selbsterfahrung oder: Was kann ich als Lehrerin oder Lehrer damit anfangen? In A. C. Wagner, S. Maier, I. Uttendorfer-Marek & R. Weidle (Hrsg.), *Unterrichtspsychogramme. Was in den Köpfen von Lehrern und Schülern vorgeht* (rororo Sachbuch, Bd. 7393, S. 339–354). Reinbek bei Hamburg: Rowohlt.

Wagner, C. A., Uttendorfer-Marek, I. & Weidle, R. (1977). Die Analyse von Unterrichtsstrategien mit der Methode des „Nachträglich Lauten Denkens" von Lehrern und Schülern zu ihrem unterrichtlichen Handeln. *Unterrichtswissenschaft, 3*, 244–250.

Weber, M. (1922 (1985)). *Gesammelte Aufsätze zur Wissenschaftslehre* (6., erneut durchges. Aufl.). Tübingen: Mohr.

Weidle, R. & Wagner, A. C. (1982). Die Methode des Lauten Denkens. In G. L. Huber & H. Mandl (Hrsg.), *Verbale Daten. Eine Einführung in die Grundlagen und Methoden der Erhebung uund Auswertung* (S. 81–103). Weinheim & Basel: Beltz.

Weinert, F. E. (2001). *Leistungsmessung in Schulen.* Weinheim, Basel: Beltz.

Weyland, U. (Landesinstitut für Lehrerbildung und Schulentwicklung (LI), Hrsg.). (2012). *Expertise zu den Praxisphasen in der Lehrerbildung in den Bundesländern.* Zugriff am 01.06.2020. Verfügbar unter: https://li.hamburg.de/publikationen/3305594/artikel-lehrer bildung-praxisphasen/

Weyland, U., Gröschner, A. & Košinár, J. (2019). Langzeitpraktika en vogue – Einführung in den Themenschwerpunkt. In J. Košinár, A. Gröschner & U. Weyland (Hrsg.), *Langzeitpraktika als Lernräume. Historische Bezüge, Konzeptionen und Forschungsbefunde. Schriftreihe der Internationalen Gesellschaft für Schulpraktische Professionalisierung IGSP* (S. 7–25). Münster: Waxmann.

Weyland, U. & Wittmann, E. (2015). Langzeitpraktika in der Lehrerausbildung in Deutschland. Stand und Perspektiven. *journal für lehrerInnenbildung, 15*(1), 8–21.

Wibowo, J. & Heins, J. (2019). Praktikumsbegleitseminare als Brücke zwischen Theorie und Praxis. In N. Buchholtz, M. Barnat, E. Bosse, T. Heemsoth, K. Vorhölter & J. Wibowo (Hrsg.), *Praxistransfer in der tertiären Bildungsforschung. Modelle, Gelingensbedingungen und Nachhaltigkeit* (S. 123–132). Hamburg: Hamburg University Press.

Wilson, T. P. (1982). Qualitative oder quantitative Methoden in der Sozialforschung. *Kölner Zeitschrift für Soziologie und Sozialpsychologie, 36*(3), 487–508.

Yang, X., Kaiser, G., König, J. & Blömeke, S. (2021). öhers' Knowledge and Their Professional Noticing. *International Journal of Science and Mathematics Education,19*(4), 815–837. https://doi.org/10.1007/s10763-020-10089-3

Zabka, T. & Heins, J. (2020). Studieren mit Universität und Schule. In Projekt „Professionelles Lehrerhandeln zur Förderung fachlichen Lernens unter sich verändernden gesellschaftlichen Bedingungen (ProfaLe)" (Hrsg.), *PROFALE. Bilanz und Ausblick* (S. 33–40). Hamburg.

Zech, F. (2002). *Grundkurs Mathematikdidaktik. Theoretische und praktische Anleitungen für das Lehren und Lernen von Mathematik.* Weinheim: Beltz.

Zentrum für Lehrerbildung, Carola Heffenmenger (Mitarbeiter) (Zentrum für Lehrerbildung (ZLH), Hrsg.). (2017). *Das Kernpraktikum. Ein Leitfaden für Studierende der Universität Hamburg.* 6.Fassung Oktober 2017. Zugriff am 06.01.2020. Verfügbar unter: https://www. zlh-hamburg.de/dokumente/kernpraktikum-leitfaden-studierende-2017-.pdf

Zöfel, P. (2003). *Statistik für Psychologen. Im Klartext.* München: Pearson.

Printed in the United States
by Baker & Taylor Publisher Services